Python在机器学习中的应用

余本国　孙玉林　著

·北京·

内 容 提 要

随着大数据的兴起，Python 和机器学习迅速成为时代的宠儿。本书在内容编排上避免了枯燥的理论知识讲解，依循“理论简述——实际数据集——Python 程序实现算法”分析数据的思路，根据实际数据集的分析目的，采用合适的主流机器学习算法来解决问题。全书共 12 章，其中第 1 ~ 4 章介绍了机器学习的基础知识；第 5 ~ 12 章讨论了在面对不同的数据时，如何采用一些主流的算法来解决问题，主要包括回归分析、关联规则、无监督学习、文本 LDA 模型、决策树和集成学习、朴素贝叶斯和 K 近邻分类、支持向量机和神经网络，以及深度学习入门等内容。针对每个算法，都给出 Python 代码实现算法建模的过程，并结合可视化技术，帮助读者更好地理解算法和分析结果。

《Python 在机器学习中的应用》是使用 Python 进行机器学习的入门实战教程，可作为以 Python 为基础进行机器学习的本科生和研究生入门书籍，也可供对 Python 机器学习感兴趣的研究人员参考阅读。

图书在版编目（CIP）数据

Python 在机器学习中的应用 / 余本国，孙玉林著．—北京：
中国水利水电出版社，2019.6（2020.5 重印）
ISBN 978-7-5170-7483-0

I. ① P… II. ①余…②孙… III. ①软件工具—程序设计
IV. ①TP311.561

中国版本图书馆 CIP 数据核字（2019）第 031733 号

书　　名	Python在机器学习中的应用 Python ZAI JIQI XUEXI ZHONG DE YINGYONG
作　　者	余本国 孙玉林　著
出版发行	中国水利水电出版社 （北京市海淀区玉渊潭南路1号D座 100038） 网址：www.waterpub.com.cn E-mail：zhiboshangshu@163.com 电话：（010）62572966-2205/2266/2201（营销中心）
经　　售	北京科水图书销售中心（零售） 电话：（010）88383994、63202643、68545874 全国各地新华书店和相关出版物销售网点
排　　版	北京智博尚书文化传媒有限公司
印　　刷	三河市龙大印装有限公司
规　　格	170mm×230mm　16开本　21印张　422千字　2插页
版　　次	2019年6月第1版　2020年5月第3次印刷
印　　数	10001—15000册
定　　价	79.80元

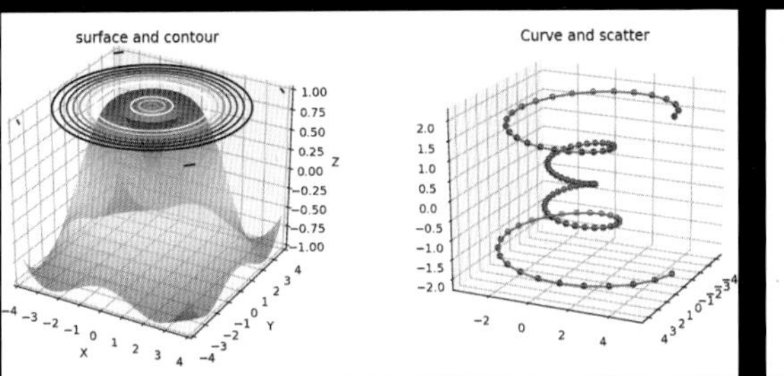

图2-15 三维数据可视化

图3-9 《红楼梦》词云

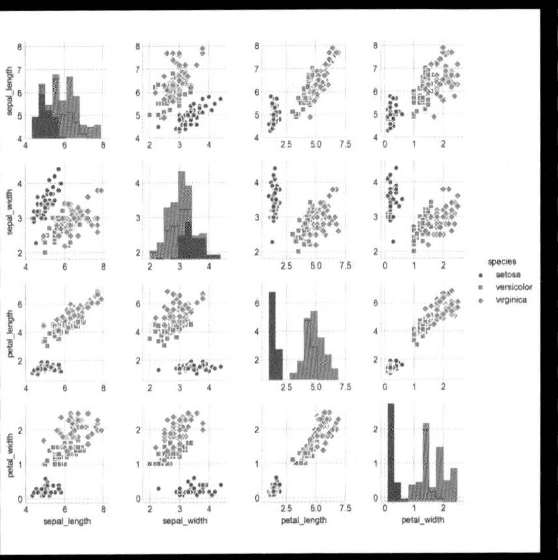

图3-6 鸢尾花数据的矩阵散点图

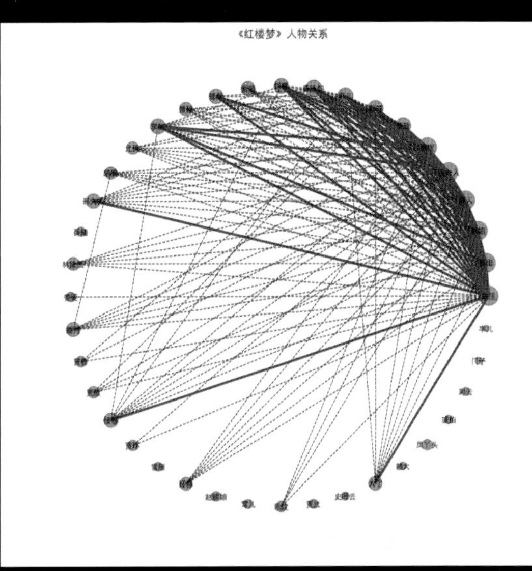

图3-10 《红楼梦》部分人物关系图

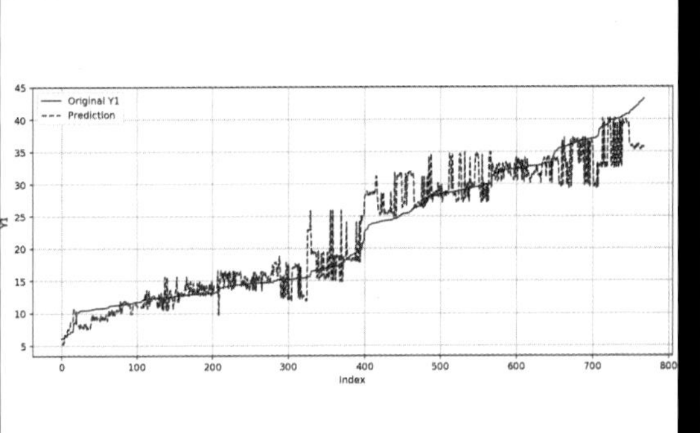

图5-3 多元回归预测结果图

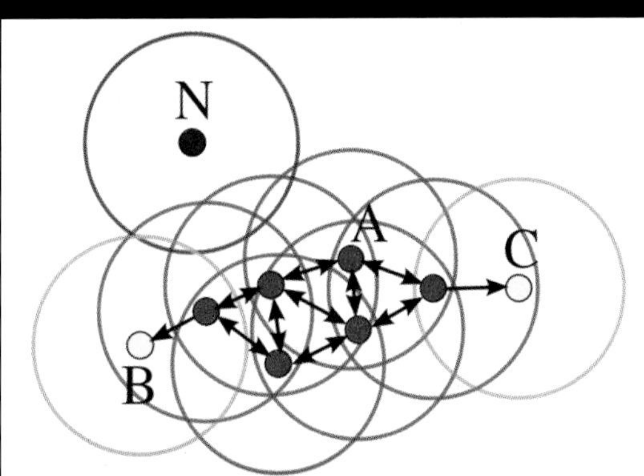

图7-1 核心点示意图

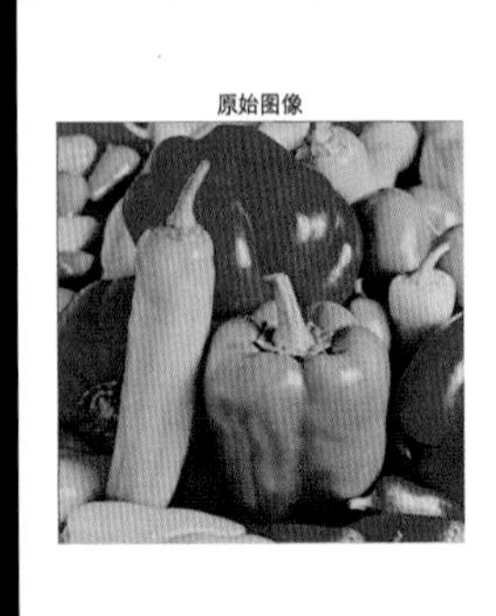

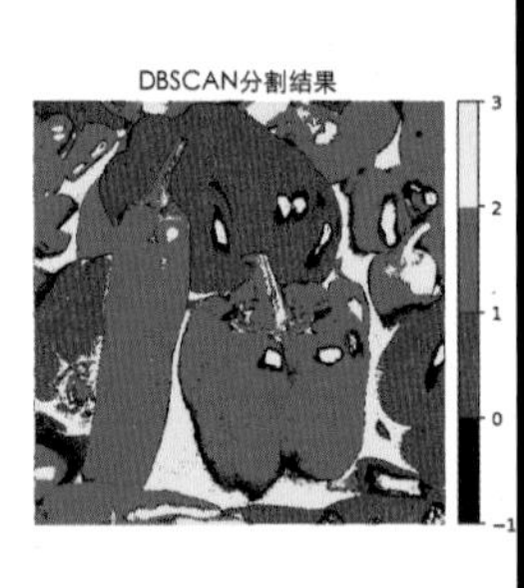

图7-7 密度聚类结果

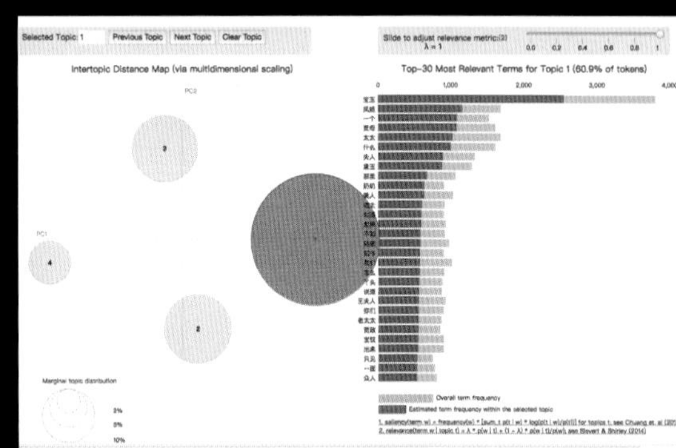

图8-1 《红楼梦》4个主题

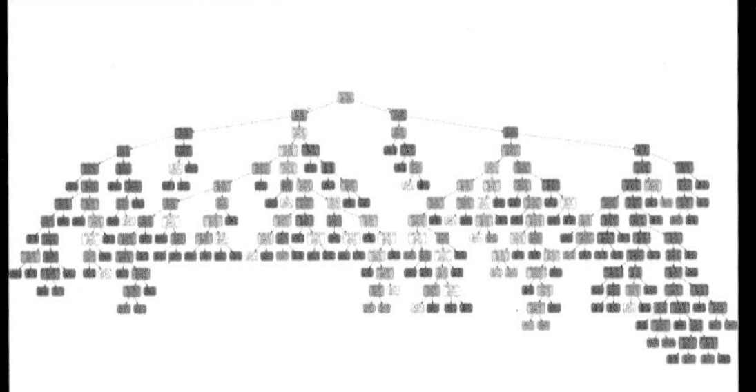

图9-4 决策树图

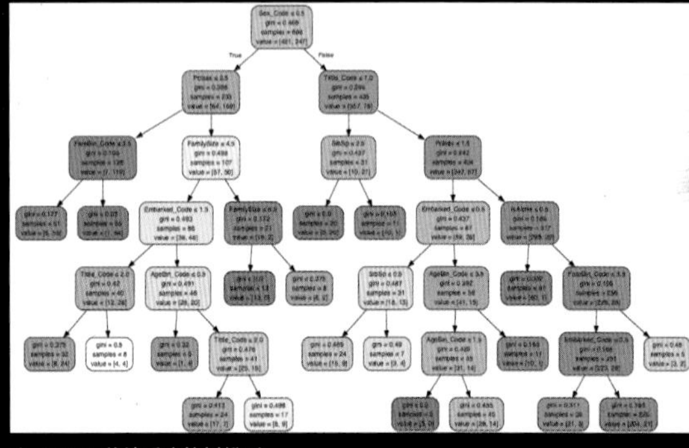

图9-5 剪枝后决策树模型

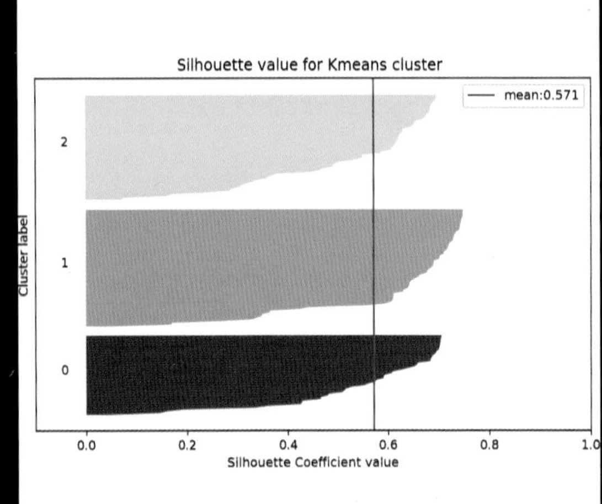

图7-6 K－均值聚类轮廓图

图12-19 人脸特征点检测

前 言

Preface

自从 2016 年 AlphaGo 战胜人类围棋顶尖高手后，机器学习、深度学习“忽如一夜春风来”，在互联网上迅速走红，成为民众茶余饭后讨论最多的话题，当然我也不例外。不过很多人可能苦于不知如何下手，或者考虑到算法中的数学知识，而产生了放弃的念头。对此在《基于 Python 的大数据分析基础及实战》一书中做过解释，“很多人对数据分析有畏难心理，主要是因为怕用到很多的数学知识，所以一提到数学估计很多人连勇气都没有了，直接放弃逃跑。”有鉴于此，我在完成《基于 Python 的大数据分析基础及实战》之后，与我的学生孙玉林共同完成了这本书的初稿，剔除了枯燥乏味的数学原理以及推导过程，用浅显易懂的 Python 代码去实现这些经典和主流的算法。虽然市面上已经有许多机器学习的书籍，但它们大多要么过于偏重理论，要么过于偏重应用，要么过于“厚重”。《Python 在机器学习中的应用》一书致力于将理论与实践相结合，在讲述理论的同时，避免复杂的数学公式推导，而利用 Python 这一简明有力的编程语言，进行一系列的实践与应用。

本书共分 12 章，前 4 章主要介绍基于 Python 进行机器学习的预备知识，后面 8 章分模块地介绍了机器学习的主流算法和经典应用。本书内容全面、系统，讲解循序渐进，案例经典实用，代码清晰易懂，只需具备一些基本的 Python 程序设计语言基础，跟随本书学习并多加实践，相信你也能成为一名机器学习的“老司机”和人工智能的开发者。

由于计算机技术的迅猛发展，书中的疏漏及不足之处在所难免，敬请广大读者批评指正、不吝赐教。也欢迎加入 QQ 群一起交流，QQ 群号：25844276。

目录

Contents

第 1 章　机器学习简介 1

1.1　机器学习的任务 2
1.2　机器学习的三种方式 3
1.3　机器学习系统的建立 8
1.4　机器学习实例 9

第 2 章　Python 常用库介绍 18

2.1　Python 的安装 (Anaconda) 19
2.1.1　Spyder 22
2.1.2　Jupyter　Notebook 23
2.2　Python 常用库 26
2.2.1　Numpy 库 27
2.2.2　Pandas 库 32
2.2.3　Matplotlib 库 37
2.2.4　Statsmodels 库 45
2.2.5　Scikit-learn 库 47
2.3　其他 Python 常用的数据库 48
2.4　Python 各种库在机器学习中的应用 49

第 3 章　数据的准备和探索 52

3.1　数据预处理 53
3.2　数据假设检验 59
3.3　数据间的关系 65
3.4　数据可视化 69
3.5　特征提取和降维 79

第 4 章　模型训练和评估 90

4.1　模型训练技巧 91
4.2　分类效果的评价 98
4.3　回归模型评价 102
4.4　聚类分析评估 104

第 5 章 回归分析......108

5.1 回归分析简介......109

5.2 多元线性回归分析......111

5.2.1 多元线性回归......111

5.2.2 逐步回归......114

5.3 Lasso 回归分析......118

5.4 Logistic 回归分析......122

5.5 时间序列预测......125

第 6 章 关联规则......134

6.1 关联规则简介......135

6.2 使用关联规则找到问卷的规则......137

6.3 关联规则可视化......142

第 7 章 无监督学习......147

7.1 无监督学习介绍......148

7.2 系统聚类......152

7.3 K —均值聚类......155

7.4 密度聚类......160

7.5 Mean Shift 聚类......163

7.6 字典学习图像去噪......165

第 8 章 文本 LDA 模型......175

8.1 文本分析简介......176

8.2 中文分词......177

8.3 LDA 主题模型分析《红楼梦》......179

8.4 红楼梦人物关系......185

第 9 章 决策树和集成学习......194

9.1 模型简介......195

9.2 泰坦尼克号数据预处理......198

9.3 决策树模型......204

9.4 决策树剪枝......207
9.5 随机森林模型......210
9.6 AdaBoost 模型......215

第 10 章 朴素贝叶斯和 K 近邻分类......221

10.1 模型简介......222
10.2 垃圾邮件数据预处理......224
10.3 贝叶斯模型识别垃圾邮件......227
10.4 基于异常值检测的垃圾邮件查找......233
10.4.1 PCA 异常值检测......234
10.4.2 Isolation Forest 异常值检测......236
10.5 数据不平衡问题的处理......238
10.6 K 近邻分类......239

第 11 章 支持向量机和神经网络......252

11.1 模型简介......253
11.2 肺癌数据可视化......256
11.3 支持向量机模型......259
11.4 全连接神经网络......264

第 12 章 深度学习入门......278

12.1 深度学习介绍......279
12.2 卷积和池化......281
12.3 CNN 人脸识别......290
12.4 CNN 人脸检测......302
12.5 深度卷积图像去噪......308
12.5.1 空洞卷积......309
12.5.2 图像与图像块的相互转换......310
12.5.3 一种深度学习去噪方法......311

参考文献......327

Chapter

01

第1章

机器学习简介

进入 21 世纪之后，计算机技术的发展给人们的生产和生活带来了巨大的变化。计算机的迅速普及也使机器学习得到了快速的发展，计算能力强大的计算机和大量的数据集在多种算法的应用下，对各行各业的发展产生了巨大的影响。如今已进入大数据时代，而掌握机器学习技术的人，则是大数据时代的“弄潮儿”，不断带给人们一个又一个惊喜。同时这也是我们进入机器学习的最佳时机，利用机器学习算法结合各种开源库，你也能成为时代的宠儿，每个人都可以利用机器学习算法书写属于自己的篇章。

本章主要介绍机器学习的概念、算法的类型，以及如何建立机器学习系统等方面的内容。

1.1 机器学习的任务

面对不同的问题，可以有多种不同的解决方法，如何使用合适的机器学习算法去完美地解决问题，是一个需要经验与技术的过程，而这些都是建立在对机器学习的各种方法有了充分了解的基础之上。

1. 机器学习的定义

什么是机器学习？简单地说，机器学习是指计算机程序随着经验的积累而自动提高性能，使系统自我完善的过程。换句话说，可以认为机器学习是一个从大量的已知数据中，学习如何对未知的新数据进行预测，并且通过对学习内容的增加（如已知训练数据的增加），提高对未来数据预测的准确性的过程。

可以发现，数据是决定机器学习的一个因素，数据量爆炸式增长是机器学习快速发展的原因之一。数据有多种形式，如传统的数据库、数据表格等结构化数据，以及图片、视频、音频、文本等非结构化数据，都是可以学习的对象。机器学习的另一重要因素就是算法，正因为研究者们提出了各种各样的算法，才得以对各种形式的数据以不同的目标进行挖掘。例如，基于贝叶斯模型的垃圾邮件分类、基于关联规则的商品推荐、基于深度学习的图像识别等。也可以说，针对某些问题可能无法找到最好的算法，但总可以找到合适的算法。

2. 学习问题的描述

对于学习问题可以简单地描述为：针对要解决的任务 T 和它所对应的性能度量 P，如果计算机程序能够因为数据量 D 的增加（即经验 E 的积累）而不断地自我提高性能，那么可以认为该程序在进行机器学习。需要注意的是，针对学习问题应用的算法应该在可接受的时间内，从数据中学习到有效的结果，这样的学习过程才是有意义的。通常，为了较好地定义一个学习问题，我们需要明确任务的种类、衡量任务学习能力提高的标准、经验的来源 3 个特征。

例如，针对手写数字 0 ~ 9 的识别学习问题。

- 任务T：识别图像中的手写数字0 ~ 9。

- 性能度量标准P：识别的正确率，判断正确的百分比。
- 训练经验E：已经带有标签的手写数字图像数据集D。

这里对学习的定义很宽泛，基本包括了在机器学习领域会遇到的各种问题，如自动驾驶、购物篮分析、欺诈检测、语音识别等。

1.2 机器学习的三种方式

机器学习方法中，根据它们学习的方式不同，可以简单地归为3类：无监督学习（Unsupervised Learning）、有监督学习（Supervised Learning）和半监督学习（Semi-supervised Learning），如图1-1所示。接下来将详细地介绍这3种方法之间的区别和相关应用。

图1-1 3种机器学习类型

1. 无监督学习

无监督学习和其他两种学习方式的主要区别是：无监督学习不需要提前知道数据集的类别标签。常用的无监督学习算法有各种聚类算法（如K-均值聚类、系统聚类等）、数据降维（如主成分分析）等。

（1）数据聚类发现数据的类别。

聚类是一个把数据对象集划分为多个组或簇的过程。簇内对象不仅具有很高的相似性，还要和其他簇的对象有明显区别。即使在相同的数据集上，使用不同的聚类算法，也可能会产生不同的聚类结果。因为聚类分析在分为不同的簇时，不需要提前知道每个数据的类别标签，所以整个聚类过程是无监督的。

聚类分析已经在许多领域得到了广泛的应用，包括商务智能、图像模式识别、Web搜索等。尤其是在商务领域中，聚类可以把大量的客户划分为不同的组，各组内的客户具有相似的特性，这对商务策略的调整、产品的推荐、广告投放等是有利的。

现有的聚类算法有很多种，如基于划分方法的 K- 均值聚类、K 中值聚类；基于层次方法的层次聚类、概率层次聚类；基于密度划分方法的高密连通区域算法(DBSCAN 算法)、基于密度分布的聚类等。

图 1-2 展示了基于两个特征 PC1 和 PC2 在聚类算法下的类别归属情况。图中的数据点被分成了 3 类，分别为红色、绿色、蓝色。

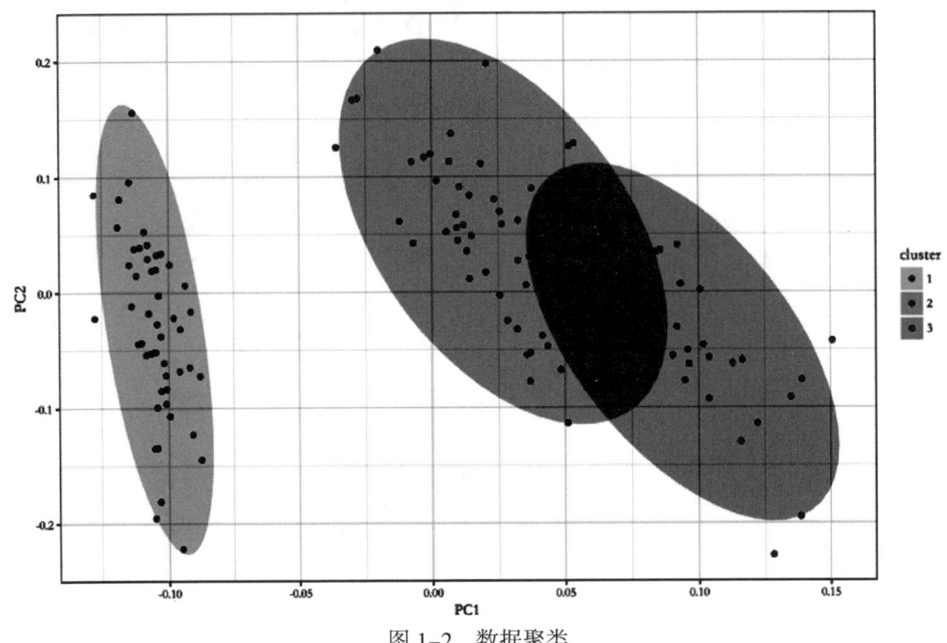

图 1-2　数据聚类

（2）数据降维减少数据的维度。

在机器学习中，数据降维是无监督学习中的另一个领域。数据降维是指在某些限定条件下，降低数据集特征的个数，得到一组新的特征的过程。在大数据时代，通常数据都是高维的 (每一个样例都会有很多特征)，高维数据往往会带有冗余信息，而数据降维的一个重要作用就是去除冗余信息，保留必要的信息。如果数据维度过高，会大大拖慢算法的运行速度，此时就体现出了数据降维的重要性。数据降维的算法有很多，如主成分分析 (PCA) 是通过正交变换，将原来的特征进行线性组合生成新的特征，并且只保留前几个主要特征的方法；核主成分分析 (KPCA) 则是

基于核技巧的非线性降维的方法；而流形学习则是借鉴拓扑结构的数据降维方法。

数据降维对数据的可视化有很大的帮助。通常我们很难看到高维数据之间的依赖和变化关系，通过数据降维可以将数据投影到二维或三维空间，能够更加方便地观察数据之间的变化趋势。如图 1-3 所示，人脸图像经过 PCA 降维到二维空间后，通过各个人脸在空间中的位置分布，可以发现不同类型的图片在空间中的分布是有规律的。正是通过降维可视化，我们发现了这种规律，以方便后续的学习与研究。

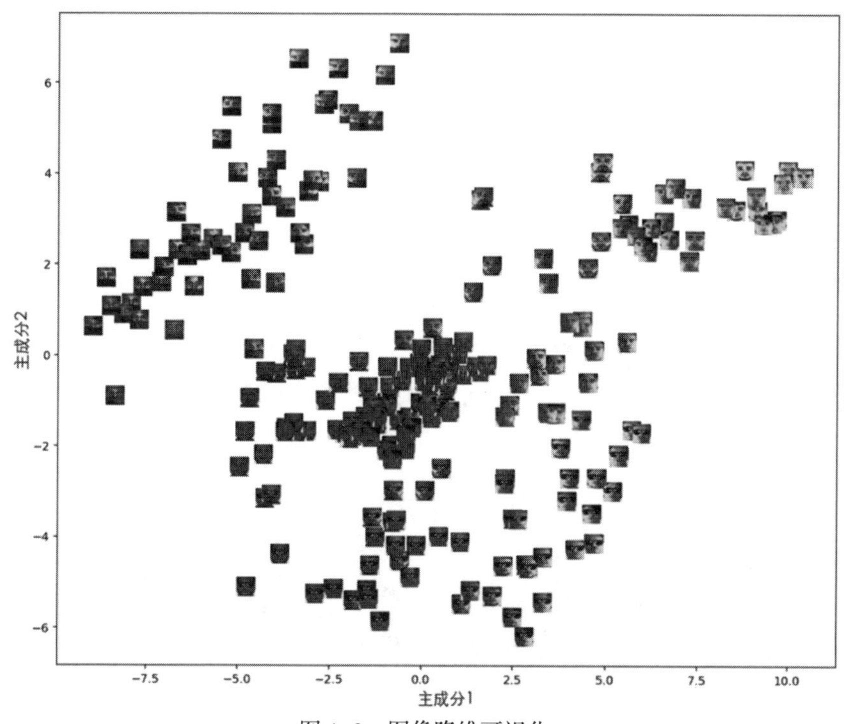

图 1-3　图像降维可视化

2. 有监督学习

有监督学习的主要特性是：使用有标签的训练数据来建立模型，用来预测新的未知标签的数据。用来指导模型建立的标签可以是类别数据、连续数据等。相应地，如果标签是可以分类的，如 0 ～ 9 手写数字的识别、判断是否为垃圾邮件等，这样的有监督学习称为分类；如果标签是连续的数据，如身高、年龄、商品的价格等，这样的有监督学习称为回归。图 1-4 展示了有监督学习的一般过程。

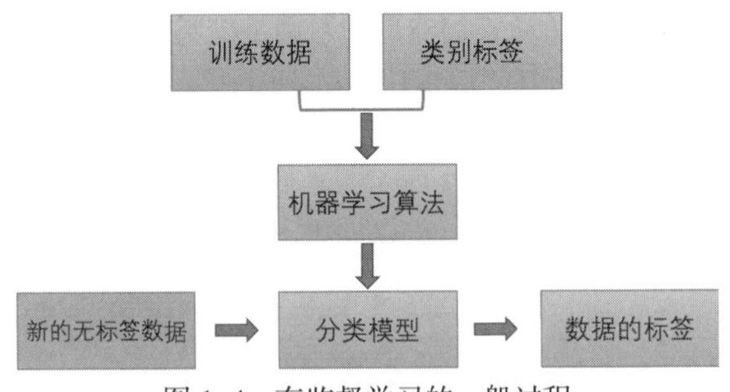

图 1–4　有监督学习的一般过程

（1）分类。

分类是最常见的有监督学习方式之一。如果数据的类别只有两类——是或否（1 或 0），则这类问题称为二分类问题。常见的有是否存在欺诈、是否为垃圾邮件、是否患病等问题。二分类常用的算法有朴素贝叶斯算法 (常用于识别是否为垃圾邮件)、逻辑斯蒂回归算法等。如果数据的标签多于两类，这类情况常常称为多分类问题，如人脸识别、手写字体识别等。在多分类中常用的方法有神经网络、K 近邻、随机森林、深度学习等算法。

图 1–5 展示的是二维空间中 (主成分 1 和主成分 2) 两类数据被一条空间曲线分为两类的示例。如果有新的数据被观测到，可以根据它在平面中的位置确定其应属的类别。

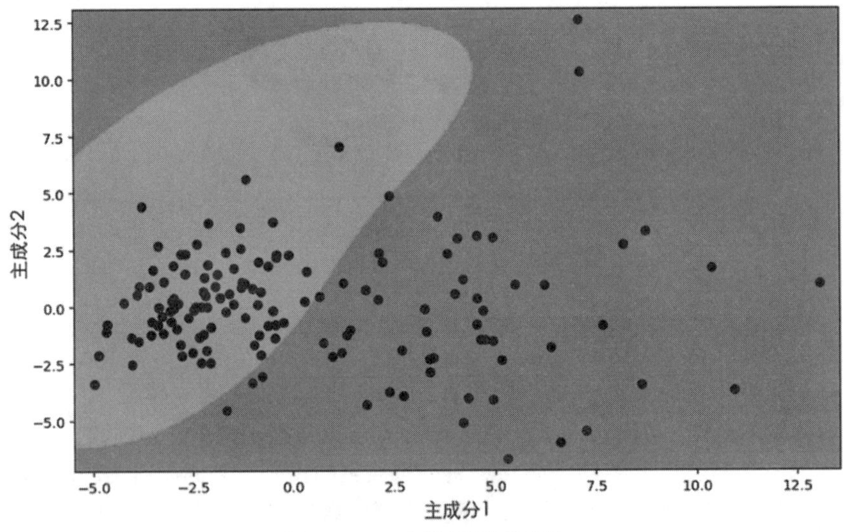

图 1–5　二分类问题示意图

（2）回归。

回归主要是针对连续性标签值进行预测。在回归分析中，通常会有多个自变量和一个因变量，回归分析就是通过建立自变量和因变量之间的某种关系来达到对因变量进行预测的目的。例如，我们想要预测下个季度公司的销售额，可以根据以往的销售额及相关的公司发展规模、公司员工能力、产品的广告投入、产品市场饱和度的情况等相关因素建立回归模型，然后进行预测。

图 1–6 所示是用销售额 (因变量) 和广播广告、电视广告的投入额 (两个自变量) 建立的回归模型。当有两个自变量时，建立的二元回归模型方程是空间中的一个平面。

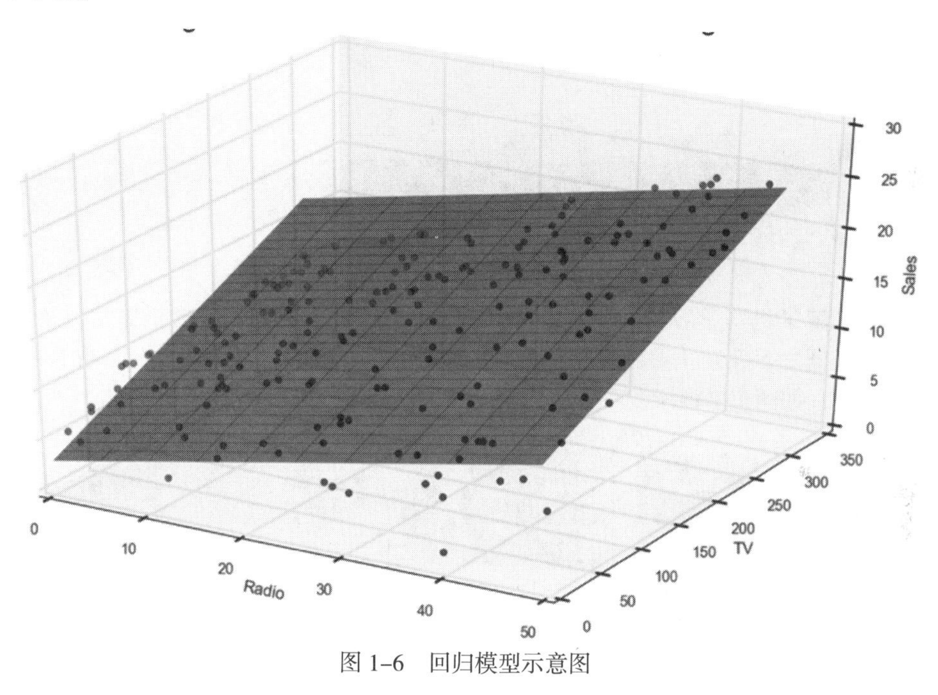

图 1–6　回归模型示意图

3. 半监督学习

半监督学习和前面两种学习方式的主要区别是：学习器能够不依赖外界交互，自动地利用未标记样本来提升学习的性能。也就是说，数据集中有些带有标签，有些没有标签，为了不浪费大量无标签数据集的信息，所以利用无标签的数据集和有标签的数据集来共同训练，以得到可用的模型，用于预测新的无标签数据。半监督学习在现实中的需求是很明显的，因为往往可以收集到大量无标签的数据集，并且对所有数据集打标签是一项很耗时、费力的工作，所以可以通过部分带标签的数据及大量无标签的数据来建立可用的模型。图 1–7 展示的是半监督学习的过程，可以发现半监督模型不仅可以对无标签数据进行预测，还能对新的待测数据进行预测。

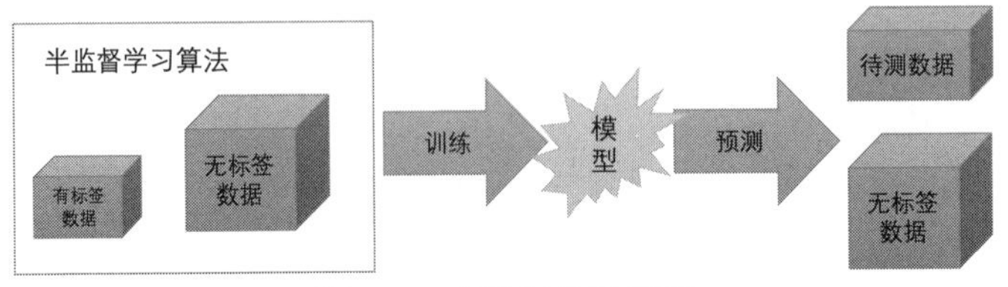

图 1–7　半监督学习模型

1.3 机器学习系统的建立

在了解了机器学习的 3 种方式之后，接下来需要了解如何建立机器学习系统。常见的机器学习系统主要由数据预处理、学习算法的确定、模型验证、模型预测 4 部分组成，如图 1–8 所示。

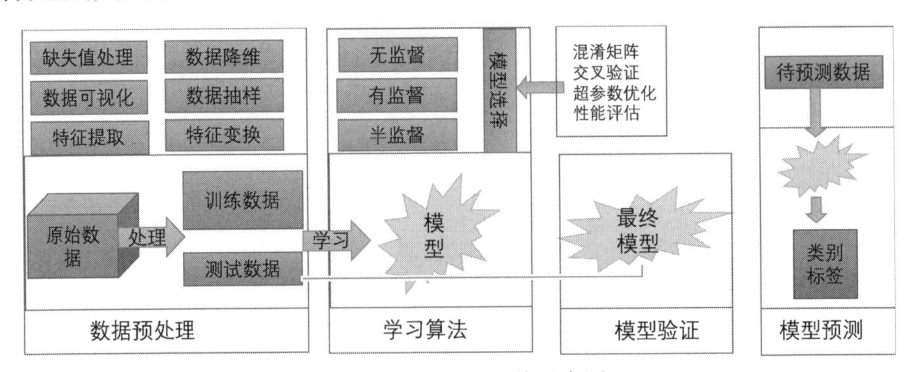

图 1–8　机器学习系统示意图

1. 数据预处理

数据预处理也称数据准备，主要包括：缺失值处理，即对数据集的错误及缺

失数据进行修改和填补；数据可视化，用于发现数据特征之间的关系，便于理解数据；特征提取，用于在原始数据中提取更有用的特征或者生成新的特征；数据降维，用于降低数据的空间维度，进而降低数据集的复杂度；数据抽样，用于从数据中抽取更显著的数据或者更有用的数据集；特征变换，主要包括对数据特征的归一化、标准化等。

在数据预处理过程中，数据集通常会划分为训练数据集和测试数据集。训练数据集用于学习算法部分，主要是训练模型；测试数据集主要用于模型验证部分，验证模型的泛化性能。

2. 学习算法的确定

首先针对数据的具体情况和建模的目的来确定是使用无监督、有监督学习，还是半监督学习，然后根据不同算法的模型精度确定合适的算法，最后通过交叉验证等方法找到合适的建模参数。

无监督学习通常没有类别标签，而有类别标签的数据集可以用于有监督学习或者半监督学习。如果标签是类别变量，则可建立分类模型；如果是连续变量，则可建立回归模型。

3. 模型验证

在这一部分会使用测试数据集来分析模型在测试集上的表现。如果表现满足要求，则投入使用；如果模型的表现达不到要求，则对模型算法进行更改并重新训练，直到达到实际应用的精度要求。

4. 模型预测

使用确定好的模型对新观测的数据集进行预测，模型投入使用。

1.4 机器学习实例

扫一扫，看视频

这里用一个简单的例子来探索机器学习系统的建模过程，方便读者理解什么是无监督学习、什么是有监督学习以及应用机器学习方法解决问题的流程。在建立机器学习模型的过程中，首先是相关库的导入。

```
In[1]: %matplotlib inline
       import numpy as np
       import pandas as pd
       import matplotlib.pyplot as plt
       from scipy.cluster.vq import kmeans2
       from sklearn.cluster import DBSCAN
       from sklearn.model_selection import train_test_split
       from sklearn.linear_model import LogisticRegression
       from sklearn import metrics
```

在上面的程序中，首先导入 numpy、Pandas 等数据处理库和 Matplotlib 绘图库；然后从 scipy 库中导入 kmeans2() 函数，用来进行 K- 均值聚类分析；接着从 sklearn 库中导入 DBSCAN，用来进行基于密度的聚类分析，导入的 LogisticRegression 可以通过逻辑回归模型进行分类。这里所涉及的机器学习方法，如果读者还不是很明白，不用担心，本节只涉及它们具体的应用，更详细的内容会在后面的章节中进行介绍。

在机器学习系统的建立过程中，首先就是要获取数据。在此使用 Pandas 库中的 read_csv() 函数来读取 csv 数据。

```
In[2]: ## 获取数据
       mydata = pd.read_csv("data/chap1/moonsdatas.csv")
       print(mydata.head())
Out[2]:
        X1        X2       Y
0  0.742420  0.585567  0
1  1.744439  0.039096  1
2  1.693479 -0.190619  1
3  0.739570  0.639275  0
4 -0.378025  0.974814  0
```

观察输出的前 5 行数据可以发现，该数据集共有 3 列，其中 X1、X2 的取值为数值型，而 Y 只有 0 和 1 两种取值。这个数据集如果忽略 Y，可以建立无监督的学习模型，如使用聚类的方法，分析数据簇的聚集和分布情况；如果考虑特征 Y，则可以将 Y 作为分类的类别标签，建立有监督的分类模型。

在得到可用于分析的数据后，接下来进行数据探索，从中查找数据的结构、分布等对分析数据、建立模型有帮助的信息。这里通过数据可视化的形式来探索数据，分析数据在无监督情况下(不考虑 Y)和有监督情况下(考虑 Y)的数据结构。

```
In[3]: ## 数据探索
       plt.figure(figsize=(12,5))
       ## 可视化无监督学习的数据
       plt.subplot(1,2,1)
       plt.plot(mydata.X1,mydata.X2,"ro")
       ## 可视化有监督学习的数据
       plt.subplot(1,2,2)
       index0 = np.where(mydata.Y == 0)[0]
       index1 = np.where(mydata.Y == 1)[0]
       plt.plot(mydata.X1[index0],mydata.X2[index0],"r*")
       plt.plot(mydata.X1[index1],mydata.X2[index1],"bs")
       plt.show()
```

上面的程序将绘制两个图像，分别是没有 Y 影响的无监督模型的数据分布图、有 Y 影响的有监督模型的数据分布图，如图 1–9 所示。

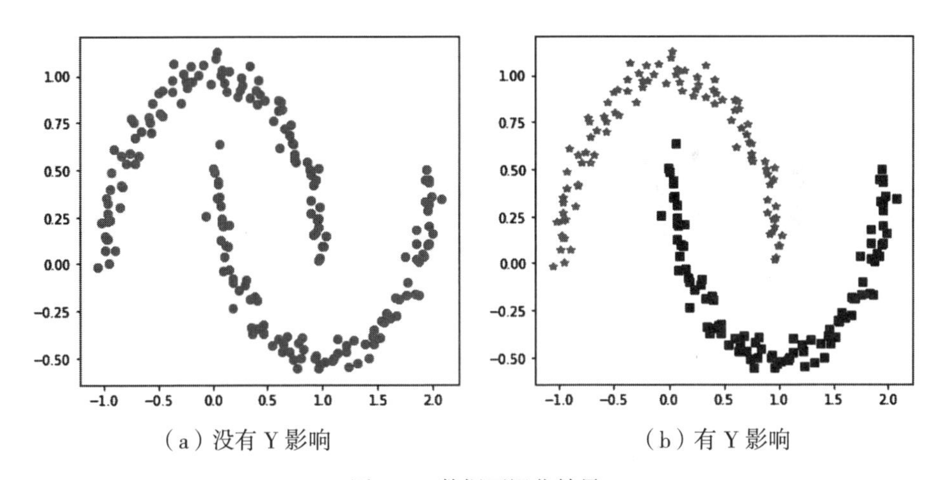

（a）没有 Y 影响　　（b）有 Y 影响

图 1–9　数据可视化结果

在图 1–9（a）中，可以看出该数据集分布为两个不接触的月牙形状。在图 1–9（b）中，可以发现红色的星形数据为一类，蓝色的方块数据为一类，两类数据有很明显的分隔空间。接下来将会介绍如何使用有监督的方法和无监督的方法来分析数据，建立相应的机器学习模型。

1. 无监督学习——不考虑 Y 标签

针对该数据集，在忽略 Y（类别标签）的情况下，可以建立无监督的机器学习模型。接下来将使用 K- 均值聚类和基于密度的聚类 DBSCAN 算法，分别对数据集中的 X1、X2 特征进行聚类分析，分析哪种算法对数据的聚类效果更好。

```
In[4]: ## K 均值聚类
       _,k_label = kmeans2(mydata.iloc[:,0:2],k=2,iter=100)
       ## 密度聚类
       db = DBSCAN(eps=0.2,min_samples=5)
       mydb = db.fit_predict(mydata.iloc[:,0:2])
       ## 可视化两种聚类结果，便于挑选合适的模型
       marker = ["o","s"]
       color = ["r","b"]
       kmarker = [marker[lab] for lab in k_label]
       kcolor = [color[lab] for lab in k_label]
       dbmarker = [marker[lab] for lab in mydb]
       dbcolor = [color[lab] for lab in mydb]
       plt.figure(figsize=(12,5))
       plt.subplot(1,2,1)
       for ii in np.arange(len(mydata.X1)):
           plt.scatter(mydata.X1[ii],mydata.X2[ii],
                       c=kcolor[ii],marker = kmarker[ii])
       plt.title("K-means cluster")
       plt.subplot(1,2,2)
       for ii in np.arange(len(mydata.X1)):
           plt.scatter(mydata.X1[ii],mydata.X2[ii],
                       c=dbcolor[ii],marker = dbmarker[ii])
       plt.title("DBSCAN cluster")
       plt.show()
```

上面的程序中主要进行了以下 3 项工作：

（1）使用 kmeans2() 函数对数据集中的 X1、X2 两个特征进行 K- 均值聚类分

析。通过指定参数 k = 2 来保证数据聚类为 2 个簇，迭代的次数 iter=100，最后得到每个样本所属的簇的标签 k_label。

（2）使用 DBSCAN 算法对数据集中的 X1、X2 两个特征进行基于密度的聚类分析。该算法并不需要指定簇的数量，它会自动将数据归为合适的簇，最后获得每个样本所属的簇的标签 mydb。DBSCAN 的主要参数介绍如下。

- eps：两个样本被看作邻居节点的最大距离。
- min_samples：一个点被视为核心点时，其附近需要的点数，包括它自己。
- metric：距离计算方式。如metric='euclidean'表明采用欧氏距离计算样本点的距离。

例如：

```
sklearn.cluster.DBSCAN(eps=0.5,min_samples=5,metric='euclidean')
```

（3）通过 Matplotlib 库中的一些方法将上面两种算法的聚类结果可视化出来，方便分析哪种聚类算法更合适。得到的图像如图 1-10 所示。

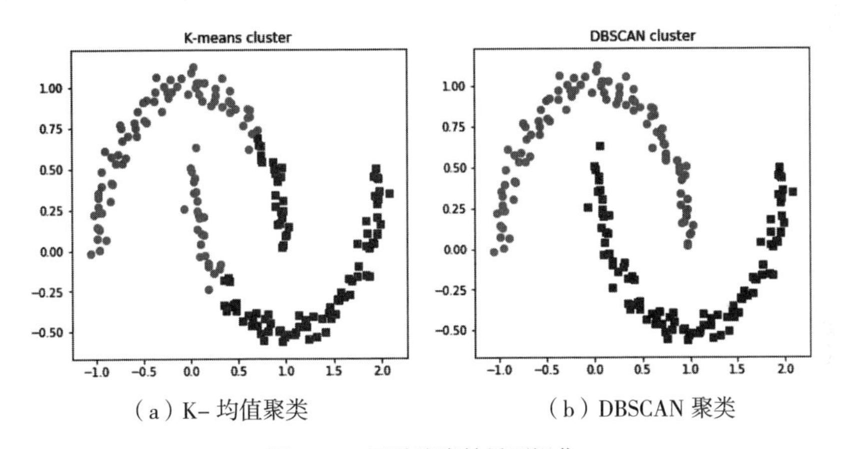

（a）K- 均值聚类　　（b）DBSCAN 聚类

图 1-10　两种聚类结果可视化

如图 1-10（a）所示，k- 均值聚类将数据聚类为 2 个簇；如图 1-10（b）所示，DBSCAN 聚类自动将数据聚类为 2 个簇。对比两种算法聚类结果的可视化效果，可以发现 DBSCAN 聚类算法针对该数据集更合适，能够得到更好的聚类结果。

总结：针对使用聚类进行无监督学习问题，在确定了使用 DBSCAN 聚类算法更适合该数据集后，即可将该算法训练得到的模型作用于该类型的新样本数据上，并对新样本所属的簇进行预测，以供进一步分析。无监督的学习方法在商品推荐、用户个性化定制等方面应用广泛，如向具有相似爱好的客户推荐他们可能喜欢的同种商品，以创造更大的经济效益。

2. 有监督学习——考虑 Y 标签

针对上面的数据集，如果考虑 Y 类别标签的作用，可以建立有监督的机器学习模型。例如，通过分类算法，使用数据训练分类模型，来预测新的样本所属类别等。接下来，对数据集使用 Logistic 回归模型，建立解决数据分类问题的机器学习模型。首先将数据切分为训练集和测试集，其中测试集占比 30%。

```
In[5]: ## 数据切分为训练集和测试集
       mydata = np.array(mydata)
       train_x,test_x,train_y,test_y = train_test_split(mydata[:,0:2], mydata[:,2], test_
       size=0.3, random_state = 123)
       print(train_x.shape)
       print(train_y.shape)
       print(test_x.shape)
       print(test_y.shape)

Out[5]:
(140, 2)
(140,)
(60, 2)
(60,)
```

此时可以看到，数据集已被切分成了含有 140 个样本的训练集和含有 60 个样本的测试集。接下来就是使用训练集训练 Logistic 回归模型，然后使用测试集验证模型的预测能力。

```
In[6]: ## 定义 logostic 模型
       logr = LogisticRegression()
       ## 训练模型
       logr.fit(train_x,train_y)
       ## 预测测试集
       prey = logr.predict(test_x)
       ## 计算模型的分类效果
       metrics.accuracy_score(test_y,prey)
```

```
Out[6]:
0.9000
```

上面的程序中，首先使用 LogisticRegression() 类建立 Logistic 回归分类模型 logr，然后使用 logr.fit() 方法作用于训练数据集训练模型，接着使用 logr.predict() 方法预测测试集的类别，最后使用 metrics.accuracy_score() 函数计算模型在测试集上的预测精度。可以发现该模型在测试集上预测的准确率为 90%，模型的预测能力达到了使用的要求，可以用于预测新的样本类别。

为了直观地体现分类模型的效果，将模型使用的训练集和测试集数据以可视化的方式绘制图形。

```
In[7]: ## 可视化模型的识别过程
       plt.figure(figsize=(8,6))
       ## 可视化训练数据
       index0 = np.where(train_y == 0)[0]
       index1 = np.where(train_y == 1)[0]
       plt.plot(train_x[index0,0],train_x[index0,1],"o",label="train data class 0")
       plt.plot(train_x[index1,0],train_x[index1,1],"s",label="train data class 1")
       ## 可视化测试数据
       index0 = np.where(prey == 0)[0]
       index1 = np.where(prey == 1)[0]
       plt.plot(test_x[index0,0],test_x[index0,1],"*",label = "pre data class 0")
       plt.plot(test_x[index1,0],test_x[index1,1],"d",label = "pre data class 1")
       ## 圈出易识别错误的样本位置
       plt.plot((0.05), (0.4), "ko",markersize=80,markerfacecolor = "none")
       plt.plot((1), (0.15), "ko",markersize=80,markerfacecolor = "none")
       plt.legend(loc = 0)
       plt.show()
```

上面的程序使用 Matplotlib 库绘制出了模型的训练集和测试集上的预测结果，得到的图像如图 1-11 所示。

在图 1-11 中，圆点和方块分别为训练集中的第 0 类和第 1 类，五角星数据为测试集中被预测为第 0 类的数据，菱形数据为测试集中被预测为第 1 类的数据。图中还使用圆圈圈出了容易分类错误的区域，如圆圈内 3 个五角星的点本该预测为第 1 类，但是错误地预测成了第 0 类；2 个菱形的点本该预测为第 0 类，但是错误地预测成了第 1 类。

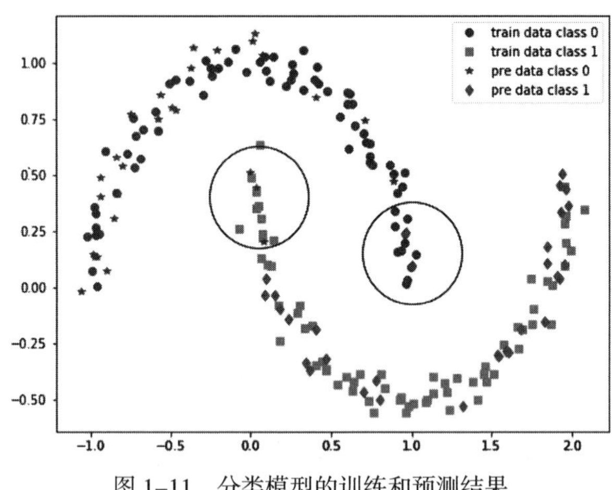

图 1-11　分类模型的训练和预测结果

总结：上面使用了 Logistic 回归建立分类的有监督学习模型。有监督和无监督最大的不同在于是否有类别标签，要根据类别标签的指导来建立模型。有监督的学习方法在实际应用中非常广泛，如进行垃圾邮件的识别、人脸图像分类、手写数字图像识别等。

上面的例子中，使用了一个理想化的小数据集，进行了有监督学习和无监督学习方法的探索。在现实情况下，所面对的问题往往不是这么简单，需要处理的数据可能是海量的大数据集，而且具有很高的维度，非常复杂。不过无需担心，因为本书后面的内容就是围绕解决现实世界中的复杂问题展开的。

通过上面示例已经展示了面对机器学习问题的一般处理过程，主要包括下面几个步骤。

（1）数据获取。

（2）明确问题的类型。

（3）数据预处理及探索。

（4）选择合适的机器学习方法。

（5）评估模型的效果。

（6）将满足要求的模型投入使用。

本章小结

本章对机器学习的情况进行了简单的介绍。首先引入什么是机器学习，即计算机程序随着经验积累而自动提高性能，是系统自我改善的过程。然后介绍了常见的3种机器学习方法，即无监督学习、有监督学习和半监督学习。最后介绍了如何建立一个完整可用的机器学习系统，并通过具体的例子解释了机器学习对数据建模的过程。

Chapter

02

第2章

Python常用库介绍

在机器学习和人工智能领域，Python 无疑是最受欢迎的编程语言之一。Python 的设计哲学是“优雅”“明确”“简单”，属于通用型编程语言。它之所以深受计算机科研人员的喜爱，是因为它有开源的社区和优秀科研人员贡献的开源库，可以满足人们各种各样的需求。

本章首先介绍 Python 的安装与使用 (本书使用 Anaconda)，然后介绍 Python 中常用的机器学习库的使用，最后介绍 Python 在机器学习中的应用场景。

Python 官方网址：https://www.python.org。

Anaconda 官方网址：https://www.anaconda.com。

2.1 Python的安装(Anaconda)

Anaconda 是一个控制 Python 版本和包管理的 Python 发行版本，用于大规模数据处理、预测分析和科学计算，致力于简化包的管理和部署。Anaconda 使用软件包管理系统 Conda 进行包管理。

Anaconda 是一个非常好用且省心的 Python 学习工具，它预装了很多第三方库，而且相比于 Python 用 pip install 命令安装库更加方便。Anaconda 中新增了 conda install 命令来安装第三方库，而且使用方法与 pip 一样。当你熟悉了 Anaconda 以后会发现，conda install 比 pip install 更方便一些。比如大家经常烦恼的 lxml 包的问题，在 Windows 下 pip 是无法顺利安装的，而 conda 命令则可以。

1. Anaconda 的安装和简单使用

（1）进入 Anaconda 官方网站的下载页面：https://www.anaconda.com/download，找到适合自己机器的匹配版本 (这里以 MacOS 系统 Python3.6 版本为例，Windows 用户可以选择 Windows 系统 Python3.6 版本)，单击 64-Bit Graphical Installer，将文件下载到本地，如图 2-1 所示。

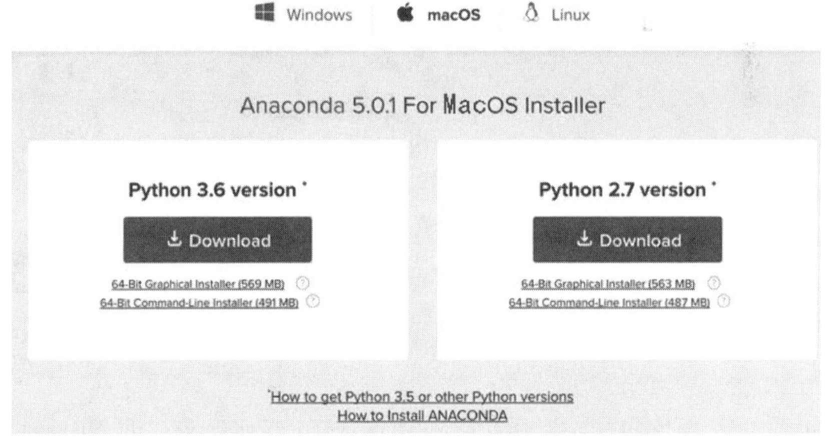

图 2-1　Anaconda 下载页面

（2）在本地安装下载好的安装包，安装完成后会出现如图 2-2 所示的界面。在该界面中有多个常用的 IDE，如 Jupyter Notebook 和 Spyder。启动后打开如图 2-3 所示的界面。

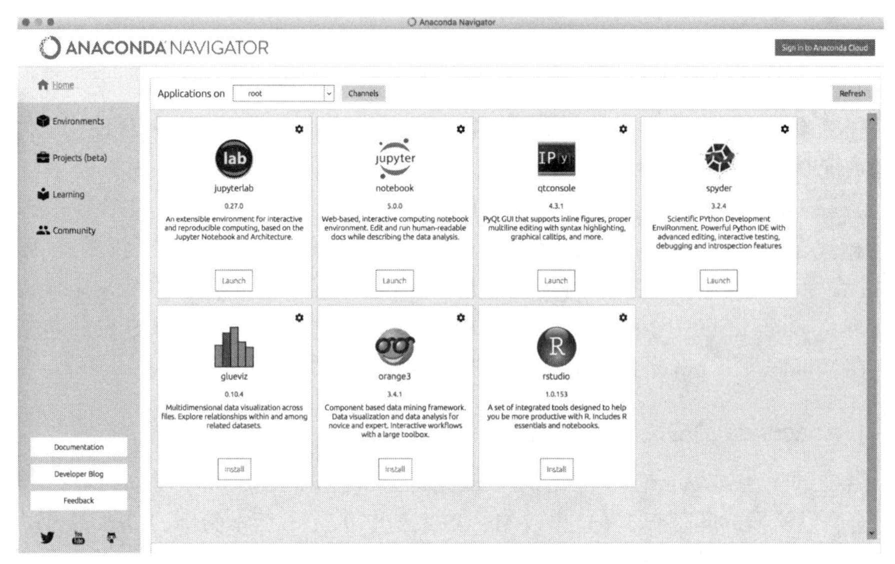

图 2-2　Anaconda 界面

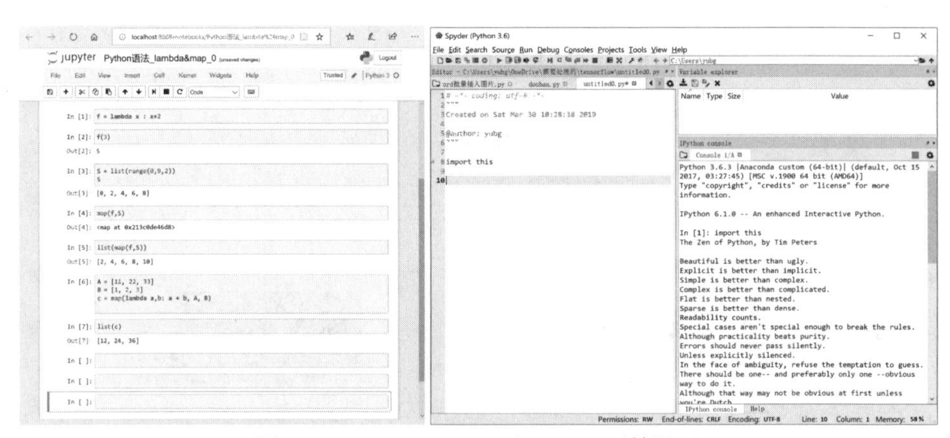

图 2-3　Jupyter Notebook 和 Spyder 开始界面

Anaconda 安装成功后，会自动附带众多常用的 Python 库，如 Numpy、Scipy、Pandas 等。

如果在安装时遇到了其他问题，可以在下面网站上找到各种操作系统的详细安装指导：http://www.datarobot.com/blog/getting-up-and-running-with-python/。

当然，有些包和库还需要自行下载后才能安装。幸运的是，已有“好事者”替我们收集好了相关的包和库，直接到 http://www.lfd.uci.edu/~gohlke/pythonlibs 上下载即可。

2.Anaconda 相关命令行

在终端中可以使用 Conda 相关命令完成一些操作。在 Windows 系统中打开“开始”菜单，选择 Anaconda3 目录下的 Anaconda prompt；MacOS 系统下，直接打开终端即可进行相关的操作。

（1）查找指定的库。

在提示符下输入“conda search pandas”，查找结果如图 2-4 所示。

```
                                 $ conda search pandas
Loading channels: done
Name                       Version                    Build  Channel
pandas                     0.8.1                np16py26_0  defaults
pandas                     0.8.1                np16py27_0  defaults
pandas                     0.8.1                np17py26_0  defaults
pandas                     0.8.1                np17py27_0  defaults
pandas                     0.9.0                np16py26_0  defaults
pandas                     0.9.0                np16py27_0  defaults
pandas                     0.9.0                np17py26_0  defaults
```

图 2-4　查找库结果

（2）安装指定的库。

在提示符下输入“conda install pandas”。

输入“conda install”安装某库时可能会提示安装失败或者找不到，此时可以直接在 Anaconda prompt 下输入“pip install”安装。

（3）查看所有已安装的库。

在提示符下输入“conda list”。

（4）创建一个名为 Python35 的环境，指定 Python 版本是 3.5。

在提示符下输入“conda create --name Python35 python=3.5”。

（5）使用 activate 激活 Python35 环境。

- 在Windows提示符下输入“activate Python35”。
- 在Linux & Mac提示符下输入“source activate Python35”。

（6）关闭激活的环境，回到默认的环境。

- 在Windows提示符下输入“deactivate Python35”。

• 在Linux & Mac提示符下输入“source deactivate Python35”。

（7）删除一个已有的环境。

在提示符下输入“conda remove --name Python35 --all”。

（8）在指定环境中安装库。

在提示符下输入“conda install -n Python35 numpy”。

（9）在指定环境中删除库。

在提示符下输入“conda remove -n Python35 numpy”。

2.1.1 Spyder

安装了 Anaconda 后，会在目录下自动安装 Spyder 和 Jupyter Notebook。本书将主要使用这两种 IDE。

Spyder 的操作界面类似于 MATLAB，如图 2-5 所示。

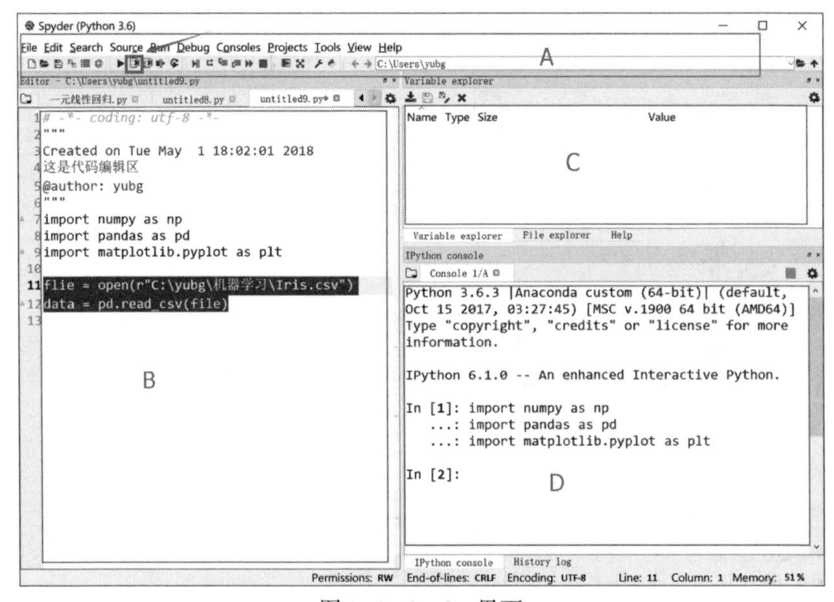

图 2-5　Spyder 界面

图中 A 是工具栏区域，B 是代码编辑区，C 是变量显示区，D 是结果显示区。当运行代码时，在编辑区 B 中选中要运行的代码，然后在工具栏 A 上单击 Run cell 按钮（图中框选箭头指示的部分）或者按 Ctrl+Enter 组合键即可。

2.1.2 Jupyter Notebook

不同于Spyder，Jupyter Notebook（此前被称为IPython Notebook）是一个交互式笔记本，支持运行40多种编程语言。它的出现是为了方便科研人员随时可以把自己的文本、代码以及运行结果生成PDF或者网页格式与大家交流。其启动界面如图2-6所示。

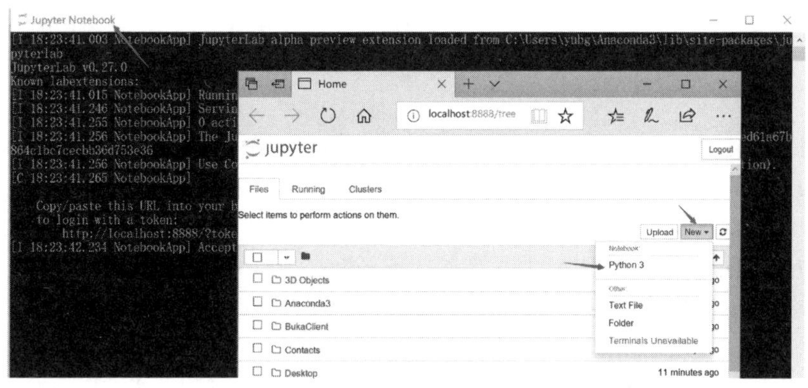

图2-6　Jupyter Notebook启动界面

启动Jupyter Notebook后，会出现如图2-6所示的界面。在New下拉列表框中选择Python3选项，进入主区域（编辑区），可以看到一个个单元（Cell）。每个Notebook都由许多Cell组成，每个Cell都有不同的功能。各功能区如图2-7所示。

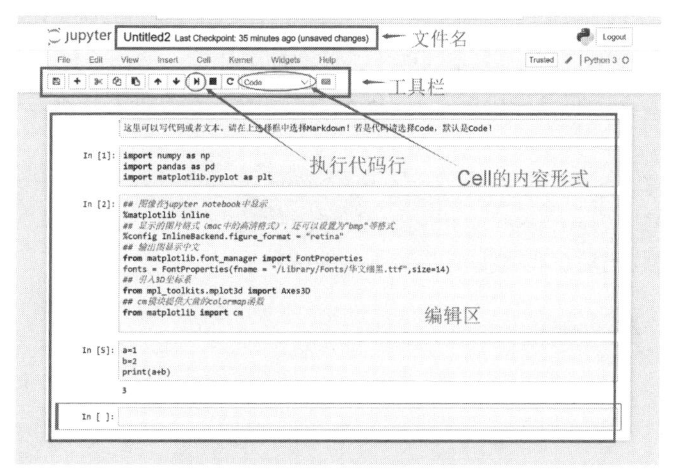

图2-7　Jupyter Notebook操作界面

第一个 Cell 如图 2-7 所示，以“In [ ]”开头表示这是一个代码单元。在代码单元里，可以输入任何代码并执行。例如，输入“a=1,b=2,print(a+b)”，然后按下 Shift+Enter 组合键或者如图 2-7 中的箭头所示，单击 Run Cell（执行代码行）按钮，代码将被运行，并显示结果。同时切换到下一个新的 Cell 中。

在操作界面中，可以对文件重命名。在文件名区域单击文件名，即可在弹出的修改框中进行修改。

关于 Jupyter Notebook 操作，网上有许多可以下载的学习文档，这里简单列举一些。

1. 单元格（Cell）操作

高级单元格操作，让编写 Notebook 变得更方便。举例如下：

如果想删除某个单元格，可以选择该单元格，然后依次执行 Edit -> Delete Cell 命令。

如果想移动某个单元格，只需依次执行 Edit -> Move Cell [Up | Down] 命令即可。

如果想剪切、粘贴某个单元格，可以先执行 Edit -> Cut Cell，然后执行 Edit -> Paste Cell [Above | Below] 命令。

如果你的 Notebook 中有很多单元格只需要执行一次或者想一次性执行大段代码，那么可以选择合并这些单元格，执行 Edit -> Merge Cell [Above | Below] 命令即可。

记住这些操作，它们可以帮助我们节省许多时间。

2. Markdown 单元格高级用法

Markdown 单元格虽然类型是 Markdown，但这类单元格也接受 HTML 代码。这样可以在单元格内实现更加丰富的样式，如添加图片等。例如，想在 Notebook 中添加 Jupyter 的 Logo，将其大小设置为 100px × 100px，并且放置在单元格左侧，可以这样编写：

```
<img src="https://www.python.org/static/img/python-logo@2x.png.tif"
style="width:100px;height:100px;float:left">
```

执行上述代码后，得到如图 2-8 所示的结果。

In [ ]:

图 2-8　Markdown 单元格中嵌入图片

另外，Markdown 单元格还支持 LaTex 语法。例如：

```
$$\int_0^{+\infty} x^2 dx$$
```

计算上述单元格，将获得 LaTex 方程式，如图 2-9 所示。

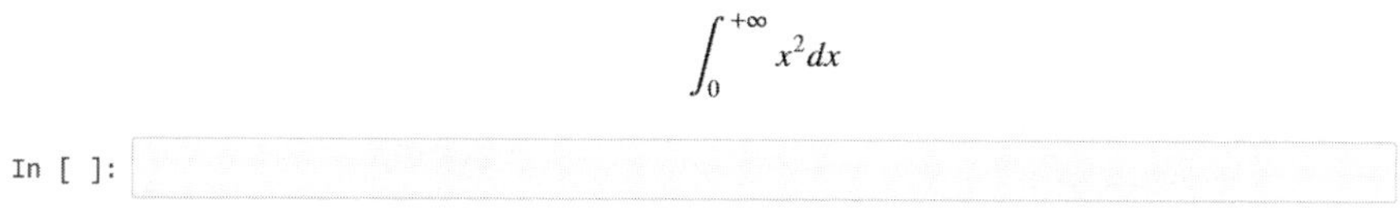

$$\int_0^{+\infty} x^2 dx$$

In [ ]:

图 2-9　Markdown 单元格中嵌入 LaTex

3. 导出功能

Jupyter Notebook 还有一个强大的特性，就是其导出功能。可以将 Notebook 导出为多种格式，如 HTML、Markdown、ReST、PDF（通过 LaTeX）、Raw Python。

利用导出 PDF 功能，无需编写 LaTex 即可创建漂亮的 PDF 文档。此外，还可以将 Notebook 作为网页发布在网站上；甚至可以导出为 ReST 格式，作为软件库的文档。

4. Matplotlib 集成

Matplotlib 是一个用于创建漂亮图形的 Python 库，结合 Jupyter Notebook 使用时体验更佳。要想在 Jupyter Notebook 中使用 Matplotlib，需要告诉 Jupyter 获取 Matplotlib 生成的所有图形，并将其嵌入 Notebook 中。为此，需要执行下面的代码：

```
%matplotlib inline
```

运行该指令可能需要几秒钟，但是在 Notebook 中只要执行一次即可。接下来绘制一个图形，看看具体的集成效果。

```
import matplotlib.pyplot as plt
import numpy as np
x = np.arange(20)
y = x**3
plt.plot(x, y)
```

上面的代码将绘制方程式 $y=x^3$。计算单元格后，会得到如图 2-10 所示图形。

```
In [10]: import matplotlib.pyplot as plt
         import numpy as np

         x = np.arange(20)
         y = x**3

         plt.plot(x, y)

Out[10]: [<matplotlib.lines.Line2D at 0x217a1d3c4e0>]
```

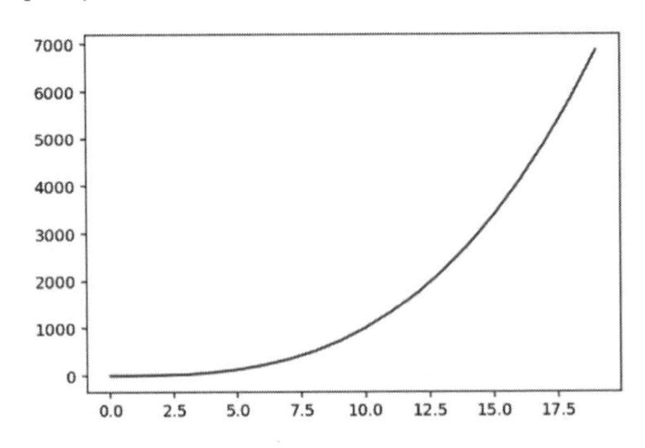


```
In [ ]:
```

图 2-10　Matplotlib 绘图

我们看到，绘制出的图形直接插入显示在 Notebook 中的代码行中，这就是行首代码 matplotlib 所起的作用。当需要修改代码重新执行时，图形也会动态更新。这也是每位数据科学家都想要的一个特性：将代码和结果放在同一个文件中，所见即所得，清楚地看出每段代码的效果。

2.2 Python常用库

扫一扫，看视频

Python 有很多实现各种功能的开源库，极大地丰富了 Python 的应用场景。Numpy 是 Python 用来进行矩阵运算、高维数组运算的数学计算库；Scipy 是一个开源的算法库和数学工具包，主要应用于科学计算领域；Pandas 是 Python 用来进行数据分析的库；Matplotlib 是简单易用的数据可视化库；Statsmodels 是 Python 用来进行假设检验、

统计估计的统计分析库；Scikit-learn 是功能强大的开源机器学习库。

- Numpy库官方网址：http://www.numpy.org/。
- Pandas库官方网址：https://Pandas.pydata.org/。
- Matplotlib库官方网址：https://Matplotlib.org/。
- Statsmodels库官方网址：http://www.statsmodels.org/stable/index.html。
- Scikit-learn库官方网址：http://scikit-learn.org/stable/。

接下来逐个介绍这些库的简单应用。

2.2.1 Numpy 库

Numpy 库中有大量高效的数值运算工具，在矩阵运算等方面提供了很多高效的函数，尤其是 N 维数组，在数据科学方面应用广泛。接下来，简单介绍 Numpy 的相关使用。

导入 Numpy 库。为了书写方便，使用别名 np 代替（本书中的 Numpy 库均使用 np 作为别名）。

```
In[1]:import numpy as np
```

导入 Numpy 库之后，可以使用 Numpy 生成数组。使用 array() 函数生成一个数组：

```
In[2]:A = np.array([[1,2,3,4],[5,6,7,8]])
      A
Out[2]:
    array([[1, 2, 3, 4],
           [5, 6, 7, 8]])
```

得到了一个 2 行 4 列数组，可以通过 reshape 方法改变数组的维度。

```
In[3]:A.reshape((4,-1))
Out[3]:
    array([[1, 2],
           [3, 4],
           [5, 6],
           [7, 8]])
```

reshape() 中的参数 (4,-1) 表示将数组转换为 4*X 的新数组，X 等于数组 A 中元素个数的 1/4。参数 -1 是一种“懒人”方法，表示由 Python 通过行参数 4 自动计算出列数 X。如此处的 A 共有 8 个元素，改变成 4 行，那么结果应该是 4 行 2 列，即参数为（4,2），那么这里的参数 –1 就代表 2。同样的，如果参数为（–1,4）表示要显示成 4 列的数组，至于多少行，则由计算机自行计算得出。默认是按照行优先改变数据维度，可以设置参数 order="F"，按照列优先改变数据的维度。

```
In[4]:A.reshape((4,2),order="F")
Out[4]:
     array([[1, 3],
          [5, 7],
          [2, 4],
          [6, 8]])
```

虽然数组的维度没有改变，但是元素值对应的位置已经不同了。想要提取数组中的某些元素，可以使用切片的方式来提取。如提取数组第 2 行中的 5 和 7（Python 索引正序从 0 开始，倒序则从 –1 开始）：B=A.reshape((4,2)，order='F')；B[1,:]。

```
In[5]:A[1,:]  # 提取 A 第 2 行数据
Out[5]:
   array([5, 6, 7, 8])
```

此外，也可以使用切片的方法修改数组中相应位置的数值。例如，将数组 A 的第 3 列数值更改为 1：

```
In[6]: A[:,2]=1
       A
Out[6]:
     array([[1, 2, 1, 4],
          [5, 6, 1, 8]])
```

如果要提取数组中第 1、2 行和第 2、3 列交叉位置上的数据，可以如下操作。

```
In[7]:A[0:2,1:3] # 提取第 1、2 行与第 2、3 列交叉位置上的数据
Out[7]:
    array([[2, 1],
         [6, 1]])
```

数组不仅可以是二维的，也可以是多维的。下面生成一个三维数组 B：

```
In[8]: B = np.array([A,A*2])
       B
```

```
Out[8]:
    array([[[ 1,  2,  1,  4],
            [ 5,  6,  1,  8]],
           [[ 2,  4,  2,  8],
            [10, 12,  2, 16]]])
```

数组 B 是一个 2×2×4 的数组，由 2 个 2×4 的矩阵构成。

Numpy 中的 linspace() 函数可以在指定的两个数之间生成固定数量的等间距（步长）数组。

```
In[9]:np.linspace(start=1,stop=15,num=5)
Out[9]:
   array([  1. ,   4.5,   8. ,  11.5,  15. ])
```

np.linspace(start=1,stop=15,num=5) 生成从 1 开始到 15 结束的 5 个等间距的数组。

如果想以指定的步长来生成一个向量，可以使用 arrange 方法。如从 1 开始，步长为 5，生成小于等于 15 的向量。

```
In[10]:np.arange(1,15,5)
Out[10]:
    array([ 1,  6, 11])
```

使用 ones() 函数可以生成全 1 数组，如生成一个 2×3 的全 1 数组。

```
In[11]:np.ones((2,3))
Out[11]:
    array([[ 1.,  1.,  1.],
           [ 1.,  1.,  1.]])
```

使用 zeros() 函数可以生成全 0 数组，如生成一个 2×3 的全 0 数组。

```
In[12]:np.zeros((2,3))
Out[12]:
    array([[ 0.,  0.,  0.],
           [ 0.,  0.,  0.]])
```

若想生成单位数组（对角线为 1，其余全是 0），可以使用 eye() 函数，生成一个 3×3 的单位数组。

```
In[13]:np.eye(3)
Out[13]:
```

```
array([[ 1., 0., 0.],
       [ 0., 1., 0.],
       [ 0., 0., 1.]])
```

同时，也可以指定对角线的元素取值。

```
In[14]:np.diag(np.arange(1,15,5))
Out[14]:
    array([[ 1, 0, 0],
           [ 0, 6, 0],
           [ 0, 0, 11]])
```

使用 diag() 函数可以得到一个数组（矩阵）的对角元素。获取 3 × 3 数组的主对角线的值：

```
In[15]: np.diag(np.arange(9).reshape((3,3)))
Out[15]:
    array([0, 4, 8])
```

Numpy 中的 Random 模块是用来生成随机数的有利工具，可以通过 np.random.seed() 方法指定随机数种子，以保证生成的随机数是可重复的。

如生成一个可重复的 3 × 3 随机数组：

```
In[16]:# 指定随机数生成种子
    np.random.seed(2)
    # 生成随机数
    np.random.randn(3,3)
Out[16]:
    array([[-0.41675785, -0.05626683, -2.1361961 ],
           [ 1.64027081, -1.79343559, -0.84174737],
           [ 0.50288142, -1.24528809, -1.05795222]])
```

数组转置可以使用 T 方法，如：

```
In[17]:np.random.seed(2)
    C = np.random.randn(3,3).T
    C
Out[17]:
    array([[-0.41675785, 1.64027081, 0.50288142],
           [-0.05626683, -1.79343559, -1.24528809],
```

```
        [-2.1361961 , -0.84174737, -1.05795222]])
```

将数组转换为矩阵可以使用 mat() 函数，计算矩阵的逆可使用 I 方法。如计算数组 C 的逆矩阵 D：

```
In[18]:D = np.mat(C).I
       D
Out[18]:
      matrix([[ 0.42265324,  0.65304428, -0.5677797 ],
              [ 1.29443848,  0.7541515 , -0.2724006 ],
              [-1.88331793, -1.91864589,  0.41795959]])
```

一个矩阵乘以它的逆矩阵会得到单位矩阵，即：C*D=I。

```
In[19]:np.mat(C)*D
Out[19]:
     matrix([[  1.00000000e+00,  8.43337040e-17,  4.42548666e-17],
             [ -3.43586150e-16,  1.00000000e+00, -2.49601463e-17],
             [ -2.40764231e-17,  2.01146775e-16,  1.00000000e+00]])
```

得到的结果是对角线的值为 1，其他位置上的数均近似于 0，结果矩阵接近于单位矩阵 I。

计算矩阵的行列式可以使用 np.linalg.det() 函数。linalg 是 Numpy 中线性代数计算模块。计算 3×3 数组 C 所构成的行列式的值：

```
In[20]:np.linalg.det(C)
Out[20]:
      2.0090965940791263
```

矩阵的迹是指对角线上所有元素相加的和。使用 np.trace() 函数计算 3×3 数组 C 的迹：

```
In[21]:np.trace(C)
Out[21]:
      -3.2681456514626728
```

Numpy 中带有一些很常用的统计函数。如计算 0~9 十个数的均值可以使用 mean() 方法：

```
In[22]:E = np.arange(10)
       E.mean()
Out[22]:
```

```
    4.5
```

0 ~ 9 的均值为 4.5。计算标准差可以使用 std() 方法：

```
In[23]:E.std()
Out[23]:
    2.8722813232690143
```

数组排序可以使用 np.sort() 函数。默认对每行数据进行排序：

```
In[24]:np.sort([[2,5,3],[6,8,10]])
Out[24]:
    array([[ 2,  3,  5],
           [ 6,  8, 10]])
```

若对每列数据进行排序，可使用参数 axis=1。

```
In[25]:np.sort([[2,5,3],[6,8,10]],axis=1) # 对列进行排序
Out[25]:
    array([[ 2,  5,  3],
           [ 6,  8, 10]])
```

计算数组的百分位数和中位数可以使用 np.percentile() 和 np.median() 函数：

```
In[26]:np.percentile(E,50)
Out[26]:
    4.5
In[27]:np.median(E)
Out[27]:
    4.5
```

中位数是指一组数据从小到大排列，个数为奇数时，排在正中间位置的数字；个数为偶数时，中间两个数字之和除以 2 即是中位数。

关于该库的更多应用可参考官方文档，在后面的章节中也会给出更多相关的应用。

2.2.2 Pandas 库

Pandas 库在数据分析中是非常重要和常用的库，它让数据的处理和操作变得简单和快捷，在数据预处理、缺失值填补、时间序列、可视化等方面都有应用。接下来简单介绍 Pandas 的一些应用。

导入 Pandas 库，并使用别名 pd。

```
In[28]:import pandas as pd
```

Pandas 可以读取 txt、csv、xls 等结构的数据。读取 csv 数据可以使用 pd.read_csv() 函数。读取 csv 数据集并查看数据的前几行，使用如下代码。

```
In[29]:Iris = pd.read_csv("data/chap2/Iris.csv")
    Iris.head() #head() 默认是显示 5 行，也可以显示指定的行数，如 head(8)
Out[29]:
  Id SepalLengthCm SepalWidthCm PetalLengthCm PetalWidthCm   Species
0  1           5.1          3.5           1.4          0.2 Iris-setosa
1  2           4.9          3.0           1.4          0.2 Iris-setosa
2  3           4.7          3.2           1.3          0.2 Iris-setosa
3  4           4.6          3.1           1.5          0.2 Iris-setosa
4  5           5.0          3.6           1.4          0.2 Iris-setosa
```

说明：尽管在 Python3 下已经解决了中文路径的问题，但是有时还会有些问题，如下面的问题就是由于中文路径引起的。

```
data = pd.read_csv( r"C:\Users\yubg\ 机器学习 \Iris.csv")


 File "Pandas/_libs/parsers.pyx", line 712, in Pandas._libs.parsers.TextReader._setup_parser_source (Pandas\_libs\parsers.c:8895)


OSError: Initializing from file failed
```

进行如下修改即可避免出错：

```
f = open( r"C:\Users\yubg\ 机器学习 \Iris.csv")
data = pd.read_csv(f)
```

该数据集为费希尔的鸢尾花数据集，包含 3 种鸢尾花的 4 个特征，每类 50 个样本。可以使用 describe() 方法来查看每个特征数据的统计信息。

```
In[30]:Iris.describe()
Out[30]:
        Id SepalLengthCm SepalWidthCm PetalLengthCm PetalWidthCm
count 150.000000 150.000000 150.000000 150.000000 150.000000
mean  75.500000   5.843333   3.054000   3.758667   1.198667
```

```
std    43.445368  0.828066  0.433594  1.764420  0.763161
min    1.000000   4.300000  2.000000  1.000000  0.100000
25%    38.250000  5.100000  2.800000  1.600000  0.300000
50%    75.500000  5.800000  3.000000  4.350000  1.300000
75%    112.750000 6.400000  3.300000  5.100000  1.800000
max    150.000000 7.900000  4.400000  6.900000  2.500000
```

该输出结果包含均值（mean）、标准差（std）、四分位数（25%、50%、75%）等信息。如果想要提取数据中的某一列可使用切片或者索引的方法。如提取SepalLengthCm特征：

```
In[31]:Iris["SepalLengthCm"].head(6)
Out[31]:
   0  5.1
   1  4.9
   2  4.7
   3  4.6
   4  5.0
   5  5.4
   Name: SepalLengthCm, dtype: float64
```

也可以使用iloc[行,列]的方法，如提取数据的第3列并查看前6个数据可以使用。

```
In[32]:Iris.iloc[:,2].head(6)
Out[32]:
   0  3.5
   1  3.0
   2  3.2
   3  3.1
   4  3.6
   5  3.9
   Name: SepalWidthCm, dtype: float64
```

可以使用Iris.iloc[2:4,:]提取数据表中的第2、3行：

```
In[33]:Iris.iloc[2:4,:]
Out[33]:
```

```
   Id SepalLengthCm SepalWidthCm PetalLengthCm PetalWidthCm Species
 2  3      4.7          3.2          1.3       0.2  Iris-setosa
 3  4      4.6          3.1          1.5       0.2  Iris-setosa
```

提取数据的第 2、3、5 列数据，可以进行如下操作：

```
In[34]:data = Iris.iloc[:,[2,3,5]]
       data.head()
Out[34]:
       SepalWidthCm  PetalLengthCm     Species
  0        3.5          1.4 Iris-setosa
  1        3.0          1.4 Iris-setosa
  2        3.2          1.3 Iris-setosa
  3        3.1          1.5 Iris-setosa
  4        3.6          1.4 Iris-setosa
```

类似的方法还有 loc、ix 等，其区别如下。

- loc：通过行标签索引行数据。
- iloc：通过行号索引行数据。
- ix：通过行标签或者行号索引行数据（基于loc和iloc 的混合）。

同理，索引列数据也是如此。如：

```
In[35]:import pandas as pd
       data2=[[1,2,3],[4,5,6]]
       index=['a','b']# 行号
       columns=['c','d','e']  # 列号
       df=pd.DataFrame(data2,index=index,columns=columns) # 生成一个数据框
       print(df.loc['a'])
Out[35]:
  c   1
  d   2
  e   3
In[36]:print(df.loc[0])
Out[36]:
   TypeError: cannot do label indexing on <class 'Pandas.indexes.base.Index'> with
these indexers [1] of <type 'int'>
```

对于数据的可视化，可以使用 Pandas 的 plot() 函数，它可以绘制直方图、散点图、线图等多种格式的图像。例如绘制散点图：

```
In[37]:import matplotlib.pyplot as plt  # 引入 Matplotlib 库
    data.plot(x = "SepalWidthCm",y = "PetalLengthCm",# X 轴数据，Y 轴数据
          kind = "scatter",figsize = (8,6), ) # 图像类型、大小
    plt.show()
```

data.plot() 中的参数 x、y 分别指定了作为 X、Y 轴的特征变量，kind 指定了画出散点图，figsize 指定了绘制图像的宽和高。绘制结果如图 2-11 所示。

Pandas 中的 apply() 方法可以进行并行计算，如计算每列的和。

```
In[38]:Iris.iloc[:,0:5].apply(func=np.sum,axis=0) # 对数据的每列求和
Out[28]:
  Id              11325.0
  SepalLengthCm     876.5
  SepalWidthCm      458.1
  PetalLengthCm     563.8
  PetalWidthCm      179.8
  dtype: float64
```

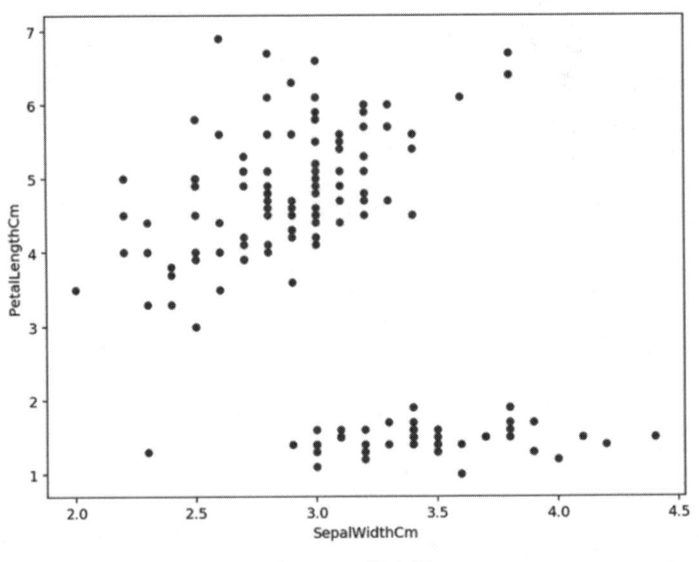

图 2-11　散点图

可以使用 pd.DataFrame() 函数来构造新的数组，例如：

```
In[39]:df = pd.DataFrame({
                          'A' : ['foo', 'bar', 'foo', 'bar', 'foo', 'bar'],
                          'B' : ['one', 'one', 'two', 'three', 'two', 'two',],
                          'C' : np.random.randn(6),
                          'D' : np.random.randn(6)})
       df
Out[39]:
     A    B        C         D
  0 foo  one  2.590441 -0.156155
  1 bar  one  0.081592 -0.306725
  2 foo  two -0.642930 -1.679215
  3 bar three 0.395972  0.265947
  4 foo  two -0.622803 -0.185417
  5 bar  two  0.408711 -0.735495
```

上面使用字典构造了一个 6×4 维的数组，字典中的 key 作为特征名，相应的 value 作为特征的取值。若想查看其中的某个变量包含哪些值，可以使用 unique() 方法。

```
In[40]:df["A"].unique()
Out[40]:
  array(['foo', 'bar'], dtype=object)
```

关于该库更多的应用可参考官方文档，在后面的章节中也将给出相关的应用。

2.2.3 Matplotlib 库

Matplotlib 是 Python 的绘图库，具有丰富的绘图功能。Pyplot 是其中的一个模块，它提供了类似 MATLAB 的绘图接口，是数据可视化的好帮手，能够绘制 2D、3D 等丰富的图像。接下来简单介绍其使用方法。

首先是 Matplotlib 绘图的准备工作：

```
In[41]:import matplotlib.pyplot as plt
       # 图像在 Jupyter Notebook 中显示
       %matplotlib
       # 显示的图片格式（mac 中的高清格式），还可以设置为 "bmp" 等格式
```

```
%config InlineBackend.figure_format = "retina"
# 输出图中显示中文
from matplotlib.font_manager import FontProperties
fonts = FontProperties(fname = "/Library/Fonts/ 华文细黑 .ttf",size=14)
# 引入 3D 坐标系
from mpl_toolkits.mplot3d import Axes3D
# cm 模块提供大量的 colormap 函数
from matplotlib import cm
```

上面的程序中首先导入 Matplotlib 中的 pyplot 模块，并命名为 plt。为了在 Jupyter Notebook 中显示图像，需要使用 matplotlib；为了绘制 3D 图像，需要引入三维的坐标系统 Axes3D；最后加载 cm 模块来控制图像的颜色。Matplotlib 库默认不支持中文文本在图像中的显示，为了解决这个问题，需要提前定义要显示的中文字体。在本书中使用 FontProperties() 函数定义在图像中要显示的中文字体，其中 fname 参数指定字体文件的位置，size 参数指定字体的大小。

看一个简单的例子，绘制一条曲线。代码如下：

```
In[42]:X = np.linspace(1,15)
       Y = np.sin(X)
       plt.figure(figsize=(6,4))   # 图像的大小 ( 宽：6，高：4)
       plt.plot(X,Y,"r–o")         # 绘制 X，Y, 红色、直线、圆圈
       plt.xlabel("X")             # X 坐标轴的 label
       plt.ylabel("Y")             # Y 坐标轴的 label
       plt.title("y = sin(x)")     # 图像的名称 title
       plt.grid("on")              # 图像中添加网格
       plt.show()                  # 显示图像
```

上面的代码首先生成 X、Y 坐标数据；然后使用 plt.figure() 定义一个图像窗口，并使用 figsize=(6,4) 参数指定图像的大小；plt.plot() 绘制图像对应的坐标为 X 和 Y，其中第三个参数 "r–o" 代表绘制红色曲线点图；plt.xlabel() 定义 X 轴的名称；plt.ylabel() 定义 Y 坐标轴的坐标；plt.title() 指定图像的名称；plt.grid("on") 代表打开图像的背景网格，如果参数为 "off" 则图像不带网格；最后使用 plt.show() 查看图像。得到的图像如图 2–12 所示。

使用 Matplotlib 库还可以在一个图像上绘制多个子图，从多个方面来观察数据。下面给出一个包含 3 个子图的图像，程序如下：

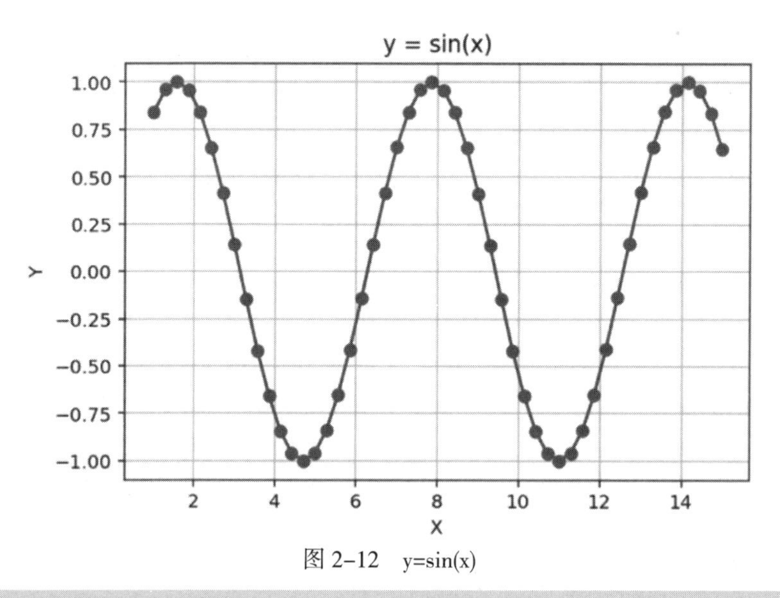

图 2–12　y=sin(x)

```
In[43]:# 绘制多个图像窗口
       xtick = [0,5,10,15]
       xticklabel = [str(x)+" 在这 " for x in xtick ]
       plt.figure(figsize=(10,8))              # 图像的大小 ( 宽：10，高：8)
       plt.subplot(2,2,1)                      # 4 个子图中的第 1 个子图
       plt.plot(X,Y,"b-.s")                    # 绘制 X，Y, 蓝色、虚线、矩形点
       plt.xlabel(r"$\alpha$")                 #X 坐标轴的 label，使用 LaTex 公式
       plt.ylabel(r"$\beta$")                  # Y 坐标轴的 label，使用 LaTex 公式
       plt.title("$y = \sum sin(x)$")          # 图像的名字 title，使用 LaTex 公式
       plt.subplot(2,2,2)                      # 4 个子图中的第 2 个子图
       plt.hist(Y, 20)                         # 直方图
       plt.text(0,7," 直方图 ",fontproperties = fonts) # 在（0，7）添加文字
       plt.xlabel(" 频数 ",fontproperties = fonts)  # X 坐标轴的 labe，使用中文
       plt.ylabel(" 取值 ",fontproperties = fonts)  # Y 坐标轴的 label，使用中文
       plt.title(" 直方图 ",fontproperties = fonts) # 图像的名字 title, 使用中文
       plt.subplot(2,1,2)                      # 4 个子图中的第 3,4 个子图合为一个图
       plt.step(X,Y,c="r",label = "sin(x)",linewidth=3       # 阶梯图,红色，线宽— 3,
                                                  添加标签
```

```
plt.xlabel("X",fontproperties = fonts)          # X 坐标轴的 label, 使用中文
plt.ylabel("Y",fontproperties = fonts)          # Y 坐标轴的 label, 使用中文
plt.title("Bar",fontproperties = fonts)         # 图像的名字 title, 使用中文
plt.legend(loc = "lower right",fontsize=16) # 图例在右下角，字体大小为 16
plt.xticks(xtick,xticklabel,rotation = 45,fontproperties = fonts)# x 轴 的 坐 标 取
                                                              值，倾斜 45 度
plt.subplots_adjust(hspace = 0.35)              # 调整图像之间的水平空间距离
plt.show()
```

在这个例子中，分别绘制了线图、直方图、阶梯图 3 个子图。plt.subplot(2,2,1) 表示将当前图窗分成 2×2 = 4 个区域，并在第 1 个区域上进行绘图，并指定 X 轴名称使用 plt.xlabel(r"α") 来显示，r"α" 表示 LaTex 公式；plt.subplot(2,2,2) 表示开始在第 2 个区域上绘制图像；plt.hist(Y, 20) 表示将数据 Y 分成 20 份来绘制直方图；plt.text(0,7," 直方图 ", fontproperties = fonts) 表示在坐标为 (0，7) 的位置添加文本标签 " 直方图 "，因为要显示中文，所以要指定字体属性 fontproperties = fonts ；plt.subplot(2,1,2) 表示将图形区域重新划分为 2×1=2 个窗口，并且指定在第 2 个窗口上作图（具体参见后面的 subplot 函数介绍）；plt.step(X,Y,c="r",label = "sin(x)",linewidth=3) 为绘制阶梯图，并且指定线的颜色为红色，线宽为 3 ；plt.legend(loc = "lower right",fontsize = 16) 为添加图例，并且位置在右下角，字体大小为 16 ；plt.xticks(xtick,xticklabel,rotation = 45,fontproperties = fonts) 是通过 plt.xticks() 来指定坐标轴 X 轴的刻度所显示的内容，并且可通过 rotation = 45 将其逆时针旋转 45 度；plt.subplots_adjust(hspace = 0.35) 为调整子图之间的水平间距，让子图没有遮挡。最终的图像如图 2-13 所示。

关于 subplot 函数，具体介绍如下。

在 Matplotlib 下，一个 Figure 对象可以包含多个子图 (Axes), 可以使用 subplot() 快速绘制。其调用形式如下：

```
subplot(numRows, numCols, plotNum)
```

图表的整个绘图区域被分成 numRows 行和 numCols 列。

然后按照从左到右、从上到下的顺序对每个子区域进行编号，左上子区域的编号为 1。

plotNum 参数指定创建的 Axes 对象所在的区域。

如果 numRows = 2, numCols = 3, 则整个绘制图表样式为 2×3 的图片区域，用坐标表示为：

```
(1, 1), (1, 2), (1, 3)
```

```
(2, 1), (2, 2), (2, 3)
```

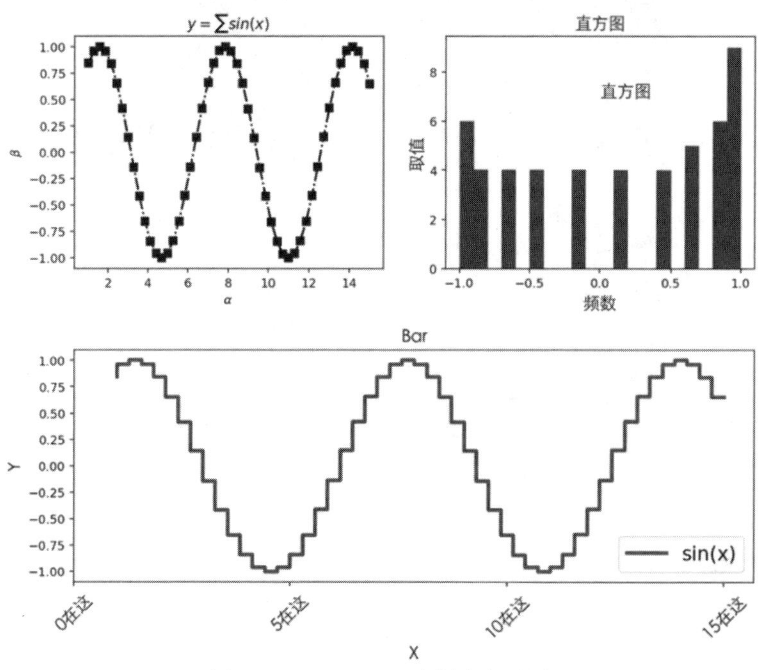

图 2-13 Matplotlib 绘制多个子图

当 plotNum = 3 时，表示的坐标为 (1, 3)，即第一行第三列的子图。

如果 numRows、numCols 和 plotNum 这 3 个数都小于 10 的话，可以把它们缩写为一个整数。例如，subplot(323) 和 subplot(3,2,3) 是相同的。

subplot 在 plotNum 指定的区域中创建一个轴对象，如果新创建的轴和之前创建的轴重叠的话，之前的轴将被删除。

示例程序如下。

1. 规则划分：2:2

```
In[44]:import matplotlib
       import matplotlib.pyplot as plt
       for i,color in enumerate("rgby"):
           plt.subplot(2,2,1+i,facecolor = color)
       plt.show()                    # 显示结果如图 2-14 所示
```

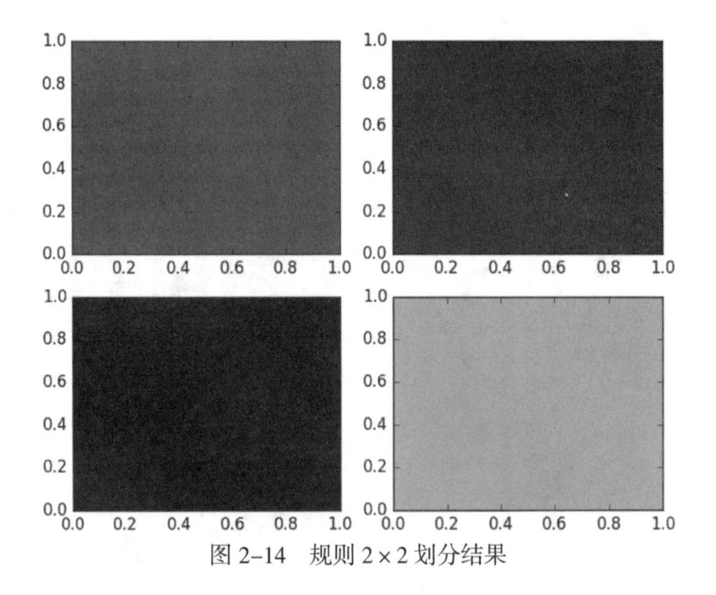

图 2-14　规则 2 × 2 划分结果

2. 不规则划分

有时我们的划分并不是规则的，比如图 2-13 所示的形式。

将整个表按照 2 × 2 划分，前两个比较简单，分别是 (2, 2, 1) 和 (2, 2, 2)，但是第三个图占用了 (2, 2, 3) 和 (2, 2, 4)，需要对其重新划分。按照 2 × 1 划分，前两个图占用了 (2, 1, 1) 的位置，因此第三个图占用 (2, 1, 2) 的位置。

Matplotlib 也可以绘制三维图像。下面我们给出绘制三维图像曲面图和空间散点图的例子，程序如下。

```
In[45]:## 绘制 3D 图像
       x = np.linspace(-4,4,num=50)
       y = np.linspace(-4,4,num=50)
       X,Y = np.meshgrid(x,y)
       Z = np.sin(np.sqrt(X**2+Y**2))
       fig = plt.figure(figsize=(12,5))

       ## 第一个子图的坐标系设置为 3D
       ax1 = fig.add_subplot(121, projection='3d')
```

```
## 绘制曲面图，rstride: 行的跨度 , cstride: 列的跨度 , cmap: 颜色 ,alpha: 透明度
ax1.plot_surface(X, Y,Z, rstride=1,
                 cstride=1, alpha=0.5,
                 cmap= plt.cm.coolwarm)
## 绘制 Z 轴方向的等高线（投影）, 位置在 Z = 1 的平面
cset = ax1.contour(X, Y, Z, zdir="z",
                   offset = 1,cmap=cm.CMRmap)
ax1.set_xlabel("X")
ax1.set_xlim(-4, 4)        # 设置 X 轴的绘图范围
ax1.set_ylabel("Y")
ax1.set_ylim(-4, 4)        # 设置 Y 轴的绘图范围
ax1.set_zlabel("Z")
ax1.set_zlim(-1, 1)        # 设置 Z 轴的绘图范围
ax1.set_title("surface and contour")

## 子图二：绘制三维的曲线
# 准备数据
theta = np.linspace(-4 * np.pi, 4 * np.pi, 100) # 角度
z = np.linspace(-2, 2, 100)                     # Z 坐标
r = z**2 + 1                                    # 半径
x = r * np.sin(theta)                           # X 坐标
y = r * np.cos(theta)                           # y 坐标
ax2 = plt.subplot(122,projection = "3d")
ax2.plot(x, y, z)                               # 绘制曲线
ax2.scatter3D(x,y,z,c = "r")                    # 绘制红色三维散点
ax2.view_init(elev=20,azim=25)                  # 设置轴的方位角和高程
ax2.set_title("Curve and scatter")
plt.show()
```

该图像包含两个子图，第一个是曲面图，第二个是散点线图。代码中首先生成绘制图像的数据，其中 np.meshgrid() 是生成网格数据点，最后生成的图像如图 2–15 所示。

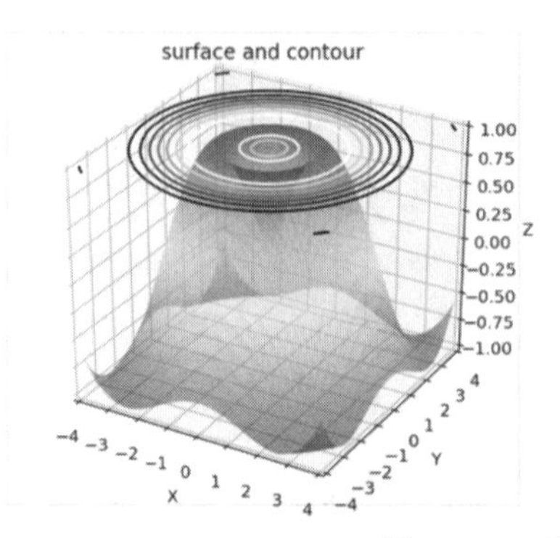

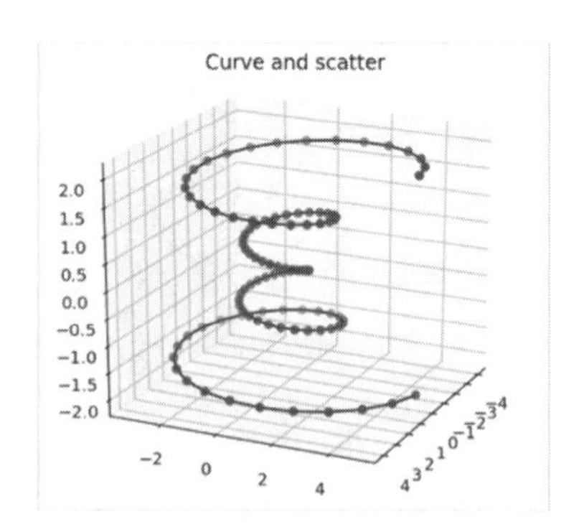

图 2-15　三维数据可视化

绘图程序中使用 ax1 = fig.add_subplot(121, projection='3d') 指定第一个子图绘制在 3D 坐标系中，并且指定坐标系名称为 ax1 ；ax1.plot_surface() 是绘制三维曲面图；ax1.contour() 指定绘制等高线图，并且指定投影在 Z 轴方向，位置在 Z = 1 的平面；ax1.set_xlim(–4, 4) 指定 X 轴的显示范围为 [–4,4] ；ax2.scatter3D() 表示在坐标系 ax2 上绘制三维散点；ax2.view_init() 为设置查看图像的视角。

Matplotlib 也可以使用 imshow() 方法来显示图像，下面给出例子。

```
In[46]:from skimage.io import imread  # 从 skimage 库中引入读取图片的函数
       from skimage.color import rgb2gray
       # 从 skimage 库中引入将 RGB 图片转化为灰度图像的函数
       im = imread("data/chap2/ 莱娜 .tiff")
       imgray = rgb2gray(im)
       plt.figure(figsize=(10,5))  ## 显示图片
       plt.subplot(1,2,1)
       plt.imshow(im)
       plt.axis("off")   ## 不显示坐标轴
       plt.title("RGB Image")
       plt.subplot(1,2,2)
       plt.imshow(imgray,cmap = plt.cm.gray)
       plt.axis("off")   ## 不显示坐标轴
       plt.title("Gray Image")
       plt.show()
```

图片使用 Skimage 库的 io 模块中 imread() 函数来读取图片数据，使用 color 模块

中的 rgb2gray() 函数将 RGB 图像转化为灰度图像。plt.imshow(im) 表示显示照片，plt.axis("off") 表示不显示坐标系。plt.imshow(imgray,cmap = plt.cm.gray) 中的参数 cmap = plt.cm.gray 表示显示图像的颜色系统为灰度。最后得到的图像如图 2-16 所示。

图 2-16　显示照片图像

2.2.4 Statsmodels 库

Statsmodels 库是 Python 中一个强大的统计分析库，包含假设检验、回归分析、时间序列分析等功能，能够很好的和 Numpy、Pandas 等库有效地结合起来，提高工作效率。这里先给出一个 Statsmodels 库应用示例，简单介绍利用该库进行一元线性回归分析的方法。

首先加载库：

```
In[47]:import statsmodels.api as sm
       import statsmodels.formula.api as smf
```

然后生成数据集 X、Y，进行回归分析。

```
In[48]:data = pd.DataFrame({"X":np.arange(10,20,0.25)})
       data["Y"] = 2*data["X"]+1+np.random.randn(40)
       data.head()
Out[48]:
```

	X	Y
0	10.00	20.843566
1	10.25	21.756570
2	10.50	21.011221
3	10.75	22.161178
4	11.00	22.763816

上面程序生成的数据为 y=2*x+1 并加上随机数，接下来我们使用 smf.ols() 函数来拟合线性回归方程。

```
In[49]:mod = smf.ols("Y ~ X", data).fit()
```

在 mod 类中，首先使用 smf.ols("Y ~ X", data)，表示针对数据集 data，使用 Y 作为因变量、X 作为自变量，拟合回归方程，然后使用 smf.ols 的 fit() 方法拟合模型。

接下来使用 mod 的 summary() 属性输出模型的结果。

```
In[50]:print(mod.summary())
Out[50]
                            OLS Regression Results
==============================================================================
Dep. Variable:                      Y   R-squared:                       0.969
Model:                            OLS   Adj. R-squared:                  0.968
Method:                 Least Squares   F-statistic:                     1188.
Date:                Fri, 02 Feb 2018   Prob (F-statistic):           2.82e-30
Time:                        12:42:04   Log-Likelihood:                -59.405
No. Observations:                  40   AIC:                             122.8
Df Residuals:                      38   BIC:                             126.2
Df Model:                           1
Covariance Type:            nonrobust
==============================================================================
                 coef    std err          t      P>|t|      [0.025      0.975]
------------------------------------------------------------------------------
Intercept     -0.0910      0.910     -0.100      0.921      -1.933       1.751
X              2.0701      0.060     34.468      0.000       1.949       2.192
==============================================================================
Omnibus:                        5.167   Durbin-Watson:                   2.802
Prob(Omnibus):                  0.076   Jarque-Bera (JB):                4.570
Skew:                          -0.828   Prob(JB):                        0.102
Kurtosis:                       2.993   Cond. No.                         79.9
==============================================================================
```

从结果中发现拟合的模型为 y = 2.07 * x － 0.091，并且 R-squared = 0.969，说明此模型拟合得非常好。下面画出模型原始数据的散点图和回归方程的直线图，以观察拟合效果。

```
In[51]:data.plot(x = "X",y = "Y",kind = "scatter",figsize=(8,5))
       plt.plot(data["X"],mod.params[0]+mod.params[1]*data["X"],"r")
       plt.text(10,38,"y="+str(round(mod.params[1],4))+
                "*x"+str(round(mod.params[0],4)))
       plt.title("simple linear regression")
```

```
plt.show()
```

上面程序得到的图像如图 2–17 所示，使用 Pandas 针对数据表绘制了散点图，从回归线对数据点的拟合效果可以看出，回归方程对原始数据拟合得非常好。关于该库的更多应用请参考官方文档，在后面的章节中我们也会给出更多的相关应用。

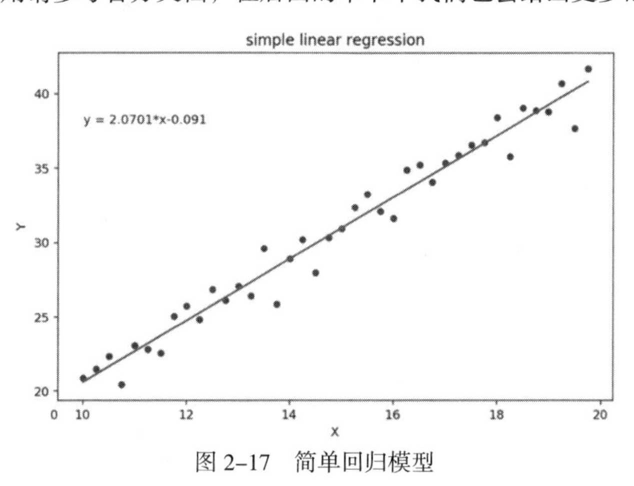

图 2–17　简单回归模型

2.2.5 Scikit–learn 库

Scikit–learn 机器学习库主要包含四大模块：回归、聚类、分类和降维。图 2–18 所示是对该库的概括。

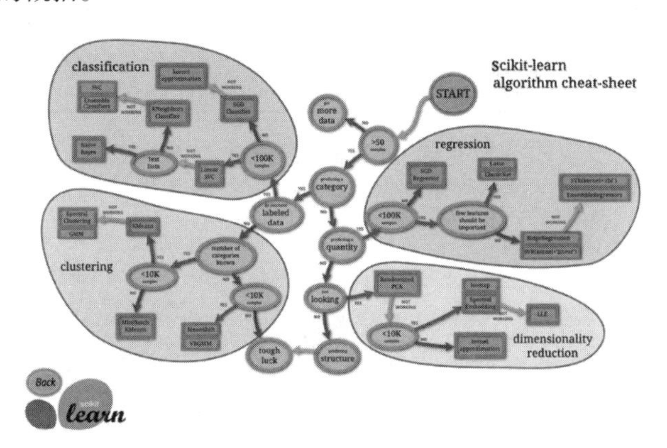

图 2–18　Scikit–learn 库概要

本书中大部分的机器学习算法都会用到 Scikit-learn，在机器学习过程中将会用到的模块如表 2-1 所示。

表 2-1　Scikit-learn 的相关模块

数据准备	sklearn.datasets	该模块包含库自带的数据集及生成数据集的操作
	sklearn.preprocessing	该模块包含数据预处理和归一化等操作
	sklearn.feature_extraction	该模块包含对图像、文本等进行特征转换的操作
	sklearn.feature_selection	该模块包含选择对模型重要的特征的操作
降　　维	sklearn.decomposition	该模块包含矩阵分解、字典学习、主成分分析等操作
	sklearn.manifold	该模块包含流形学习等非线性降维操作
回归分析	sklearn.linear_model	该模块包含广义回归分析的操作
聚　　类	sklearn.cluster	该模块包含多种聚类方法
分　　类	sklearn.tree	该模块包含决策树的相关操作
	sklearn.ensemble	该模块包含随机森林等集成方法的相关操作
	sklearn.naive_bayes	该模块包含朴素贝叶斯的相关操作
	sklearn.neighbors	该模块包含最近邻方法的相关操作
	sklearn.neural_network	该模块包含神经网络的相关操作
	sklearn.svm	该模块包含支持向量机的相关操作
	sklearn.model_selection	该模块包含交叉验证等相关模型选择的操作
模型评估	sklearn.metrics	该模块包含对分类、回归、聚类等模型效果评估的相关操作

关于该库的更多应用可参考官方文档，在后面的章节中我们也会给出更多应用实例。

2.3 其他Python常用的数据库

除了上面介绍的几个库之外，Python 还有很多功能强大的库，如表 2-2 所示。

表 2-2　Python 库

数据可视化	Seaborn	Python 统计可视化库
	Matplotlib	Python 简单易用强大的可视化库
	Plotly	Python 可交互可视化库
	NetworkX	Python 社交网络可视化库
	Geoplotlib	Python 地图可视化库
	Basemap	与 Matplotlib 结合的地图可视化库
图像处理	Pillow	Python 图像处理库
	Scikit-image	Python 科学图像处理库
自然语言	Jieba	Python 中文分词库
	Nltk	Python 自然语言处理库
	Snownlp	Python 处理中文文本的库
	Re	Python 正则表达式库
深度学习库	TensorFlow	Python 深度学习库
	Theano	Python 深度学习库
	Keras	Python 高层封装的深度学习库
	Pytorch	Python 面向学术界的深度学习库
关联分析	Pyfpgrowth	Python 挖掘频繁项集库
	Mlxtend	frequent_patterns 支持使用 apriori 算法进行关联分析
神经网络	Neurolab	Python 包含递归神经网络 (RNN) 及不同变体神经网络库

在后续的章节中，这些库很多会得到相应的应用，它们的具体应用将会结合具体实例进行演示。

2.4 Python各种库在机器学习中的应用

在机器学习和人工智能的浪潮中，Python 无疑是一款功能强大的工具，在数据预处理、数据探索及数据可视化、数据统计分析、数据聚类、回归预测、分类、模型评估等多方面都有一系列成熟的方案和应用。

基于开源平台 Python 及其社区，诞生了一系列好用并且功能强大的开源库。Scikit-learn 可能是 Python 最受欢迎的机器学习资源库了。基于 Numpy 和 Scipy，Scikit-learn 提供了大量用于数据挖掘和分析的工具，大大提高了 Python 本就出色的机器学习可用性。同时在自然语言和计算机视觉等方面，Python 不仅有 Nltk、Scikit-image 等传统的分析挖掘库，还有 TensorFlow、Keras 等功能强大的深度学习库可供我们使用。这些库在 Python 语言的统筹下，将会发挥更加出色的功能，创造出更有用的价值。相关的应用和操作如图 2-19 所示。

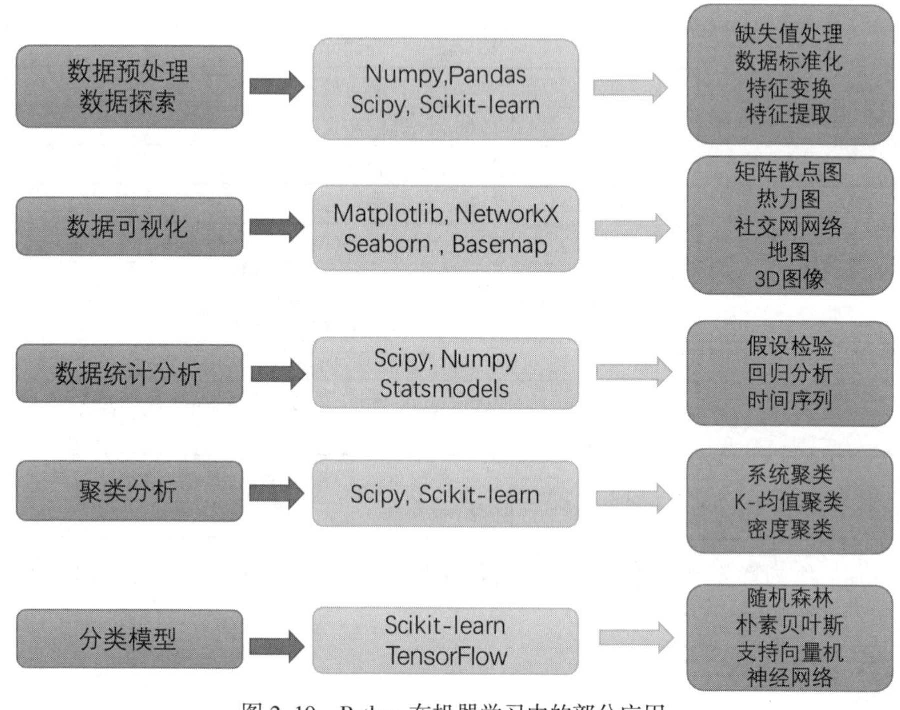

图 2-19　Python 在机器学习中的部分应用

本章小结

本章主要介绍了 Python 的安装和一些 Python 常用库，其中包括矩阵运算库 Numpy、数据处理库 Pandas、图像绘制库 Matplotlib、统计分析库 Statsmodels、机器学习库 Scikit-learn 等常用库。

Chapter

03

第3章

数据的准备和探索

在应用机器学习算法之前，认识数据对学习数据、预测数据具有重要的作用，所以对数据集的预处理和探索（也可以称为数据清洗）是很重要的步骤。本章主要学习如何利用 Python 对数据进行预处理、可视化、特征提取（变换）等。数据预处理主要是对数据进行缺失值处理、标准化处理、特征编码等；通过数据可视化和假设检验可以分析数据特征之间的关系、数据的分布等性质；数据的特征提取和降维可以更加方便地过滤掉干扰信息，保留有用的信息，以提高模型的精度和泛化能力。

3.1 数据预处理

扫一扫，看视频

机器学习中学习数据的首要任务是数据预处理。海量的原始数据中存在着大量不完整、不一致、有异常的数据，数据预处理就是处理缺失数据以及清除无意义的信息。例如，删除原始数据集中的无关数据、重复数据，平滑噪声数据，筛选掉与主题无关的数据，处理缺失值、异常值。这些问题如果不进行有效的处理，对下一步数据的可视化、建立模型、预测等会产生巨大的影响，甚至会得到错误的结论，所以进行数据预处理就显得尤为重要。

1. 数据缺失值处理

获得数据集后，我们的首要任务是观察数据，明确问题的目标，观察数据是否有缺失、错误等问题。其中针对不同情况下的数据缺失问题，可以使用不同的方法。如：针对连续型的缺失数据可以使用数据的均值、中位数等方式填补；针对分类数据可以使用众数等方式填补缺失值；较为复杂的方法是找到样例的 K 近邻，然后使用 K 个近邻的均值进行填补。当利用 Python 来处理时，使用 Pandas 库可以很方便地对缺失值问题进行处理。相关的处理方式主要有下面几种，见表 3–1。

表 3–1　缺失值处理

方　法	描　述
dropna	删除空值
fillna	使用指定值或插值方法 (ffill,bfill) 对缺失值进行填补
isnull	如果是缺失值，则返回布尔对象 True
notnull	isnull 的否定

下面用具体的实例说明对缺失值如何处理。生成带有缺失值的数据：

```
In[1]: ## 生成带有缺失值的数据
       import numpy as np
       import pandas as pd
       np.random.seed(1) # 设置随机书种子，生成可重复随机数
```

```
    df = pd.DataFrame(np.random.randn(6,4),columns=list("ABCD"))
    df.iloc[2:4,2:4] = np.nan
    df.iloc[1,0:2] = np.nan
    df
Out[1]:
```

	A	B	C	D
0	1.624345	-0.611756	-0.528172	-1.072969
1	NaN	NaN	1.744812	-0.761207
2	0.319039	-0.249370	NaN	NaN
3	-0.322417	-0.384054	NaN	NaN
4	-0.172428	-0.877858	0.042214	0.582815
5	-1.100619	1.144724	0.901591	0.502494

数据表中每个特征(每列)都有缺失值，下面使用多种方式对缺失值进行填补。针对数据先使用 df.isnull() 检查是否含有缺失值：

```
In[2]:df.isnull()
Out[2]:
```

	A	B	C	D
0	False	False	False	False
1	True	True	False	False
2	False	False	True	True
3	False	False	True	True
4	False	False	False	False
5	False	False	False	False

输出的结果中，如果是 True 说明相应位置有缺失值。接下来使用参数以字典的方式对特征 A 进行缺失值填补。

```
In[3]:df.fillna({"A":0.5},inplace = True)
    df["A"]
Out[3]:
    0   1.624345
    1   0.500000
    2   0.319039
    3   -0.322417
    4   -0.172428
    5   -1.100619
```

```
        Name: A, dtype: float64
```

上面的例子使用 fillna() 函数填补缺失值，即将 A 列的缺失值用 0.5 来填补。对于缺失值也可以使用向后插补的方法进行填充，如 B 列数据中的缺失值使用向后插补的方法填充。

```
In[4]:df["B"].fillna(method = "bfill")
Out[4]:
    0  -0.611756
    1  -0.249370
    2  -0.249370
    3  -0.384054
    4  -0.877858
    5   1.144724
    Name: B, dtype: float64
```

method = "bfill" 表示使用缺失值的后一项数据来填补缺失值。也可以使用缺失值的前一项数据进行填补，只需将参数设置为 method = "ffill"。对 C 列数据使用前一项值插补：

```
In[5]:df["C"].fillna(method = "ffill")
Out[5]:
    0  -0.528172
    1   1.744812
    2   1.744812
    3   1.744812
    4   0.042214
    5   0.901591
    Name: C, dtype: float64
```

C 列数据使用 −0.240765 填补了缺失值。也可以使用某列数据的均值填补缺失值，如：

```
In[6]:df["D"][df["D"].isnull()] = df["D"].mean()
      df["D"]
Out[6]:
    0  -1.072969
    1  -0.761207
```

```
2  -0.187216
3  -0.187216
4   0.582815
5   0.502494
Name: D, dtype: float64
```

对 D 列数据使用 df["D"].mean() 计算均值（不包含缺失值的均值），并用均值填补缺失值。

上面介绍了缺失值的处理方法。在数据处理过程中，还有一些数据当量纲、单位单位等存在差异，这就需要对数据进行标准化处理。接下来介绍如何使用 Sklearn 库对数据进行标准化。

2. 数据标准化和 LabelEncoder

在数据预处理阶段，数据标准化是一种重要的处理手段。数据标准化能够消除数据之间的量纲，使数据集的各个特征在同一水平，尤其是在数据聚类分析、主成分分析中有着重要的作用。下面使用 Sklearn 库中 preprocessing 模块的 StandardScaler 函数对鸢尾花数据集进行数据标准化操作，分析数据前后的变化。程序如下：

```
In[7]: from sklearn.preprocessing import LabelEncoder,StandardScaler
       import matplotlib.pyplot as plt
       ## 输出图显示中文
       from matplotlib.font_manager import FontProperties
       fonts = FontProperties(fname = "/Library/Fonts/ 华文细黑 .ttf",size=14)
       Iris = pd.read_csv("data/chap3/Iris.csv")
       print(Iris.head())
Out[7]:
   Id SepalLengthCm  SepalWidthCm  PetalLengthCm  PetalWidthCm     Species
 0  1          5.1          3.5          1.4          0.2  Iris-setosa
 1  2          4.9          3.0          1.4          0.2  Iris-setosa
 2  3          4.7          3.2          1.3          0.2  Iris-setosa
 3  4          4.6          3.1          1.5          0.2  Iris-setosa
 4  5          5.0          3.6          1.4          0.2  Iris-setosa
In[8]:Iris.drop("Id", axis=1).boxplot() # 删除 "Id" 列，做箱型图
      plt.title(" 标准化前 Boxplot")
```

```
plt.show()
## 对 4 个特征进行标准化
scaler = StandardScaler(with_mean=True,with_std=True)
Iris.iloc[:,1:5] = scaler.fit_transform(Iris.iloc[:,1:5])
Iris.drop("Id", axis=1).boxplot()
plt.title(" 标准化后 Boxplot")
plt.show()
```

上面的程序首先使用 pd.read_csv() 读取数据，然后查看前 5 个样本，对数据集的 4 个特征绘制盒形图，得到如图 3–1（a）所示的图像，即标准化前 Boxplot；接着使用 scaler = StandardScaler(with_mean=True,with_std=True) 定义标准化操作类 scaler，使用其 fit_transform() 方法对 4 个特征进行标准化处理，并对标准化后的特征绘制盒形图，得到如图 3–1（b）所示的图像。

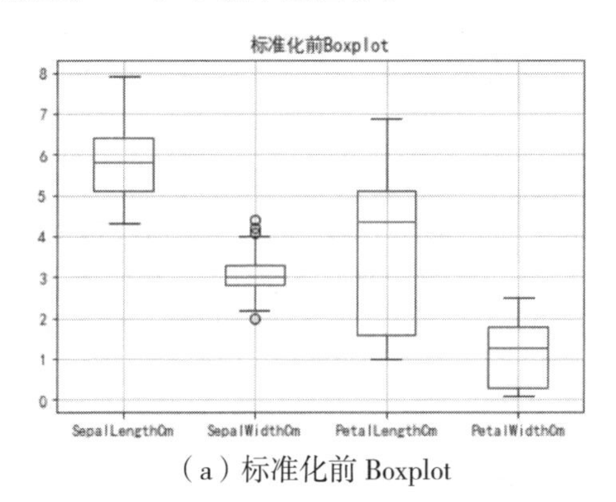

（a）标准化前 Boxplot

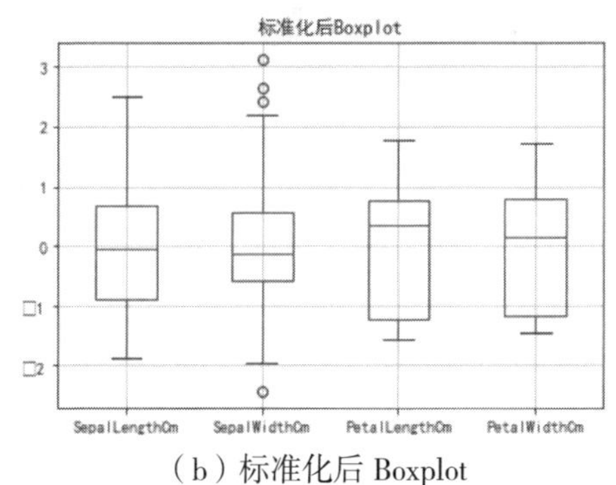

（b）标准化后 Boxplot

图 3–1　数据盒形图

比较图 3–1（a）、图 3–1（b）所示图像可发现，在标准化前，4 个特征的取值范围有很大的差异；在标准化之后，4 个特征的取值范围的差异很小，并且都集中在 0 附近。

Iris 数据集的 Species 特征是数据的类别特征为字符串，针对该特征可以使用 LabelEncoder 对其重新编码：

```
In[9]:le = LabelEncoder()
      Species = le.fit_transform(Iris.Species)
      Species
Out[9]:
    array([0, 0, 0, 0, 0...
          1, 1, 1, 1, 1...
          2, 2, 2, 2, 2,...])
```

从输出结果可以看到，字符串已经使用 0,1,2 三种数字分别代替并进行了重新编码，方便后续学习模型建立时使用。

3. 数据的非线性特征生成

在机器学习中，很多时候需要使用现有的数据特征相互组合生成新的数据特征，如特征之间的相乘组成新特征，特征的平方组成新特征等。Sklearn 库的 preprocessing 模块中的 PolynomialFeatures 函数可以完成这项工作，下面给出具体实例。

```
In[10]:from sklearn.preprocessing import PolynomialFeatures
       X = np.arange(8).reshape(4,2)
       X
Out[11]:
    array([[0, 1],
          [2, 3],
          [4, 5],
          [6, 7]])
In[11]:pf = PolynomialFeatures(degree=2,
                              interaction_only=False,
                              include_bias = False)
        pf.fit_transform(X)
```

```
Out[11]:
    array([[ 0.,  1.,  0.,  0.,  1.],
           [ 2.,  3.,  4.,  6.,  9.],
           [ 4.,  5., 16., 20., 25.],
           [ 6.,  7., 36., 42., 49.]])
```

上例就是2个特征(X1,X2)生成新的数据集，包含5个特征，分别为(X1,X2,X1**2,X1*X2,X2**2)。

在PolynomialFeatures()中有3个参数，分别为degree、interaction_only、include_bias。

- degree：控制多项式的度，指最多能有几个特征变量的乘积。
- interaction_only：是否只保留交叉项，默认为False，如果指定为True，则不会有特征本身与自己结合的项。
- include_bias：表示是否有常数项，默认为True。

举例说明参数：有a、b两个特征，那么其2次多项式为（1,a,b,a**2,ab, b**2），PolynomialFeatures的参数interaction_only如果指定为True，那么就不会有特征自己和自己结合的项，即二次项中不会有a**2和b**2；参数include_bias为True，就有常数项1。

3.2 数据假设检验

数据假设检验，是数理统计学中根据一定假设条件由样本推断总体的一种方法，也是数据探索的一部分。本节主要介绍如何使用Python进行简单的常用假设检验，主要有数据正态性检验、独立两样本t检验、单因素方差分析、相关性检验。

在进行数据处理时，了解数据的分布情况是比较重要的。如在回归分析中往往需要假设回归的残差是正态分布，如何证明它是正态分布呢？这时需要用到统计分析中的数据假设检验。

在对数据进行检验之前，首先得了解P值的意义。简单地说，P值就是拒绝原假设(H0)时犯错误的可能性，若P值很小，如P<0.05，我们可以理解为拒绝原假设H0犯错误的可能性小于5%，即这个可能性发生的概率很小，可以认为原假设是错误

的，可以拒绝。值得注意的是，P 值只能说明我们拒绝或者接受原假设，不能说明原假设一定错误或者正确。

1. K–S 检验

判断一组数据是否服从正态分布，最有说服力的方法就是使用正态性检验。如 K–S 检验，该检验的原假设 H0 和备假设 H1 分别如下。

- H0：样本的总体分布服从某特定分布（可以指定为正态分布）。
- H1：样本的总体分布不服从某特定分布（不是指定的正态分布）。

下面例子使用 Scipy 库中的 stats 模块对一组数据是否为正态分布进行 K–S 检验。导入所需要的模块：

```
In[12]:from scipy import stats
```

生成一组需要服从正态分布的随机数，然后使用 K–S 检验来检验。

```
In[13]:np.random.seed(19)
       x = stats.norm.rvs(size=100)        ## 正态分布随机数
       plt.figure()
       plt.hist(x,bins=20,color="red")
       plt.xlabel("x")
       plt.ylabel("frequenry")
       plt.title("hist plot")
       plt.show()
       stats.kstest(x, 'norm')     # 对数据进行正态性检验
Out[13]:
  KstestResult(statistic=0.050770070239366819, pvalue=0.95880488614957782)
```

在上面的代码中，先使用 np.random.seed() 指定了生成随机数的种子，再用 stats.norm.rvs() 生成 100 个服从正态分布的随机数，然后用 plt.hist() 绘制出这组数据的直方图，最后使用 stats.kstest() 进行 K–S 检验。

从输出的检验结果中知道 p 值非常大，pvalue=0.95，说明如果拒绝了 H0 就有 95% 的可能性是犯错的，所以不能拒绝原假设 H0，即接受 H0，认为该组数据是服从正态分布的。stats.kstest(x, 'norm') 表示检验数据 x 是不是服从 'norm'(正态) 分布，同时给出数据的直方图，如图 3–2 得知。由图像也可以看出该组数据符合正态分布的钟形。

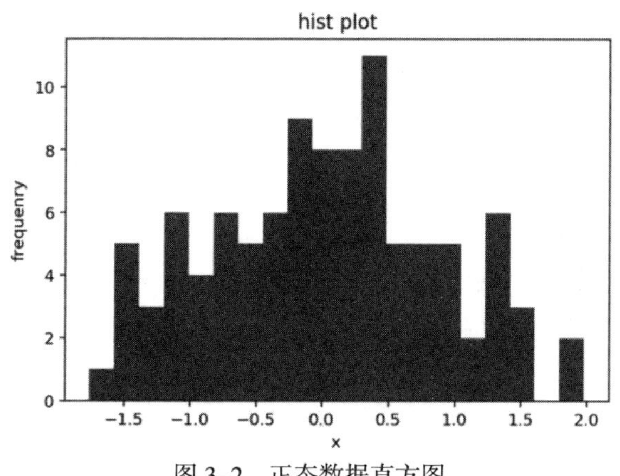

图 3–2　正态数据直方图

2. 两独立样本 t 检验

正态性检验是对一组数据分布的检验。如果有两组数据，想要知道这两组数据的平均值是否相等，则需要对这两组数据进行均值比较，可以使用 stats.ttest_ind() 函数来完成该检验。两独立样本 t 检验也有原假设 H0 和备择假设 H1，分别介绍如下。

- H0：两独立样本具有相同的均值。
- H1：两独立样本的均值不同。

下面使用具体的数据进行该检验：

```
In[14]:np.random.seed(125)
       x1 = stats.norm.rvs(loc=5,scale=10,size=500)
       x2 = stats.norm.rvs(loc=5,scale=10,size=500)
       plt.figure()                    ## 查看数据的直方图
       plt.hist(x1,bins=20,color="red",alpha = 0.5)
       plt.hist(x2,bins=20,color="blue",alpha = 0.5)
       plt.xlabel("x")
       plt.ylabel("frequenry")
       plt.title("hist plot")
       plt.show()
       stats.ttest_ind(x1,x2)     ## 两独立样本 t 检验
```

```
Out[14]:
    Ttest_indResult(statistic=0.30534858100573847, pvalue=0.76016435217931533)
```

上面的代码同样先指定了随机数种子，然后生成500个均值为5、标准差为10的两组数据x1和x2，并绘制出直方图，最后使用stats.ttest_ind()进行两独立样本t检验。从输出的结果中可以发现pvalue=0.76，即p值远远大于0.05，如果拒绝了H0就有76%的可能性犯错，所以不能拒绝原假设H0，即接受H0，这说明这两组数据的均值是一样的。实际上我们生成的是两组均值相等的随机数，从输出的图3-3得知，两组数据的均值几乎相等。

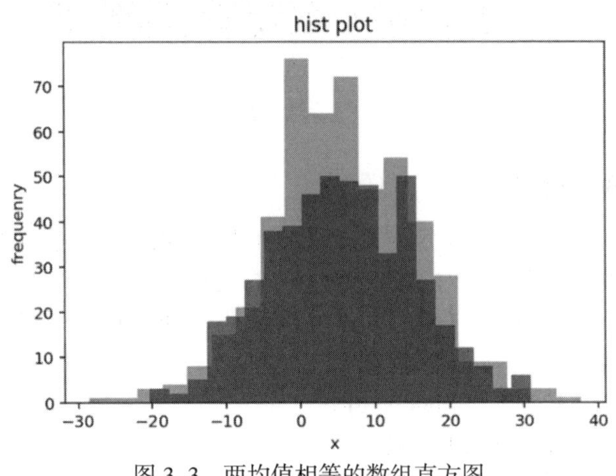

图 3-3　两均值相等的数组直方图

3. 单因素方差分析

上面比较的是两组数据的均值，在实际应用中，我们可能有好几组数据，即在不同的因素X下都有相应的实验结果，面对这种情况，如果想要比较多种因素下各组数据的均值是否有差异，可以使用单因素方差分析。单因素方差分析的原假设H0和备择假设H1分别如下。

- H0：各因素的均值相等，即$\mu_1=\mu_2=\mu_3=\cdots=\mu_n$。
- H1：各因素的均值不完全相等，即$\mu_1,\mu_2,\mu_3,\cdots,\mu_n$至少有两个不等。

下面我们以鸢尾花数据为例，比较特征sepal_width在3种不同的花下，它们的均值是否相同。

```
In[15]:import seaborn as sns
```

```
        Iris = sns.load_dataset("iris")
        setosa = Iris.sepal_width[Iris.species == "setosa"]
        versicolor = Iris.sepal_width[Iris.species == "versicolor"]
        virginica = Iris.sepal_width[Iris.species == "virginica"]
        print(stats.levene(setosa,versicolor,virginica))         ## 方差齐性检验
        print(stats.f_oneway(setosa,versicolor,virginica))       ## 单因素方差分析
Out[15]:
    LeveneResult(statistic=0.5902, pvalue=0.5555)
    F_onewayResult(statistic=49.1600, pvalue=4.4920e-17)
```

上面的代码首先从 seaorn 包中加载 Iris 数据集，然后将数据集的 sepal_width 特征分别分给相应的 3 种花定义变量。在方差分析之前，首先对 3 组数据方差齐性检验，即 Levene 检验，检验的结果 pvalue=0.55 远大于 0.05，说明 3 个数组方差相等，可以进行单因素方差分析，stats.f_oneway() 为对数据进行单因素方差分析，从输出的结果看到，p 值远小于 0.05，说明可以拒绝原假设，接受备择假设 H1，说明 3 种花的 sepal_width 长度不完全相等。

当知道了 3 种花的 sepal_width 长度不完全相等，接下来的问题就是搞清楚哪些种类之间不相等，这时可以进行多重比较。使用 pairwise_tukeyhs() 函数进行两两变量之间的对比，该函数在 statsmodels.stats.multicomp 模块中。对 3 种花的 sepal_width 特征进行多重比较的代码如下：

```
In[16]:from statsmodels.stats.multicomp import pairwise_tukeyhsd
       tukey = pairwise_tukeyhsd(endog=Iris.sepal_width,        # 数据
                                 groups=Iris.species,           # 分组
                                 alpha=0.05)                    # 显著性水平
       print(tukey)
       tukey.plot_simultaneous()                                # 绘制出每组的
                                                                置信区间，如图
                                                                3-4 所示
```

上面的程序不仅使用 print(tukey) 输出多重比较结果，还使用 tukey.plot_simultaneous() 方法输出了比较的图像，如图 3-4 所示。

```
Out[16]:
```

```
 Multiple Comparison of Means - Tukey HSD,FWER=0.05
=====================================================
  group1     group2    meandiff  lower   upper  reject
-----------------------------------------------------
  setosa   versicolor  -0.658  -0.8189 -0.4971  True
  setosa   virginica   -0.454  -0.6149 -0.2931  True
versicolor virginica    0.204   0.0431  0.3649  True
-----------------------------------------------------
```

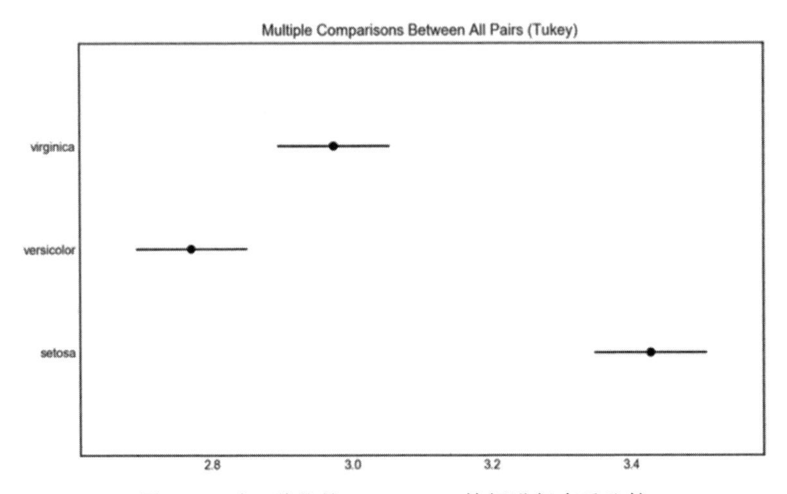

图 3-4　对 3 种花的 sepal_width 特征进行多重比较

上面输出的结果中，数据表为两两均值比较的结果，最后的 reject 指标都为 True，说明 3 种花中两两之间的均值都有差异，并且使用 meandiff 列给出了它们的差值大小。第二个输出的是多重比较中 3 种花均值所在的位置和置信度为 95% 的置信区间，从图 3-4 中可以看出 3 种花 versicolor 的平均长度最短，而 setosa 的平均长度最长。

4. 相关性检验

变量之间的相关性是衡量数据之间是否存在有线性关系的重要属性，检验数据是否具有线性相关可以使用 stats.pearsonr() 函数。下面为使用 Iris 数据集对变量 sepal_length 和 petal_length 进行皮尔逊相关性检验的相关代码。

```
In[17]:r,pval = stats.pearsonr(Iris["sepal_length"],Iris["petal_length"])
       print(" 相关系数 : ",r)
       print(" 相关系数显著性检验 p-value: ",pval)
```

```
Out[17]:
  相关系数：0.871753775887
  相关系数显著性检验 p-value: 1.03866741945e-47
```

从输出的结果可以看出相关系数大小为 0.87，而且 p-value 远小于 0.05，说明线性相关关系成立。相关系数 r 的取值范围在 [-1,1] 之间，如果 r<0 为负相关，越接近于 -1，负相关性越强；r>0 为正相关，越接近于 1 正相关性越强。

假设检验的内容还有很多，上面简单介绍了一些常用的方法，其他的一些假设检验方法在这里不一一介绍，有兴趣的读者可以自行查阅相关资料。

3.3 数据间的关系

给出两个样本，每个样本都具有多个特征，那么在多维空间中如何比较样本之间的距离的远近或相似程度呢？距离在聚类分析、分类等多种应用中占有重要的地位，不同的距离度量方式可能会得到截然相反的结果。接下来我们就通过简单地使用 Python 来分析一些常用的距离度量方式。

针对鸢尾花数据集，分别计算 3 种鸢尾花的 4 种特征的均值，然后分析 3 种花的 4 个特征均值在欧式距离、曼哈顿距离、切比雪夫距离、余弦相似性、相关系数距离、马氏距离等方面的相似程度。

首先得到 3 种花的 4 个特征的均值，代码如下。

```
In[18]:Irisnew = Iris.groupby(by="species").mean()
       Irisnew.values
Out[18]:
```

species	sepal_length	sepal_width	petal_length	petal_width
setosa	5.006	3.428	1.462	0.246
versicolor	5.936	2.770	4.260	1.326
virginica	6.588	2.974	5.552	2.026

在得到 3 种花各特征均值组成的样本后，接下来使用 Scipy 库 spatial 模块中的 distance 函数 cdist() 方法来计算 3 种花的相似性。cdist() 可以输入为一个矩阵，然后对输入的样本两两计算距离，输出一个对称的距离矩阵。首先导入 distance 函数：

```
In[19]: from scipy.spatial import distance
```

1. 欧式距离

欧式距离是度量欧几里得空间中两点间直线距离，即对于 n 维空间中的两点：$X=(x_1,x_2,\cdots,x_n)$，$Y=(y_1,y_2,\cdots,y_n)$，它们之间的欧式距离定义为：

$$\text{dist}(X,Y)=\sqrt{(x_1-y_1)^2+(x_2-y_2)^2+\cdots+(x_n-y_n)^2}$$

使用下面的代码进行计算：

```
In[20]:dist = distance.cdist(Irisnew.values,Irisnew.values,"euclidean")
       dist
Out[20]:
    array([[ 0.        , 3.20828116, 4.75450734],
           [ 3.20828116, 0.        , 1.62048882],
           [ 4.75450734, 1.62048882, 0.        ]])
```

使用 distance.cdist() 并且指定计算的距离为 "euclidean"，可以得到一个对角线全为 0 的对称矩阵，其中 3.208 代表 setosa 和 versicolor 两种花之间的距离；4.75 代表 setosa 和 virginica 两种花之间的距离；1.62 代表 versicolor 和 virginica 两种花之间的距离。从得到的欧式距离矩阵中可以看出，versicolor 和 virginica 两种花在欧氏距离度量下距离最短，因此 versicolor 和 virginica 最相似。

2. 曼哈顿距离

曼哈顿距离用以标明两个点在标准坐标系上的绝对轴距的总和，即对于 n 维空间中的两点：$X=(x_1,x_2,\cdots,x_n)$，$Y=(y_1,y_2,\cdots,y_n)$，它们之间的曼哈顿距离定义为：

$$\text{dist}(X,Y)=|x_1-y_1|+|x_2-y_2|+\cdots+|x_n-y_n|$$

使用下面的代码进行计算：

```
In[21]:dist = distance.cdist(Irisnew.values,Irisnew.values,"cityblock")
       dist
Out[21]:
```

```
array([[ 0.   , 5.466, 7.906],
       [ 5.466, 0.   , 2.848],
       [ 7.906, 2.848, 0.   ]])
```

使用 distance.cdist() 并且指定计算的距离为 "cityblock"，可以得到 3 种花的曼哈顿距离。可以发现，在曼哈顿距离度量下仍然是 versicolor 和 virginica 两种花最相似。

3. 切比雪夫距离

切比雪夫距离具指两个点之间其各个坐标数值差绝对值的最大值，即对于 n 维空间中的两点：$X=(x_1,x_2,\cdots,x_n)$，$Y=(y_1,y_2,\cdots,y_n)$，它们之间的切比雪夫距离定义为：

$$\text{dist}(X,Y)=\max_i |x_i-y_i|$$

使用下面的代码进行计算：

```
In[22]:dist = distance.cdist(Irisnew.values,Irisnew.values,"chebyshev")
       dist
Out[22]:
    array([[ 0.   , 2.798, 4.09 ],
           [ 2.798, 0.   , 1.292],
           [ 4.09 , 1.292, 0.   ]])
```

使用 distance.cdist() 并且指定计算的距离为 "chebyshev"，得到 3 种花的切比雪夫距离，在切比雪夫距离度量下仍然是 versicolor 和 virginica 两种花最相似。

4. 余弦距离

余弦距离是通过测量两个向量夹角的余弦值来度量它们之间的相似性，即对于 n 维空间中的两点：$X=(x_1,x_2,\cdots,x_n)$，$Y=(y_1,y_2,\cdots,y_n)$，它们之间的余弦距离可以定义为：

$$\text{dist}(X,Y)=1-\frac{X\bullet Y}{\sqrt{\sum x_i^2}\sqrt{\sum y_i^2}}$$

使用下面的代码进行计算：

```
In[23]:dist = distance.cdist(Irisnew.values,Irisnew.values,"cosine")
```

```
        dist
Out[23]:
    array([[ 0.    , 0.0755, 0.1119],
           [ 0.0755, -0.    , 0.0043],
           [ 0.1119, 0.0043, -0.    ]])
```

使用 distance.cdist() 并且指定计算的距离为 "cosine"，得到 3 种花的余弦距离。可以发现，在余弦距离度量下仍然是 versicolor 和 virginica 两种花最相似，距离仅为 0.0043。

5. 相关系数距离

相关系数距离是根据相关性来定义的，数值越大距离越远。即对于 n 维空间中的两点：$X=(x_1,x_2,\cdots,x_n)$，$Y=(y_1,y_2,\cdots,y_n)$，它们之间的相关系数距离可以定义为：

$$\text{dist}\left(X,Y\right)=1-\frac{(X-\bar{X})\bullet(Y-\bar{Y})}{\sqrt{\sum(x_i-\bar{X})}\sqrt{\sum(y_i-\bar{Y})}}$$

使用下面的代码进行计算：

```
In[24]:dist = distance.cdist(Irisnew.values,Irisnew.values,"correlation")
        dist
Out[24]:
    array([[-0.    , 0.2376, 0.3834],
           [ 0.2376, 0.    , 0.0205],
           [ 0.3834, 0.0205, 0.    ]])
```

使用 distance.cdist() 并且指定计算的距离为 "correlation"，可以得到 3 种花的相关系数距离。

6. 马氏距离

马氏距离表示数据的协方差距离，是一种计算两个未知样本集的相似度的有效方法。即对于 n 维空间中的两点：$X=(x_1,x_2,\cdots,x_n)$，$Y=(y_1,y_2,\cdots,y_n)$，它们之间的马氏距离可以定义为：

$$\text{dist}\left(X,Y\right)=\sqrt{(X-Y)^T\Sigma^{-1}(X-Y)}$$

使用下面的代码进行计算：

```
In[25]:## 计算数据分布的协方差矩阵的逆
       VI = np.linalg.inv(np.cov(Iris.iloc[:,0:4].T))
       ## 计算三种花的马氏距离
       dist = distance.cdist(Irisnew.values,Irisnew.values,"mahalanobis",VI = VI)
       dist
Out[25]:
    array([[0.    , 1.8489, 2.3548],
           [1.8489, 0.    , 1.3008],
           [2.3548, 1.3008, 0.    ]])
```

使用 distance.cdist() 并指定计算的距离为 "mahalanobis" 就可以得到 3 种花的马氏距离。

观察上面 6 种距离，它们针对相同的数据却得到了数量级完全不同的距离。在实际应用中，针对不同问题，灵活使用合适的距离方法进行度量，往往能得到出乎预料的结果。

3.4 数据可视化

数据可视化技术是数据探索的重要利器，在观察数据的时候，有效地利用数据可视化技术往往能够达到事半功倍的效果。尤其是在海量的数据面前，面对密密麻麻的数据集，观察图像通常能够得到更多的有用信息，而且能够更加直观、全面地把握数据。以下分别描述饼图、矩阵散点图、平行坐标图、热力图、词云、社交网络、马赛克图等可视化技术的 Python 实现。当然，Python 能够绘制的图像远远不止这些，通过参阅其他相关的文档，能够得到更丰富的可视化图像。

扫一扫，看视频

1. 饼图

针对类别数据，如要查看每类数据的百分比，饼图无疑是一种简单、直观的查看方式。下面使用 Matplotlib 库绘制饼图。

```
In[26]:labels = ['Frogs', 'Hogs', 'Dogs', 'Logs']          ## 标注
       sizes = [15, 30, 45, 10]                         ## 每类的频数大小
```

```
colors = ['yellowgreen', 'gold', 'lightskyblue', 'lightcoral']       ## 颜色
explode = (0, 0.1, 0, 0)              ## 0.1 代表第二个块从圆中分离出来
plt.pie(sizes, explode=explode,
        labels=labels, colors=colors,
        autopct='%1.1f%%', shadow=True,
        startangle=90)                                 ## 绘制饼图
plt.axis('equal')
plt.show()
```

对应的图像如图 3-5 所示。饼图使用 plt.pie() 函数来绘制，其中 explode 用来指定每个扇形的位置，(0, 0.1, 0, 0) 代表第二个块从圆中分离出来，labels 指定每个扇形的标签，color 指定扇形的颜色，autopct 指定扇形所占百分比在图像上显示，startangle 则是指定绘制扇形开始的角度为 90 度，默认按照逆时针排序。可以发现饼图能够比较直观地查看数据百分比。

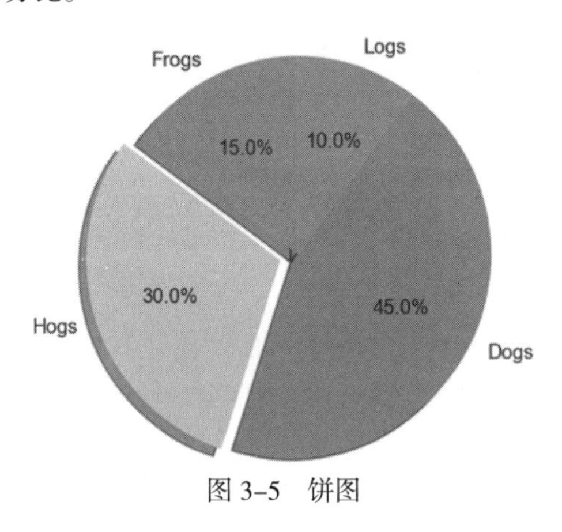

图 3-5　饼图

2. 矩阵散点图

针对上面提到的鸢尾花数据集 (Iris)，若要同时得到 3 种鸢尾花 4 个特征两两之间的关系，矩阵散点图是一个不错的选择。下面使用 Seaorn 库绘制矩阵散点图，以便观察鸢尾花数据集。

```
In[27]:import seaborn as sns
       Iris = sns.load_dataset("iris")
       sns.pairplot(Iris,hue="species",size=2,
```

```
                diag_kind="hist",
                markers=["o", "s", "D"])
    plt.show()
```

如图 3-6 所示为使用 sns.pairplot() 绘制的鸢尾花数据的矩阵散点图。函数中的 hue="species" 表明数据中有 3 种数据，分类变量为 species；size=2 表明每个图像块的大小为 2；diag_kind="hist" 表明对角线使用直方图描绘数据；markers=["o", "s", "D"] 是指定 3 种类型的数据分别使用圆、正方形、菱形来代表。观察图像可以看出对角线为对应变量的直方图，散点分别使用不同的颜色和形状标明不同的种类。通过矩阵散点图，4 个特征在 3 种花之间的关系一目了然。

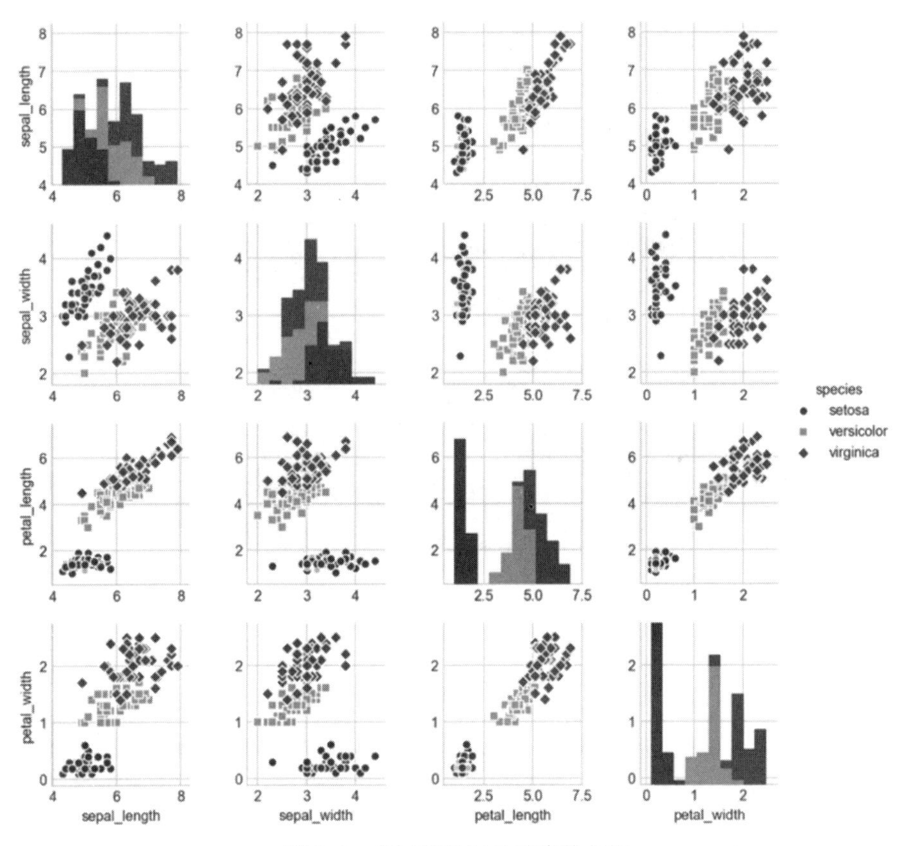

图 3-6　鸢尾花数据的矩阵散点图

3. 平行坐标图

针对高维数据，不是只有矩阵散点图才可以描述，平行坐标图也是观察高维数据的一个有效手段，并且平行坐标图还可以看到不同特征之间数量变化的范围和趋势。下面使用 Python 的 Pandas 库来绘制平行坐标图来观察数据。

```
In[28]:from pandas.plotting import parallel_coordinates
       plt.figure(figsize=(6,4)) ## 平行坐标图
       parallel_coordinates(Iris, "species",alpha = 0.8)
       plt.title(" 平行坐标图 ",fontproperties = fonts)
       plt.show()
```

如图 3–7 所示即为使用 parallel_coordinates() 得到的平行坐标图。函数中的参数分别是数据集 Iris 和数据的分类变量 "species"，使用 3 种颜色代表 3 种花，可以看到每一个样本在 4 个特征上的变化趋势。

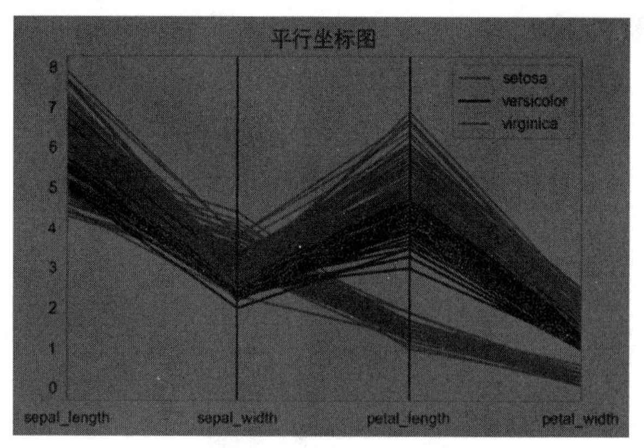

图 3–7　平行坐标图

4. 热力图

为了观察数据集变量间的相关性，我们可以使用热力图来描绘相关系数矩阵。在热力图中通过颜色的深浅表示相应取值的大小，可以从全局上观察数据，做到重点突出。下面使用 Seaborn 库的 heatmap() 函数来绘制鸢尾花 4 个特征相关系数矩阵的热力图。

```
In[29]:import numpy as np
       newdata = Iris.drop(["species"],axis=1)
```

```
datacor = np.corrcoef(newdata,rowvar=0) ## 计算相关系数矩阵
datacor=pd.DataFrame(data=datacor,
                     columns=newdata.columns,
                     index=newdata.columns)
plt.figure(figsize=(6,6))
ax = sns.heatmap(datacor,square=True,annot=True,fmt = ".3f",
                 linewidths=.5,cmap="YlGnBu",
                 cbar_kws={"fraction":0.046, "pad":0.03})
ax.set_title("Iris 数据变量相关性 ",fontproperties = fonts)
plt.show()
```

如图 3-8 所示为使用 sns.heatmap() 函数得到的相关系数热力图，可以看出两两变量之间的相关性大小。相关系数矩阵使用 np.corrcoef() 函数计算。在绘制图像时，fmt = ".3f" 指定显示数值的形式——保留 3 位小数，cmap="YlGnBu" 表示热力图使用的颜色，cbar_kws={"fraction":0.046, "pad":0.03} 图 3-8 表示 colorbar 和整体图像大小保持一致，使图像保持美观。

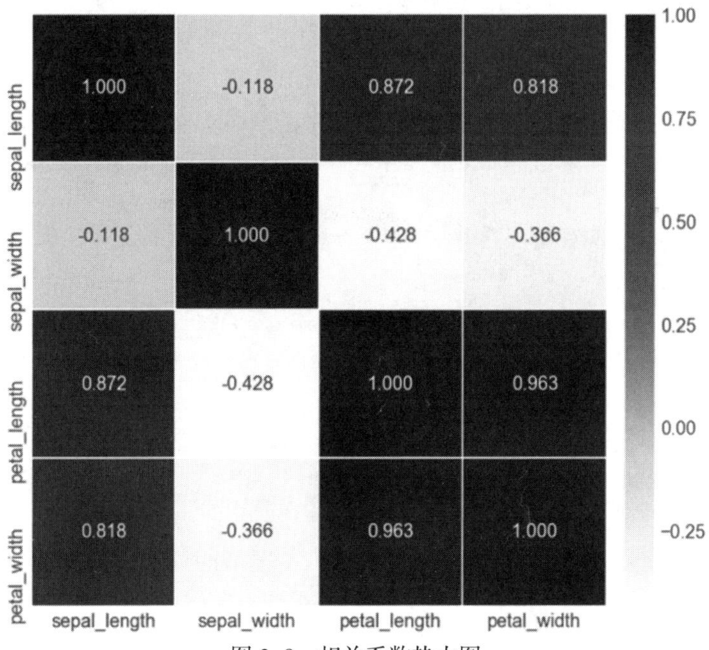

图 3-8　相关系数热力图

5. 词云

对于文本数据的分析，词频是一个很重要的度量指标。Python 中的 Wordcloud 库是绘制词云的重要工具，通过词云可以更好地查看文本的重要词都有哪些，便于我们理解文本，更好地分析建模。以《红楼梦》一书为例，绘制相关的词云。

```
In[30]:from wordcloud import WordCloud,ImageColorGenerator
       Red_df = pd.read_json("data/chap3/Red_dream_data.json")
       Red_df["cutword"].sample(4)
Out[30]:
 55   [平儿，凤姐，凤姐儿，姐儿，吃了饭，伏侍，盥漱，探春，只见，院中，.
 37   [宝钗，湘云，二人，计议，无话，湘云，次日，贾母，桂花，贾母，说道，.
 101  [王夫人，夫人，打发，发人，宝钗，宝钗，连忙，过来，王夫人，夫人，..
 58   [宝玉，听说，贾母，回来，一件，衣服，拄杖，前边，贾母，每日，辛苦，.
```

绘制词云需要加载 Wordcloud 库，再使用 Pandas 库中的 read_json() 函数读取数据集，然后随机选择分好词的 4 个章节的词语进行查看。上面代码中的 cutword 变量表示保存已经处理好的分词数据。接下来需要统计每个词语出现的频率，代码如下。

```
In[31]:words = np.concatenate(Red_df.cutword)
       word_df = pd.DataFrame({"Word":words})
       word_stat = word_df.groupby(by=["Word"])["Word"].agg(number = ("value",np.size))
       word_stat = word_stat.reset_index().sort_values(by="number",
                                                       ascending= False)
       print(word_stat.head(5))
Out[31]:
      Word  number
  10254  宝玉   3862
  9165   太太   1862
  3067   什么   1792
  5109   凤姐   1680
  24670  贾母   1639
```

代码首先使用 np.concatenate() 函数将 120 个章节的分词结果连接为一个数组，然后使用 groupby 方法计算出每个词语出现的频率，最后使用 sort_values() 方法来重新排序数据并查看前 5 个数据。可以发现词频最高的为宝玉，出现了 3862 次。得

到词频后，需要将数据进一步处理为 {“词语”：“频率”，… } 的字典数据形式来绘制词云。代码如下：

```
In[32]:worddict = {} ## 将词和词频组成字典数据准备
       for key,value in zip(word_stat.Word,word_stat.number):
           worddict[key] = value
       ## 生成词云
       redcold = WordCloud(font_path="/Library/Fonts/Hiragino Sans GB W3.ttc",
                           margin=5,width=1800, height=1000,
                           max_words=500, min_font_size=5,
                           background_color='white',
                           max_font_size=250,)
       redcold.generate_from_frequencies(frequencies=worddict)
       plt.figure(figsize=(10,7))
       plt.imshow(redcold)
       plt.axis("off")
       plt.show()
```

如图 3-9 所示即为使用 WordCloud 得到的《红楼梦》词云。因图中显示中文，所以需要使用 font_path 参数来指定合适的字体，使用 generate_from_frequencies 方法传入准备好的字典。其他设置，如 width、height 用来指定图像的大小，max_words 指定最多显示多少词语，max_font_size 指定词语最大的尺寸。通过词云显示能够更准确、更清晰地把握文本的主要内容。

图 3-9　《红楼梦》词云

6. 社交网络图

图 3-9 已经绘制出了《红楼梦》词云，但里面的人物关系没有很好地呈现出来，为了得到可视化的《红楼梦》人物关系网络图，我们将使用 networkx 库对《红楼梦》中的人物关系进行可视化。具体程序如下：

```
In[33]:import networkx as nx
       Red_df = pd.read_excel("data/chap3/ 红楼梦人物关系 1.xlsx")
       Gdegree = pd.read_excel("data/chap3/ 红楼梦人物关系度 .xlsx")
       print(Red_df.head())
       print(Gdegree.head())
Out[33]:
      First Second    weight
   0  宝玉    贾母  0.816667
   1  宝玉    凤姐  0.766667
   2  宝玉    袭人  0.733333
   3  宝玉   王夫人  0.858333
   4  宝玉    宝钗  0.800000
    name  degree
   0 宝玉     39
   1 贾母     38
   2 凤姐     36
   3 袭人     36
   4 王夫人     39
```

首先加载 network 库，然后读取人物关系数据和每个人物在网络图中的度数据(入度和出度之和，体现该人物和其他人之间连线的多少)。由上面代码输出的结果可见，宝玉和贾母的关系权重最大（宝玉的度为 39，贾母为 38）。接下来将社交网络可视化，代码如下。

```
In[34]:plt.figure(figsize=(12,12))
       G=nx.Graph()  ## 生成社交网络图
       ## 为图像定义边
       for ii in Red_df.index:
          G.add_edge(Red_df.First[ii],
```

```
                    Red_df.Second[ii],
                    weight = Red_df.
                    weight[ii])
    ## 根据权重定义 2 种边
    elarge=[(u,v) for (u,v,d) in G.edges(data=True) if d['weight'] >0.4]
    esmall=[(u,v) for (u,v,d) in G.edges(data=True) if (d['weight'] >0.25) & (d['weight']
<= 0.4)]
    pos = nx.circular_layout(G)          ## 图的布局方式，圆形
    # 根据节点的入度和出度来设置节点的大小
    nx.draw_networkx_nodes(G,pos,alpha=0.4,node_size=20 + Gdegree.degree * 15)
    # 设置边的形式
    nx.draw_networkx_edges(G,pos,edgelist=elarge,
                           width=3,alpha=1,edge_color='r')
    nx.draw_networkx_edges(G,pos,edgelist=esmall,
                           width=1,alpha=0.8,edge_color='b',style='dashed')
    nx.draw_networkx_labels(G,pos,font_size=10,font_family="STHeiti")
                           # 为节点添加标签
    plt.axis('off')
    plt.title("《红楼梦》人物关系 ",FontProperties = fonts)
    plt.show()
```

上面的程序首先使用 G=nx.Graph() 来定义一个图像，并使用 G.add_edge() 来增加有关联的人物之间的边，分别指定边的起点、终点和权重；根据权重将人物之间的连线（边）分为两种颜色，权重较大的（大于 0.4）用红色实线表示，权重较小（小于 0.4）的用蓝色虚线表示；用 nx.circular_layout(G) 指定网络图节点的布局方式使用圆形；用 nx.draw_networkx_nodes() 绘制网络图的节点，并且指定节点图像的大小、颜色等性质；用 nx.draw_networkx_edges() 绘制网络的边，可以指定边的线宽、颜色、线形等属性；用 nx.draw_networkx_labels() 函数为节点添加标签；最后绘图如图 3-10 所示。

为了显示图像的清晰，图 3-10 只描绘了权重大于 0.25 的人物关系并且用红色实线表示人物关系权重大于 0.4。可见和宝玉连接比较紧密的人物为惜春、李纨、刑夫人、鸳鸯等人。

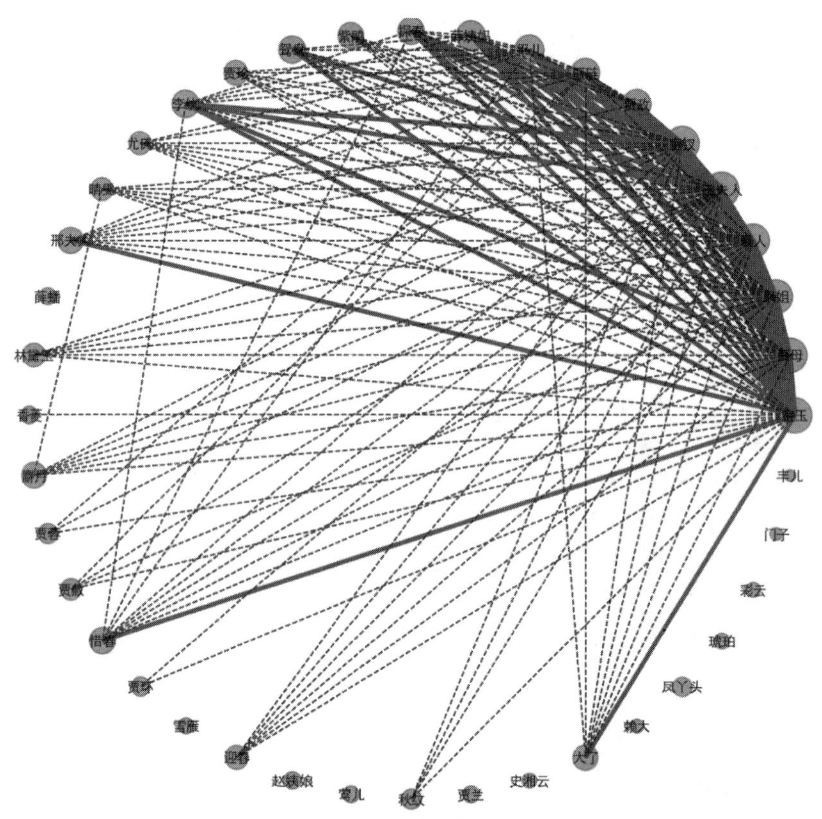

图 3-10 《红楼梦》部分人物关系图

7. 马赛克图

马赛克图通过将两个分类变量的关系可视化，更加方便地比较分类变量之间的关系。可以使用 Statsmodels 库中的 mosaic 函数来绘制马赛克图。下面使用随机生成的分类数据绘制马赛克图，代码如下。

```
In[35]:from statsmodels.graphics.mosaicplot import mosaic
       np.random.seed(15)  ## 随机生成数据
       voter_race = np.random.choice(a= ["asian","black","hispanic","white"],
                                     p = [ 0.2 ,0.25, 0.15, 0.4],
                                     size=1000)
       voter_party=np.random.choice(a= ["democrat","independent","republican"],
```

```
                        p = [0.4, 0.2, 0.4],
                        size=1000)
# 生成数据表格
voters = pd.DataFrame({"race":voter_race,"party":voter_party})
mosaic(voters,["race","party"], title='mosais plot',gap=0.01)
plt.show()
```

上面的程序中，生成两个分类变量，在数据表中为特征 ["race","party"]。对数据表使用 mosaic() 函数，该函数只需要指定数据集及数据集中的两个分类变量的列名，即可绘制图像。生成的图像如图 3-11 所示。

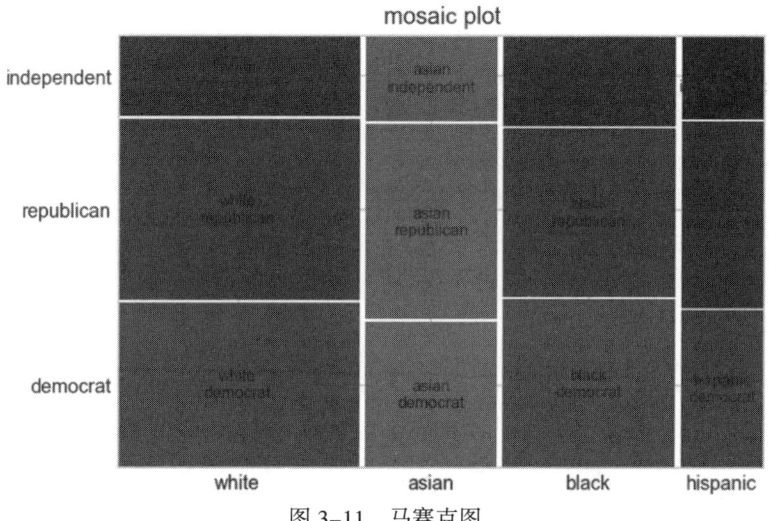

图 3-11 马赛克图

3.5 特征提取和降维

在数据的预处理阶段，特征提取和数据降维也是提升模型表示能力的一种重要的手段，特征提取主要是从数据中找到（或生成）有用的特征，用于提升模型的表示能力；而数据降维主要是在不减少模型准确率的情况下减少数据的特征数量。在下面的示例中，将主要介绍主成分分析、核主成分分析和ISomap流形学习3种方法。其中，主成分分析（PCA）和核主成分分析（KPCA）将应用于人脸数据集进行特征提取，以找到人脸数据集的有用特征；ISomap流形学习技术将应用于手写数字数据集上。

1. 主成分分析

在多元统计分析中，主成分分析是一种分析、简化数据集、提取主要成分的技术。在实际问题中，特征之间可能存在一定的相关性，这种情况下数据就存在重叠的信息。主成分分析可以通过少数的特征来保留原始数据集中的大部分信息，从而减少数据维度。通常较大特征值对应的成分往往能够保留数据较主要的信息，在现实应用中通常保留较大特征值对应的新特征来达到降维的目的。简单地说，就是保留的每个主成分是将原始数据的所有特征进行线性组合，PCA在保留原始数据主要信息的情况下减少数据的维度。但是主成分分析效果主要依赖于给定的数据集，所以数据集的准确性对分析结果影响很大。

AR人脸数据集有100类人脸，其中男、女各50类，每类数据约有26幅图像，每幅图像大小为32×32。下面使用PCA技术找到数据集中的特征脸数据主要用到了Sklearn中的decomposition模块。所谓特征脸，就是在这些人脸数据中具有代表性的脸图像。

```
In[38]:from sklearn.decomposition import PCA
       import scipy.io as sio   ## 用来读取 mat 文件
       face=sio.loadmat("AR_face_100cla_26points_32_32_2600points.mat")
       face = face["A"] / 255.0
       face.shape
Out[38]:
   (1024, 2600)
```

该数据集共有2600个人脸图像，每个图像的特征维度为1024维，下面对每张图像进行中心化处理，并用像素值减去图像均值：

```
In[39]:face = face - face.mean(axis=0)
```

对数据集中的几张图像进行可视化并查看数据集内容。AR原始图像如图3-12所示。

```
In[40]:size = 32
       plt.figure(figsize=(10,4))
```

```
    for ii in np.arange(10):
        plt.subplot(2,5,ii+1)
        image = face[:,ii*26].reshape((size,size),order="F")
        vmax = max(image.max(), -image.min())
        plt.imshow(image,cmap=plt.cm.gray,interpolation='nearest',
                   vmin=-vmax, vmax=vmax)
        plt.axis("off")
    plt.subplots_adjust(wspace = 0.1,hspace=0.1)
    plt.show()
```

图 3-12　AR 原始图像

使用主成分分析法找到数据集中的 100 张特征脸数据并且计算数据集解释方差百分比：

```
In[41]:pca = PCA(n_components=100,svd_solver = "randomized",whiten=True)
    face_pca = pca.fit_transform(face)
    np.sum(pca.explained_variance_ratio_)
Out[41]:
  0.97085686034016139
```

可以发现得到的 100 张特征人脸数据达到了 97% 的解释方差，保留了数据集中的大部分信息。下面我们查看 100 张中的前几张特征脸图像，其成像如图 3-13 所示。

```
In[42]:plt.figure(figsize=(10,4))
    for ii in np.arange(10):
```

```
    plt.subplot(2,5,ii+1)
    image = face_pca[:,ii].reshape((size,size),order="F")
    vmax = max(image.max(), -image.min())
    plt.imshow(image,cmap=plt.cm.gray,interpolation='nearest',
               vmin=-vmax, vmax=vmax)
    plt.axis("off")
plt.subplots_adjust(wspace = 0.1,hspace=0.1)
plt.show()
```

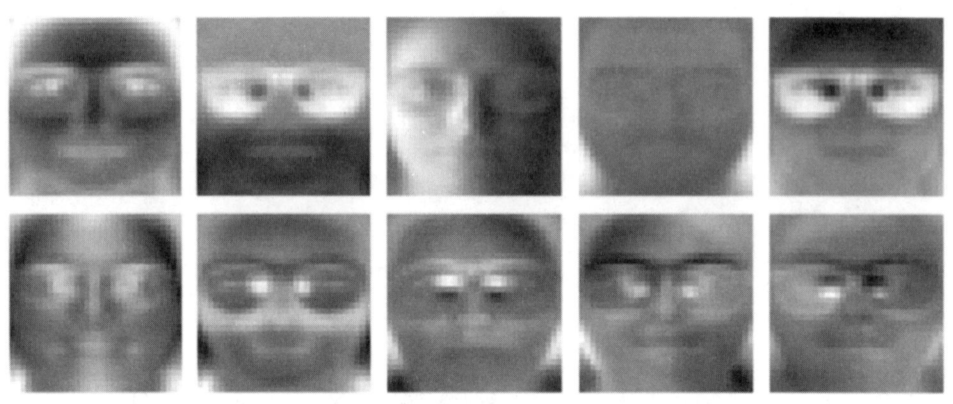

图 3-13　AR 通过 PCA 得到的特征脸

图 3-13 显示的是前 10 个用主成分表示的特征脸。可以发现大部分特征脸都是带有眼镜的，说明原始数据中含有大量的带有眼镜的人脸数据。

2. 核主成分分析

PCA 是一种线性的数据降维技术，而核主成分分析（KPCA）可以得到数据的非线性表示，通过只保留前面的主要特征来达到对数据进行降维的目的。下面使用 KernelPCA 函数对 AR 数据集提取前 100 张特征脸数据，并且使用 "rbf" 核查看得到的特征脸。代码如下。

```
In[43]:from sklearn.decomposition import KernelPCA
       kpca = KernelPCA(n_components=100, kernel="rbf")
       face_kpca = kpca.fit_transform(face)
       plt.figure(figsize=(10,4))
       for ii in np.arange(10):
```

```
        plt.subplot(2,5,ii+1)
        image = face_kpca[:,ii].reshape((size,size),order="F")
        vmax = max(image.max(), -image.min())
        plt.imshow(image,cmap=plt.cm.gray,interpolation='nearest',
                   vmin=-vmax, vmax=vmax)
        plt.axis("off")
    plt.subplots_adjust(wspace = 0.1,hspace=0.1)
    plt.show()
```

图 3-14 显示的是前 10 个核主成分表示的特征脸。可以发现核主成分分析得到的前几个特征脸和 PCA 得到的相比，轮廓更加鲜明。

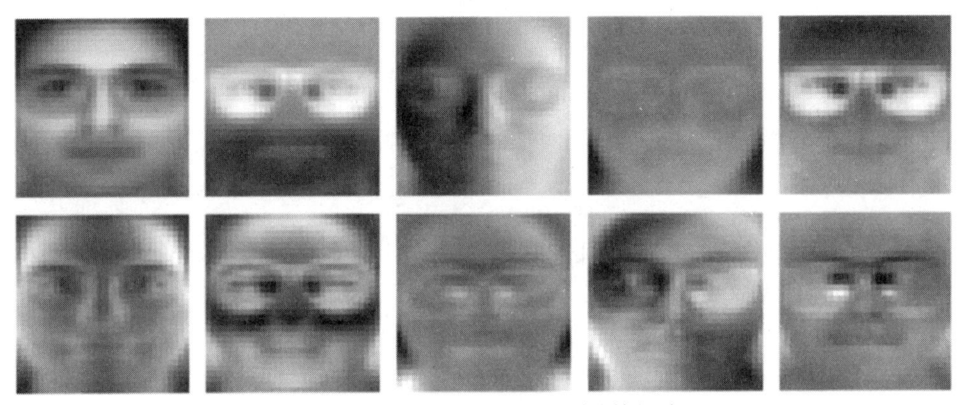

图 3-14　AR 通过 KPCA 得到的特征脸

上面的示例表明无论是 PCA 还是 KPCA 都是通过对数据样本量进行降维得到特征脸，降维还可以作用于数据的特征维度。对特征进行降维，针对降维后的数据会尽可能的保留数据的原有信息，如果对降维后的数据进行数据可视化，能够帮助使用者更方便地分析数据之间的结构和关系。

下面使用核主成分分析对人脸数据集进行特征提取，然后可视化，最后分析原始图像之间的关系。

```
In[44]:## 对数据的特征进行降维到 100 维，然后对数据可视化
    faceT = face.T
    kpca_f = KernelPCA(n_components=100, kernel="rbf")
    face_kpcaf = kpca_f.fit_transform(faceT)
    face_kpcaf.shape
```

```
Out[44]:
   (2600, 100)
In[45]:from matplotlib import offsetbox
       plt.figure(figsize=(16,12))
       ax = plt.subplot(111)
       x = face_kpcaf[:,0]
       y = face_kpcaf[:,1]
       images = []
       for i in range(len(x)):
           x0, y0 = x[i], y[i]
           img = np.reshape(faceT[i,:],(32,32),order = "F")
           image = offsetbox.OffsetImage(img, zoom=0.4)
           ab=offsetbox.AnnotationBbox(image, (x0,y0),
                                       xycoords='data',
                                       frameon= False)
           images.append(ax.add_artist(ab))
       ax.update_datalim(np.column_stack([x, y]))
       ax.autoscale()
       plt.xlabel("KernelPCA 主成分 1",FontProperties = fonts)
       plt.ylabel("KernelPCA 主成分 2",FontProperties = fonts)
       plt.show()
```

上面的程序首先使用KernelPCA对前100个数据进行特征提取，再使用Matplotlib库 中的offsetbox模块函数进行数据可视化，将原始数据图像映射到平面直角坐标系上。其中相应坐标的位置就是核主成分的前两个主成分，分别为X轴和Y轴，然后将2600张图片绘制到图像上。接下来使用for循环及offsetbox.OffsetImage()、offsetbox.AnnotationBbox()函数，得到的图像如图3-15所示。

从图3-15可以发现，原始的数据图像在核主成分空间中的分布特点是：在X轴从左到右分布，总体可以分为3个层次，图像依次为戴围巾图像、干净的人脸图像、戴墨镜图像。在Y轴同样从上到下也可以分为3个层次。图3-15可以帮助我们更好地了解原始数据的空间结构和原始数据之间的关系。

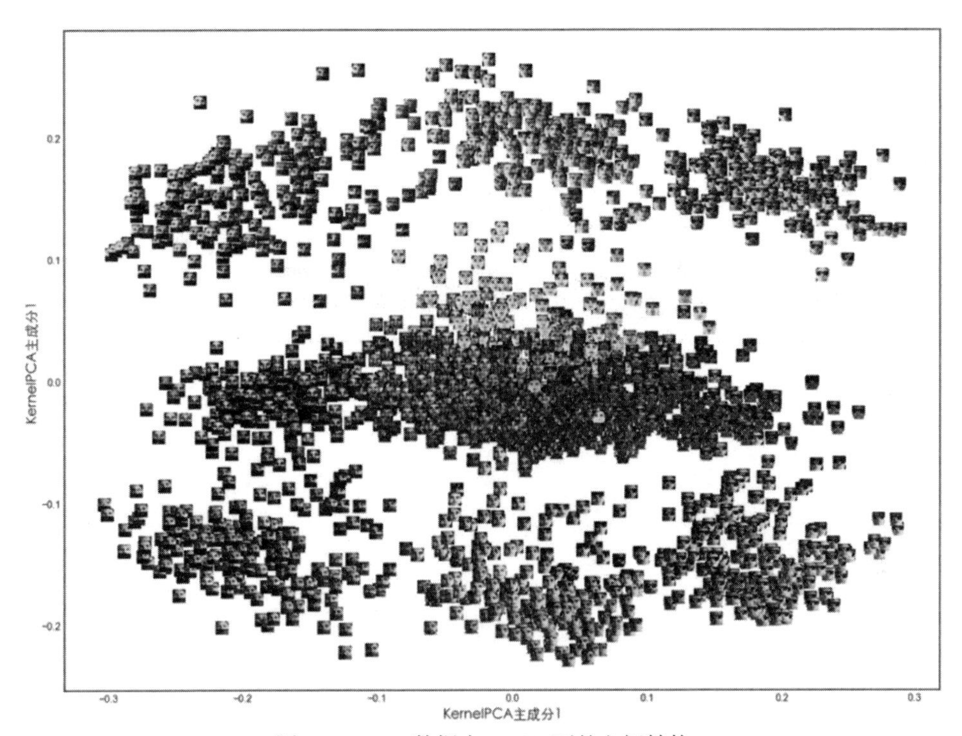

图 3-15 AR 数据在 KPCA 下的空间结构

3. Isomap 流形学习

Isomap 流形学习是借鉴了拓扑流形概念的一种降维方法，可以用于数据降维。当维度降低到 2 维或者 3 维时可以对数据进行可视化。下面将手写字体数据集（有 64 个特征）降维到 2 维，然后进行可视化，观察数据在二维空间中的位置。因为 Isomap 流形学习通过近邻的距离来计算高维空间中样本点的距离，所以近邻的个数对流形降维得到的结果影响很大。接下来主要讨论不同近邻下的降维结果。

```
In[46]:from sklearn.manifold import Isomap
       from sklearn.datasets import load_digits
       X,Y = load_digits(return_X_y=True)
       X = X[0:1000,:]
       Y = Y[0:1000]
```

从 Sklearn.datasets 库中使用 load_digits 函数导入手写字体数据集（如图 3-17

所示），并使用Sklearn库中的manifold模块的Isomap函数对手写字体数据集的前1000个样本进行降维学习。

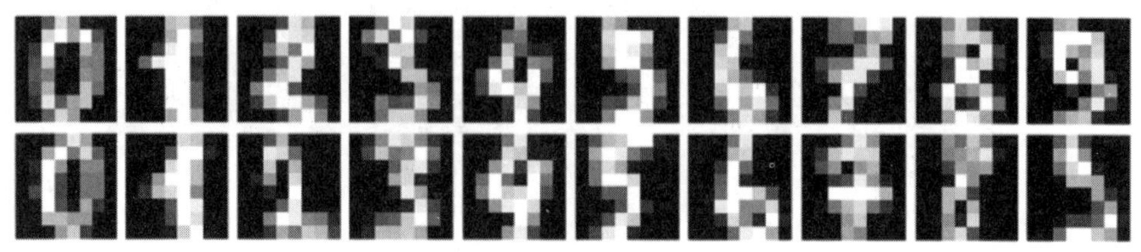

图3-16　手写字体数据集

分别根据不同的近邻数目来计算流形降维的结果，下面分析近邻数目为[5,10,15,20]时降维的结果，代码如下。

```
In[47]:n_neighbors = [5,10,15,20]
       shape = ["s","p","*","h","+","x","D","o","v",">"]
       for n in n_neighbors:
           isomap = Isomap(n_neighbors=n,n_components=2)
           im_iso = isomap.fit_transform(X)
           plt.figure(figsize=(10,7)) ## 结果可视化
           for ii in range(len(np.unique(Y))):
               scatter = im_iso[Y==ii,:]
               plt.scatter(scatter[:,0],
                           scatter[:,1],
                           color=plt.cm.Set1(ii / 10.),
                           marker = shape[ii],label = str(ii))
               plt.legend()
               plt.title("Isnmap 根据 "+str(n)+" 个近邻得到的降维 ",
                         FontProperties = fonts)
               plt.legend()
           plt.show()
```

上面的程序中根据不同的近邻数量来计算Isomap流形降维的结果，并将结果可视化为二维散点图，如图3-17所示。程序中有两层for循环，第一层for循环针对不同的近邻进行流形降维的学习，第二层for循环对降维后图像进行绘制。

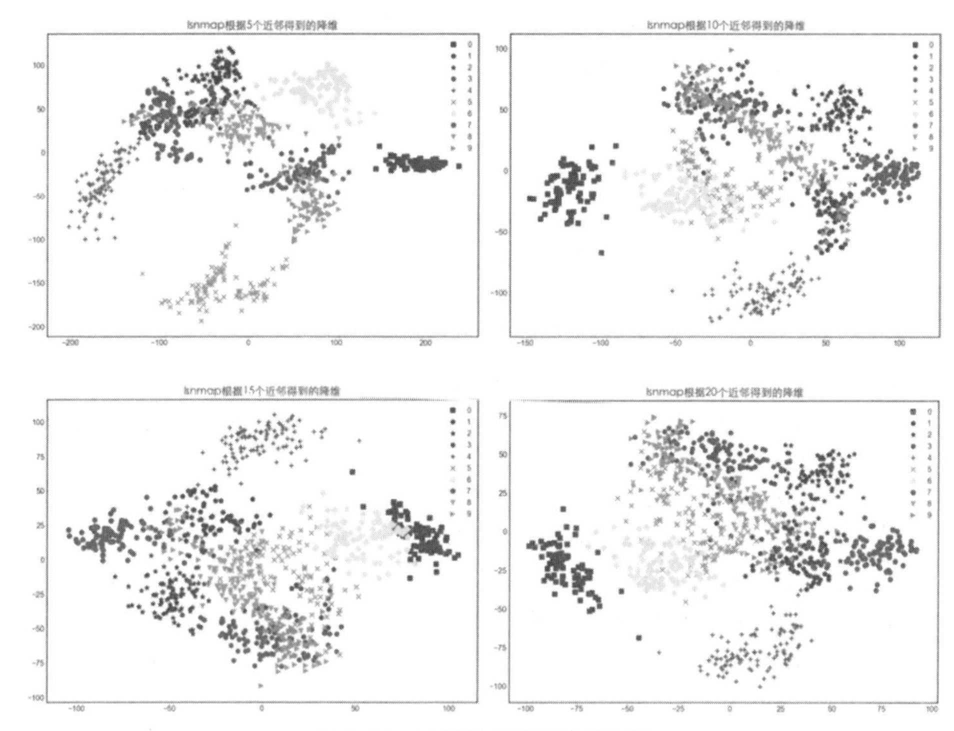

图 3-17 10 类数据流形降维结果

图 3-17 所示分别为降维后 10 类手写数字在二维空间中的分布，可以发现近邻数量越多，降维后数据之间就越紧密，就越不能很好地区分数据。因此，在建立分类模型前，若使用 Isomap 流形学习进行数据降维预处理，需要留意近邻数量对最终结果的影响，不宜使用过多的近邻数量。

本章小结

本章主要介绍了机器学习与数据挖掘中的数据预处理和数据探索等知识，其中包括缺失值的处理、使用 Pandas 进行缺失值处理的方法、数据标准化、数据非线性特征生成、假设检验（主要应用于数据分布、数据差异性比较等）、数据间的距离度量、数据可视化（使用图像来多角度、全方位地观察数据）、数据的特征提取和降维（主要介绍了 PCA、核主成分分析、流形学习等方法）。本章介绍的一些内容主要是为后续的模型建立做准备。

参数说明

（1）PCA(n_components=None, whiten=False, svd_solver='auto'，……，random_state=None)

主成分分析主要参数介绍如下。

- n_components：需要保持的主成分个数。
- whiten：对数据集是否进行白化与处理。
- svd_solver：指定求解时使用的算法。
- random_state：生成随机数时的随机数种子，保证求解结果的可重复性。

（2）KernelPCA(n_components=None, kernel='linear',max_iter=None,…,random_state = None, n_jobs=1)

核主成分分析主要参数介绍如下。

- n_components：需要保持的主成分个数。
- kernel：核方法，可以为“linear”“poly”“rbf”“sigmoid”“cosine”“precomputed”。
- max_iter：计算时最大迭代次数。
- random_state：生成随机数时的随机数种子，保证求解结果的可重复性。
- n_jobs：并行计算时使用CPU核心数量。

（3）Isomap(n_neighbors=5,n_components=2,eigen_solver='auto',neighbors_algorithm = 'auto', n_jobs=1)

Isomap 流形学习主要参数介绍如下。

- n_neighbors：考虑每个样本时使用的近邻数。
- n_components：流形学习保持的数据特征数量。
- eigen_solver：特征值分解使用的算法。
- neighbors_algorithm：搜索近邻时使用的算法，可以为'auto'、'brute'、'kd_tree'、'ball_tree'。
- n_jobs：并行计算时使用CPU核心数量。

（4）假设检验和数据可视化函数汇总表，见表 3-2。

表 3–2　假设检验与数据可视化函数汇总表

函数或方法	功　　能
scipy.stats.kstest()	检验数据分布的函数
scipy.stats.ttest_ind()	两独立样本 t 均值检验
scipy.stats.levene()	数据方差齐性检验
scipy.stats.f_oneway()	单因素方差分析
pairwise_tukeyhs()	两两数据之间的多重比较
scipy.stats.pearsonr()	皮尔逊相关系数显著性检验
plt.pie()	绘制饼图
searoen.pairplot()	矩阵散点图
parallel_coordinates()	平行坐标图
searoen.heatmap()	热力图
WordCloud()	词云可视化
Networkx	社交网络图可视化库
mosaic()	马赛克图

Chapter

04

第4章

模型训练和评估

在机器学习系统中，如何训练出更好的模型、如何判断模型的效果，是很重要的部分。本章将介绍模型训练相关的技巧以及模型效果的评价。

首先加载相关的 Python 库并进行相关的设置。

```
In[1]:import numpy as np
      import Pandas as pd
      import matplotlib.pyplot as plt
      import seaborn as sns
      %matplotlib inline
      %config InlineBackend.figure_format = "retina"
      from matplotlib.font_manager import FontProperties
      fonts = FontProperties(fname = "/Library/Fonts/ 华文细黑 .ttf",size=14)
      from sklearn import metrics
      from sklearn.model_selection import train_test_split
      from sklearn.datasets import load_iris
```

4.1 模型训练技巧

在模型训练技巧中，针对模型效果的验证寻找合适的参数主要有 3 种方式，分别是 K 折交叉验证、参数网格搜索，以及训练集、验证集和测试集的引入。下面使用鸢尾花数据集结合相关模型，使用 Python 来实现这些方式的应用。导入鸢尾花数据集：

扫一扫，看视频

```
In[2]:Iris = load_iris()
      Iris.data.shape
Out[2]:
  (150, 4)
In[3]:Iris.target
Out[3]:
 array([0, 0, 0, 0, 0, 0, 0, 0, 0, 0, 0, 0, 0, 0, 0, 0, 0, 0, 0, 0, 0, 0,…
    0, 0, 0, 0, 0, 0, 1, 1, 1, 1, 1, 1, 1, 1, 1, 1, 1, 1, 1, 1, 1, 1,…
    1, 1, 1, 1, 1, 1, 1, 1, 1, 1, 1, 1, 2, 2, 2, 2, 2, 2, 2, 2, 2, 2,…
    2, 2, 2, 2, 2, 2, 2, 2, 2, 2, 2, 2, 2, 2, 2, 2, 2, 2])
```

鸢尾花数据集共有 150 个样本，4 个特征，分为 3 类，每类数据有 50 个样本。

1.K 折交叉验证

K 折交叉验证是采用某种方式将数据集切分为 k 个子集，每次采用其中的一个子集作为模型的测试集，余下的 k-1 个子集用于模型训练；这个过程重复 k 次，每次选取作为测试集的子集均不相同，直到每个子集都测试过；最终将 k 次测试集的测试结果的均值作为模型的效果评价。显然，交叉验证结果的稳定性和保真性很大程度上取决于 k 的取值。k 常用的取值是 10，此时称之为 10 折交叉验证。在此给出 10 折交叉验证的示意图，如图 4-1 所示。

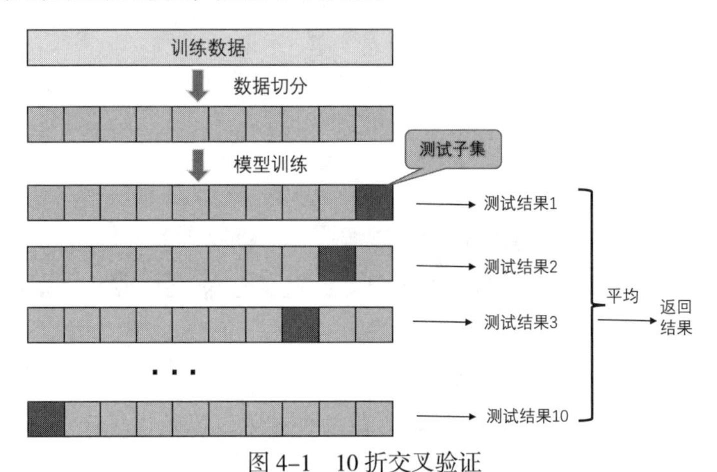

图 4-1　10 折交叉验证

K 折交叉验证在切分数据集时有多种方式，其中最常用的一种是随机不放回抽样，即随机地将数据集平均切分为 K 份，每份都没有重复的样例。另外一种常用的切分方式是分层抽样，即按照分类数据百分比划分数据集，使每个类别百分比在训练集和测试集中都一样。这两种方式在 Python 中都有相应的应用，接下来结合实例使用这两种交叉验证方法。

```
In[4]:from sklearn.model_selection import KFold
      from sklearn.discriminant_analysis import LinearDiscriminantAnalysis
```

（1）K-fold(随机抽样)。

在 Python 中，Sklearn 库的 model_selection 模块中的 KFold 方法是用来进行随机 K 折交叉验证的，可以使用参数 n_splits 来指定数据集的切分子集个数。

```
In[5]:lrkf = KFold(n_splits=10,random_state=2)
```

```
    ## 使用 线性判别分析算法进行数据分类
    LDA_clf = LinearDiscriminantAnalysis(n_components=2)
    scores = []
    for ii,(train_index, test_index) in enumerate(Irkf.split(Iris.data)):
        ## 训练模型
        LDA_clf.fit(Iris.data[train_index],Iris.target[train_index])
        ## 测试模型效果
        prey = LDA_clf.predict(Iris.data[test_index])
        acc = metrics.accuracy_score(Iris.target[test_index],prey)
        print("Fold:",ii+1,"Acc:",np.round(acc,4))
        scores.append(acc)
    ## 计算准确率的平均值
    print(" 平均 Acc:",np.mean(scores))
Out[5]:
 Fold: 1 Acc: 1.0
 Fold: 2 Acc: 1.0
 Fold: 3 Acc: 1.0
 Fold: 4 Acc: 1.0
 Fold: 5 Acc: 0.9333
 Fold: 6 Acc: 0.9333
 Fold: 7 Acc: 1.0
 Fold: 8 Acc: 1.0
 Fold: 9 Acc: 0.8
 Fold: 10 Acc: 1.0
 平均 Acc: 0.9667
```

上面的程序中针对线性判别分析分类器进行了 10 折交叉验证，首先使用 KFold() 将数据集切分为 10 个子集，然后使用 for 循环计算每次训练的结果。对数据进行切分时，需要使用 split 方法，如上面的 Irkf.split(Iris.data) 使用形式，将会输出模型每次使用的训练集和测试集的索引。上面的程序分别输出了 10 次训练后在测试集上的预测精度，最后对精度进行了均值计算。通过使用 10 折交叉验证的最终预测模型精度为 0.9667。

此处分类模型使用了线性判别分类器。

（2）Stratified k-fold(分层交叉验证)。

在 Python 中，Sklearn 库的 model_selection 模块中的函数 StratifiedKFold() 是用来进行分层交叉验证的。该函数在切分数据集时会根据每类数据的百分比，保证测试集和训练集中样例的百分比相同。下面介绍如何使用分层交叉验证进行线性判别模型的建立。

```
In[6]:## 2:Stratified k-fold 分层交叉验证
    from sklearn.model_selection import StratifiedKFold
    Skf_ir = StratifiedKFold(n_splits=3,random_state=2)
    scores = []
    ## 使用 Skf_ir.split() 时需要同时提供 X 和 Y
    for ii,(train_index, test_index) in enumerate (Skf_ir.split (Iris.data, Iris.target)):
        ## 训练模型
        LDA_clf.fit(Iris.data[train_index],Iris.target[train_index])
        ## 测试模型效果
        prey = LDA_clf.predict(Iris.data[test_index])
        acc = metrics.accuracy_score(Iris.target[test_index],prey)
        print(" 每个测试集的类别比例 :\n", pd.value_counts (Iris.target [test_
index]))
        scores.append(acc)
    print(" 平均 Acc:",np.mean(scores)) ## 计算准确率的平均值
Out[6]:
 每个测试集的类别比例 :
  2   17
  1   17
  0   17
  dtype: int64
 每个测试集的类别比例 :
  2   17
  1   17
  0   17
  dtype: int64
 每个测试集的类别比例 :
```

```
    2   16
    1   16
    0   16
    dtype: int64
平均 Acc: 0.9804
```

在使用 StratifiedKFold() 的 split 方法时，需要同时提供训练数据和数据的类别标签，这一点和 KFold() 不一样。在上面的例子中，将数据集切分为 3 个子集，从测试集的每个类别样例数目中可以发现，数据集的每个子集中各类比例为 1:1:1，模型的精度为 0.9804。

在 K 折交叉验证中有一种特殊情况：当 K=N（N 表示给定数据集的实例个数）时称为留一交叉验证 (leave-one-out cross validation)，其往往在数据集较小时使用。

2. 参数网格搜索

在模型的训练过程中，除了可以进行交叉验证之外，还可以使用网格搜索为模型寻找更优的参数。在参数搜索的过程中，主要使用的函数为 GridSearchCV。下面结合 K 近邻判别分析介绍如何使用参数网格搜索方法，找到更优的参数。

```
In[7]:## 切分数据集
      train_x,test_x,train_y,test_y=train_test_split(Iris.data,Iris.target,test_size=0.25,random_
state = 2)
      from sklearn.pipeline import Pipeline
      from sklearn.preprocessing import StandardScaler
      from sklearn.model_selection import GridSearchCV
      from sklearn.neighbors import KNeighborsClassifier
      ## 定义模型流程
      pipe_KNN = Pipeline([("scale",StandardScaler()),
                           ("KNN",KNeighborsClassifier())])
      ## 定义需要搜索的参数
      n_neighbors = np.arange(1,10)
      para_grid = [{"scale__with_mean":[True,False],
                    "KNN__n_neighbors" : n_neighbors}]
      ## 应用到数据上
      gs_KNN_ir = GridSearchCV(estimator=pipe_KNN,
```

```
                        param_grid=para_grid,
                        cv=10,n_jobs=4)
    gs_KNN_ir.fit(train_x,train_y)
    ## 输出最优的参数
    gs_KNN_ir.best_params_
Out[7]:
  {'KNN__n_neighbors': 9, 'scale__with_mean': True}
```

上面的程序在使用参数网格搜索时，分为 3 个步骤：

（1）使用 Pipline() 函数定义模型的处理流程，该模型分为两个步骤——标准化和 K 近邻模型，分别命名为 scale 和 KNN。

（2）定义需要搜索的参数列表，列表中的元素用字典表示，字典的 Key 为“模型流程名 __ 参数名”（注意连接的符号是双下划线），字典的值为相应参数可选择的数值，如在数据标准化步骤中，scale 的参数 with_mean 可选 True 或 False。

（3）使用 GridSearchCV() 函数，其中 estimator 用来指定训练模型的流程；param_grid 定义参数搜索网格；cv 用来指定进行交叉验证折数，默认不使用交叉验证；n_jobs 用来指定并行计算时使用的核心数目；最后将 fit 方法作用于训练数据集和测试数据集。

接下来使用 best_params_ 属性输出最优的参数组合，从 gs_KNN_ir.best_params_ 输出结果得到最后的模型参数组合为：数据在标准化时 with_mean= True ；在进行 K 近邻分类时，n_neighbors 取值为 9。使用 cv_results 方法可以输出所有的参数组和相应的平均精度，代码如下。

```
In[8]:## 将输出的所有搜索结果进行处理
    results = pd.DataFrame(gs_KNN_ir.cv_results_)
    ## 输出感兴趣的结果
    results2 = results[["mean_test_score","std_test_score","params"]]
    results2
Out[8]:
```

	mean_test_score	std_test_score	params
0	0.928571	0.078127	{'KNN__n_neighbors': 1, 'scale__with_mean': True}
1	0.928571	0.078127	{'KNN__n_neighbors': 1, 'scale__with_mean': Fa...
2	0.928571	0.066936	{'KNN__n_neighbors': 2, 'scale__with_mean': True}

3	0.928571	0.066936	{'KNN__n_neighbors': 2, 'scale__with_mean': Fa...
4	0.928571	0.066936	{'KNN__n_neighbors': 3, 'scale__with_mean': True}
5	0.928571	0.066936	{'KNN__n_neighbors': 3, 'scale__with_mean': Fa...
6	0.919643	0.062744	{'KNN__n_neighbors': 4, 'scale__with_mean': True}
7	0.919643	0.062744	{'KNN__n_neighbors': 4, 'scale__with_mean': Fa...
8	0.937500	0.069746	{'KNN__n_neighbors': 5, 'scale__with_mean': True}
9	0.937500	0.069746	{'KNN__n_neighbors': 5, 'scale__with_mean': Fa...
10	0.928571	0.066936	{'KNN__n_neighbors': 6, 'scale__with_mean': True}
11	0.928571	0.066936	{'KNN__n_neighbors': 6, 'scale__with_mean': Fa...
12	0.937500	0.058686	{'KNN__n_neighbors': 7, 'scale__with_mean': True}
13	0.937500	0.058686	{'KNN__n_neighbors': 7, 'scale__with_mean': Fa...
14	0.946429	0.045225	{'KNN__n_neighbors': 8, 'scale__with_mean': True}
15	0.946429	0.045225	{'KNN__n_neighbors': 8, 'scale__with_mean': Fa...
16	0.955357	0.045941	{'KNN__n_neighbors': 9, 'scale__with_mean': True}
17	0.955357	0.045941	{'KNN__n_neighbors': 9, 'scale__with_mean': Fa...

还可以使用 best_estimator_ 获取最好的模型并进行保存，保存后可以直接用于测试集的预测，不需要重新使用训练集进行模型的训练。

```
In[9]:Iris_clf = gs_KNN_ir.best_estimator_   ## 获取最好的模型
      prey = Iris_clf.predict(test_x) ## 用来预测
      print("Acc:",metrics.accuracy_score(test_y,prey))
Out[9]:
    Acc: 1.0
```

从输出结果可以发现，最好的模型在测试集上的预测结果准确率为 1，即所有的样本都预测正确。

3. 训练集、验证集、测试集的引入

在模型的训练过程中可以引入验证集策略来防止模型的过拟合，即将数据集分成 3 个子集：训练集，用来训练模型；验证集，用来验证模型效果，帮助模型调优；测试集，用来测试模型的泛化能力，避免模型过拟合。该模型的训练过程如图 4-2 所示。

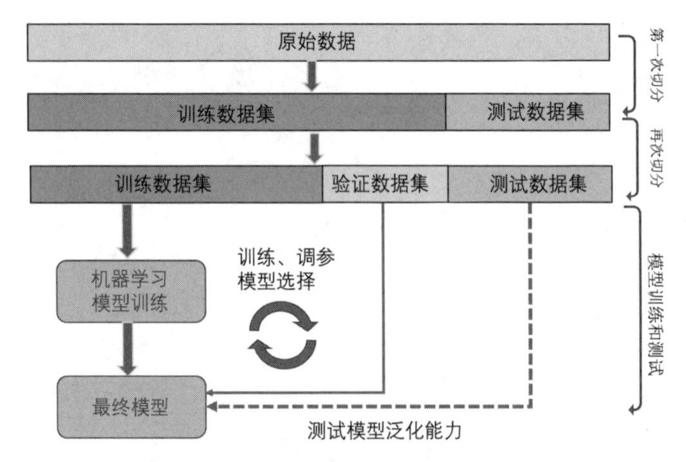

图 4-2 三分数据训练示意图

4.2 分类效果的评价

分类模型建立好后，要评价模型在测试集上预测结果的好坏，可以使用 Sklearn 库中的 metrics 模块方法进行计算，相关的评价方式见表 4-1。

表 4-1 metrics 模块方法的评价方式

评价方式	功 能
metrics.accuracy_score	计算分类模型的准确率
metrics.auc	计算 ROC 曲线的下面积 AUC，使用梯形规则
metrics.classification_report	建立一个包含主要评价方法结果的报告
metrics.confusion_matrix	计算分类器预测结果的混淆矩阵
metrics.f1_score	计算 F — beta 得分
metrics.hamming_loss	计算平均汉明损失
metrics.jaccard_similarity_score	计算 Jaccard 相似系数评分
metrics.precision_recall_curve	针对不同的概率阈值计算精确率和召回率
metrics.roc_auc_score	根据预测百分比计算受试者操作特征曲线 ROC 下的面积 AUC

续表

评价方式	功　　能
metrics.roc_curve	计算 ROC 的横纵坐标

1. 混淆矩阵

下面的代码是通过 metrics.confusion_matrix(真实类别 , 预测类别) 来计算模型混淆矩阵的，并将其可视化，使用的模型为 4.1 节中通过网格搜索最优参数的 K 近邻分类模型。在可视化时只需要使用 sns.heatmap() 绘制热力图即可，得到的图像如图 4-3 所示。

```
In[10]:pd.value_counts(test_y)
Out[10]:
 0   16
 2   11
 1   11
 dtype: int64
In[11]:## 输出混淆矩阵，并且可视化
       metrics.confusion_matrix(test_y,prey)
Out[11]:
   array([[16,  0,  0],
        [ 0, 11,  0],
        [ 0,  0, 11]])
In[12]:## 混淆矩阵可视化
       confm = metrics.confusion_matrix(test_y,prey)
       sns.heatmap(confm.T, square=True, annot=True, fmt='d',
                   cbar=False,cmap=plt.cm.gray_r)
       plt.xlabel('True label')
       plt.ylabel('Predicted label')
Out[12]:
```

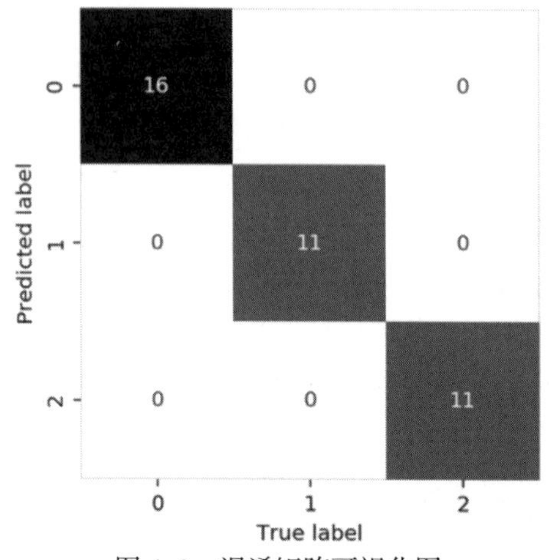

图 4-3　混淆矩阵可视化图

观察图 4-3 所示效果，比直接看混淆矩阵的输出更方便，有更强的视觉对比度。

2.F1 得分等

使用 metrics.classification_report() 会得到一个包含主要评价方法结果的报告，如对 K 近邻预测值进行评价。

```
In[13]:print(metrics.classification_report(test_y,prey))
Out[13]:
              precision    recall   f1-score   support
        0     1.00         1.00     1.00       16
        1     1.00         1.00     1.00       11
        2     1.00         1.00     1.00       11
avg / total   1.00         1.00     1.00       38
```

针对上面的输出，各项含义介绍如下。

（1）precision：精确率（查准率），它表示的是预测为正的样本中有多少是真正的正样本。

（2）recall：召回率（查全率），它表示的是样本中的正例有多少被预测正确了。

（3）f1-score：综合评价指标，是精确率和召回率两个值的调和平均，用来反映模型的整体情况。

（4）support：指相应的类中，有多少个样例分类正确。

3. AUC 和 ROC 曲线

很多学习器是为测试样本产生一个实值或者概率预测，然后将这个预测值与一个分类阈值进行比较，如果大于阈值则分为正类，否则为反类。例如在朴素贝叶斯分类器中，针对每一个测试样本预测出一个 [0,1] 之间的概率，然后将这个值与 0.5 比较，如果大于 0.5 则判断为正类，反之为负类。阈值的好坏直接反映了学习算法的泛化能力。根据预测值的概率，可以使用受试者工作特征 (ROC) 曲线来分析机器学习算法的泛化性能。在 ROC 曲线中，纵轴是真正例率 (True positive rate)，横轴是假正例率 (False Positive rate)。可以使用 metrics.roc_curve() 来计算横纵坐标绘制图像。ROC 曲线与横轴围成的面积大小称为学习器的 AUC(Area Under roc Curve)，该值越接近于 1，说明算法模型越好，AUC 值可通过 metrics.roc_auc_score() 计算。图 4-4 所示即为一个朴素贝叶斯模型的 ROC 曲线，并且计算出 AUC 值为 0.9896。

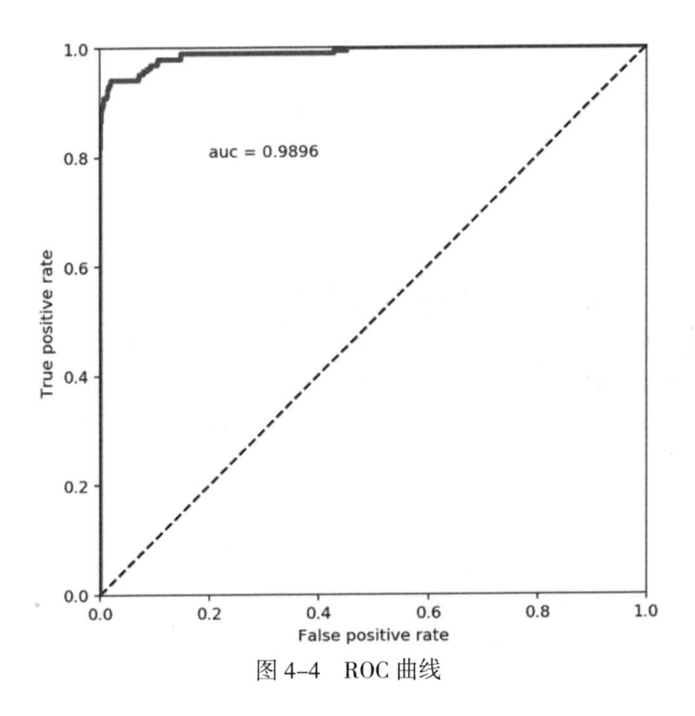

图 4-4　ROC 曲线

4.3 回归模型评价

在使用 statsmodels 库建立回归模型时，通常会输出模型的很多检验结果，这些结果就是用来对模型的好坏进行检验和评价的。本节将对一些主要检验结果的意义进行说明并介绍使用方法。

1. 模型的显著性检验

在建立回归模型后，首先关心的是建立的模型是否成立，这时就要用到模型的显著性检验。模型的显著性检验主要是 F 检验。在 statsmodels 的输出结果中，会输出 F-statistic 值和 Prob(F-statistic)，前者是 F 检验的输出值，后者是 F 检验的 P 值。如果 Prob(F-statistic)<0.05，则说明在置信度为 95% 时，可以认为回归模型是成立的。如果 Prob(F-statistic)>0.1，说明回归模型整体上没有通过显著性检验，模型不显著，需要进一步调整。

2. R-squared

R-squared 在统计学中又叫决定系数（R^2），用于度量因变量的变异中可由自变量解释部分所占的比例，以此来判断统计模型的解释力。在多元回归模型中，决定系数的取值范围为［0，1］，取值越接近于 1，说明回归模型拟合程度越好，模型的解释能力越强。其中 Adjust R-squared 表示调整的决定系数，为决定系数的开平方。在 statsmodels 的输出中决定系数为 R-squared，调整的决定系数为 Adj. R-squared，为决定系数开 2 次方根的取值。

3. AIC 和 BIC

AIC 又称为赤池信息量准则，BIC 又称为贝叶斯信息度量，两者均是评估统计模型的复杂度和衡量统计模型“拟合”优良性的标准，取值越小，相对应的模型越好。在具体应用中可以结合两者和具体情况进行模型的选择和评价。

4. 系数显著性检验

前面几个都是针对模型进行度量的，在模型合适的情况下，还需要对回归系数进行显著性检验。这里的检验是指 t 检验。针对回归模型每个系数的 t 检验，如果相应的 P 值 <0.05(0.1)，说明该系数在置信度为 95%(90%) 水平下，系数是显著的。如果系数不显著，说明对应的变量不能添加到模型中，需要对变量进行筛选，重新建立回归模型。

5. Durbin–Watson 检验

D.W 统计量用来检验回归模型的残差是否具有自相关性。取值为 [0,4]，数值越接近于 2 说明越没有自相关性，越接近于 4 说明残差具有越强的负自相关，越接近于 0 说明残差具有越强的正自相关。如果模型的残差具有很强的自相关性，则需要对模型进行进一步的调整。

6. 条件数 Cond. No.

条件数用来度量多元回归模型自变量之间是否存在多重共线性。条件数取值是大于 0 的数值，该值越小，越能说明自变量之间不存在多重共线性问题。一般情况下，Cond. No.<100，说明共线性程度小；如果 100< Cond. No.<1000，则存在较多的多重共线性；若 Cond. No.>1000，则存在严重的多重共线性。如果模型存在严重的多重共线性问题，则需要使用逐步回归、主成分回归、Lasso 回归等方式调整模型。

下面针对一个 statsmodels 输出的结果进行相关分析。

```
                            OLS Regression Results
==============================================================================
Dep. Variable:                      Y   R-squared:                       0.969
Model:                            OLS   Adj. R-squared:                  0.968
Method:                 Least Squares   F-statistic:                     1188.
Date:                Fri, 02 Feb 2018   Prob (F-statistic):           2.82e-30
Time:                        12:42:04   Log-Likelihood:                -59.405
No. Observations:                  40   AIC:                             122.8
Df Residuals:                      38   BIC:                             126.2
Df Model:                           1
Covariance Type:            nonrobust
==============================================================================
                 coef    std err          t      P>|t|      [0.025      0.975]
------------------------------------------------------------------------------
Intercept     -0.0910      0.910     -0.100      0.921      -1.933       1.751
X              2.0701      0.060     34.468      0.000       1.949       2.192
==============================================================================
Omnibus:                        5.167   Durbin-Watson:                   2.802
Prob(Omnibus):                  0.076   Jarque-Bera (JB):                4.570
Skew:                          -0.828   Prob(JB):                        0.102
Kurtosis:                       2.993   Cond. No.                         79.9
==============================================================================
```

针对上面的结果：

（1）首先分析模型的显著性检验结果，F 检验的 P 值 Prob(F–statistic) = 2.83e-30<0.05，说明该模型是显著的。

（2）分析模型的决定系数 R–squared=0.969，说明回归模型的拟合程度很好。

（3）T 检验的 P 值为 P>|t|=0.000 <0.05，说明模型的回归系数 X 是显著的，回归模型为 Y = –0.091+2.0702*X。

（4）分析模型的 D.W 统计量可知 Durbin–Watson=2.802，说明回归模型的残差并没有很强的自相关性。

（5）该回归模型为一元回归，不会存在多重共线性，相应的结果中输出了条件数 Cond.No.=79.9<100。

4.4 聚类分析评估

聚类评估可以用来估计在数据集上进行聚类的可行性和被聚类方法产生结果的质量，聚类评估的工作主要包括下面几个任务：

（1）估计聚类趋势：只有在数据中存在非随机结构，聚类结果才会有意义。所以要针对需要聚类分析的数据集，分析是否具有聚类趋势。虽然随机的数据集也会返回一定的簇，但是这些簇是无意义的，可能会对任务起到误导作用。

（2）确定数据集的簇：有些聚类方法需要指定聚类簇的数目，(簇是聚类的重要参数)，如在 K- 均值聚类中可以使用肘方法确定簇的数量。

（3）测定聚类质量：在数据集中使用聚类方法得到簇的结果后，若想要得到聚类结果的质量，可以使用很多方法，最常用的度量方法是使用轮廓系数。在度量聚类中簇的拟合性，可以计算所有对象轮廓系数的平均值，轮廓系数越接近于 1，聚类的效果越好。在 Python 中可以使用 Sklearn 库中的 metrics 模块中的 metrics.silhouette_score() 计算。

本章小结

本章节结合 Python 介绍了相关模型的训练和评估方法。首先介绍了模型训练和选择的技巧，如交叉验证、参数网格搜索等方式；接着介绍了分类效果的评价方式，有混淆矩阵、ROC 曲线等；然后介绍了回归模型评价的相关指标，有决定系数、AIC 和 BIC 等；最后介绍了聚类分析的评估，如使用肘方法选择参数，使用轮廓系数判断聚类拟合效果等。

参数说明

（1）线性判别分析 (LDA) 主要参数、属性、方法介绍

LinearDiscriminantAnalysis(solver='svd',shrinkage=None,priors=None,n_components=None,
store_covariance=False,tol=0.0001)

① 参数

- solver：一个字符串，指定了求解最优化问题的算法。取值如下：
  - ◆ 'svd'：奇异值分解。对于有大规模特征的数据，推荐用这种算法。
  - ◆ 'lsqr'：最小平方差，可以结合skrinkage参数。
  - ◆ 'eigen'：特征分解算法，可以结合shrinkage参数。
- skrinkage：字符串 ' auto ' 、浮点数或者None。该参数通常在训练样本数量小于特征数量的场合下使用。该参数只有在solver= ' lsqr ' 或者 ' eigen ' 的情况下才有意义
  - ◆ 字符串 ' auto ' ：根据Ledoit-Wolf引理来自动决定shrinkage参数的大小。
  - ◆ None：不使用shrinkage参数。
  - ◆ 浮点数（位于0~1之间）：指定shrinkage参数。
- priors：一个数组，数组中的元素依次指定了每个类别的先验概率。如果为None，则认为每个类的先验概率都是等可能的。
- n_components：一个整数，指定了数组降维后的维度（该值必须小于n_classes-1）。
- store_covariance：一个布尔值。如果为True，则需要额外计算每个类别的协方差矩阵。
- tol：一个浮点数。它指定了用于SVD算法中评判迭代收敛的阈值。

② 返回值

- coef_：权重向量。
- intercept：b值。
- covariance_：一个数组，依次给出了每个类别反应协方差矩阵。
- means_：一个数组，依次给出了每个类别的均值向量。
- xbar_：给出了整体样本的均值向量。
- n_iter_：实际迭代次数。

③ 方法

- fix(X,y)：训练模型。
- predict(X)：用模型进行预测，返回预测值。
- score(X,y[,sample_weight])：返回（X，y）上的预测准确率（accuracy）。
- predict_log_proba（X）：返回一个数组，数组的元素依次是 X 预测为各个类别的概率的对数值。
- predict_proba（X）：返回一个数组，数组元素依次是X预测为各个类别的概率值

（2）网格搜索主要参数、属性、方法介绍

```
GridSearchCV(estimator, param_grid, scoring=None, fit_params=None, n_jobs=1,
             iid=True, refit=True, cv=None, verbose=0, pre_dispatch='2*n_jobs',
             error_score='raise', return_train_score='warn')
```

① 参数

- estimator：所使用的分类器，或者pipeline。
- param_grid：值为字典或者列表，即需要最优化的参数的取值。
- scoring：准确度评价标准。默认为None,可以使用字符串或者可调用的评价函数。如果是None，则使用estimator的误差估计函数。
- n_jobs：并行数，int：个数,-1：跟CPU核数一致, 1:默认值。
- pre_dispatch：指定总共分发的并行任务数。当n_jobs大于1时，数据将在每个运行点进行复制，这可能导致OOM，而设置pre_dispatch参数，则可以预先划分总共的job数量，使数据最多被复制pre_dispatch次。
- iid：默认为True。取值为True时，默认各个样本fold概率分布一致，误差估计为所有样本之和，而非各个fold的平均。
- cv：交叉验证参数。默认为None，使用三折交叉验证。指定fold数量，默认为3，也可以是yield训练/测试数据的生成器。
- refit：默认为True。程序将会以交叉验证训练集得到的最佳参数，作为最终

用于性能评估的最佳模型参数。即在搜索参数结束后，用最佳参数结果再次fit一遍全部数据集。

- verbose：日志冗长度。int：冗长度；0：不输出训练过程；1：偶尔输出；>1：对每个子模型都输出。

② 方法

- decision_function（X）：使用找到的最佳参数在估计器上调用decision_function。X：可索引，长度为n_samples；
- fit（X, y=None, groups=None, **fit_params）：与所有参数组合运行。
- get_params（[deep]）：获取此分类器的参数。
- predict（X）调用找到的最佳参数对估计量进行预测。X：可索引，长度为n_samples；
- predict_log_proda(X):用找到的最佳参数调用预估器（得到每个测试集样本在每一个类别的得分取log情况）。
- predict_proba(X):用找到的最佳参数调用预估器（得到每个测试集样本在每一个类别的得分情况）。
- score（X, y=None）：返回给定数据上的分数，X：[n_samples，n_features]输入数据，其中n_samples是样本的数量，n_features是要素的数量。y：[n_samples]或[n_samples，n_output]，可选，相对于X进行分类或回归。
- transform(X):调用最优分类器对X进行转换。

③ 属性

- cv_results_ :将键作为列标题，将值作为列的字典，可将其导入到pandas DataFrame中。
- best_estimator_ : estimator或dict；由搜索选择的估算器，即在左侧数据上给出最高分数（或者如果指定最小损失）的估算器。 如果refit = False，则不可用。
- best_params_ : dict；在保持数据上给出最佳结果的参数设置。对于多度量评估，只有在指定了重新指定的情况下才会出现。
- best_score_ : float；best_estimator的平均交叉验证分数。对于多度量评估，只有在指定了重新指定的情况下才会出现。
- best_index_：对应于最佳候选参数设置的索引(cv_results_数组的索引)。
- n_splits：整数，交叉验证拆分的数量（折叠/迭代）。

Chapter

05

第5章

回归分析

回归分析是一种针对连续型数据进行预测的方法，目的在于分析两个或多个变量之间是否相关以及相关方向和强度的关系。可以通过建立数学模型观察特定的变量，或者预测研究者感兴趣的变量。更具体来说，回归分析可以帮助人们了解在只有一个自变量变化时引起的因变量的变化。“回归”一词最早是由法兰西斯·高尔顿提出的。他曾对亲子间的身高进行研究，发现父母的身高虽然会遗传给子女，但子女的身高却有逐渐“回归到身高的平均值”的现象。

本章介绍不同回归分析方法的相关应用场景，并结合实际数据，使用 Python 来建立回归模型进行分析。其中用到的回归模型有多元线性回归、逐步回归、Lasso 回归分析、Logistic 回归分析、时间序列等。

5.1 回归分析简介

多元线性回归是使用回归方程来刻画一个因变量和多个自变量之间的关系，然后建立线性模型得到一个回归方程。多元线性回归分析主要解决以下 3 个方面的问题：

（1）确定几个自变量和因变量之间是否存在相关关系，若存在，则找出它们之间合适的数学表达式，得到线性回归方程。

（2）根据一个或几个变量的值，预测或控制另一个变量的取值，并且可以知道这种预测或控制能达到什么样的精确度。

（3）进行因素分析。例如在共同影响因变量的多个自变量之间，找出哪些是重要因素，哪些是次要因素，影响是积极的还是消极的，这些因素之间又有什么关系等。通常可以简单地认为系数大的影响较大，正系数为积极影响，负系数为消极影响。

逐步回归是多元回归的一种，它的特点是可以自动对众多的自变量进行筛选，挑选出那些对因变量影响较大、较重要的自变量，而对因变量影响很小或者没有影响的变量则剔除。针对那些影响小的自变量可以简单地认为它是一种噪声或者干扰，它们的存在并没有提高模型的精度和可解释性，反而会使模型变得更加不稳定，预测效果更差，所以需要剔除它们来增加模型的稳定性。逐步回归也是解决模型具有多重共线性的一种办法，例如：自变量之间具有很强的线性关系（可以简单的认为各个自变量可以建立一个多元回归模型），可以使用逐步回归通过剔除多余的自变量，来缓解甚至解决多重共线性问题。

Lasso 回归分析其实是在多元线性回归的损失函数上添加一个惩罚范数 l_1 范数，以达到同时进行变量筛选和复杂度调整的目的，拟合得到广义线性模型。所以无论因变量是连续的还是离散的，都可以使用 Lasso 回归建立模型然后进行预测，或者找到对因变量影响大的自变量。Lasso 回归相对于多元线性回归具有以下两种优点：

（1）可以进行变量筛选，主要是把不必要进入模型的变量剔除。虽然回归模型中自变量越多，得到的回归效果越好，决定系数 R^2 越接近 1，但这时往往会有过拟合的风险。使用 Lasso 回归筛选出有效的变量，通常能够避免模型的过拟合问题。

在针对具有很多自变量的回归预测问题时，可以使用 Lasso 回归，挑选出有用的自变量，增强模型的鲁棒性。

（2）Lasso 回归可以通过改变惩罚范数 l_1 系数来调整惩罚带来的强度，从而调整模型的复杂度，合理地使用惩罚系数的大小，能够得到更合适的模型，可以认为模型中自变量越多，模型就越复杂。

Logistic 回归分析主要是针对离散因变量，特别是二元因变量 (Yes/No) 这样问题的建模和预测。简单地说，Logistic 回归是将多元回归分析的结果映射到 logistic 函数 z=1/(1+exp(y)) 上，然后根据阈值对数据进行二值化，来预测二分类变量。如图 5-1 所示的 logistic 函数，可以将变换后值小于 0.5 的数值都预测为 0，大于 0.5 的数值都预测为 1。因此，Logistic 回归通常要建立二分类模型。针对多分类问题，需要使用相应的技巧。

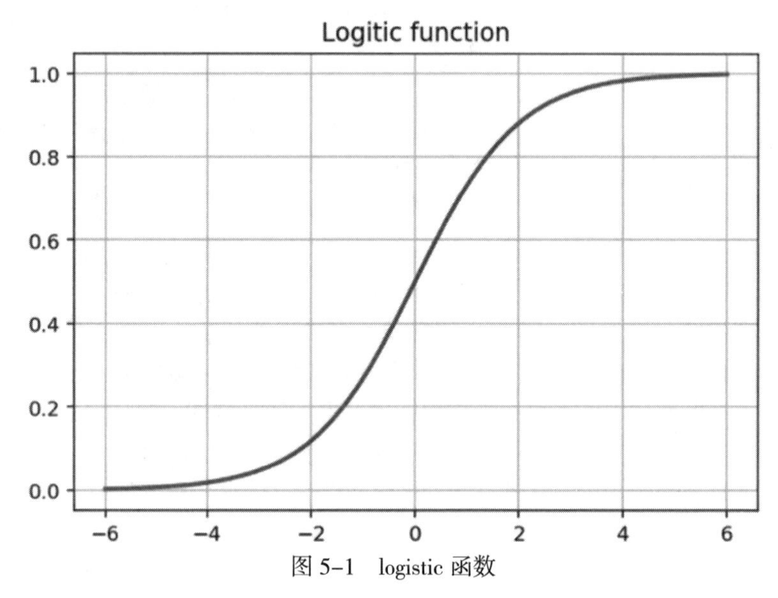

图 5-1　logistic 函数

时间序列是指一组按照时间发生的先后顺序进行排列的数据点序列。通常一组时间序列的时间间隔为一恒定值（如 1 秒、5 分钟、12 小时、7 天、1 年），因此时间序列可以作为离散时间数据进行分析处理。而时间序列预测主要是针对已有数据，通过建立模型发现它的规律来达到预测的目的。该分析在经济学、金融学、金融工程学等学科中有广泛应用，常用的模型有 ARMA(自回归滑动平均模型)、ARIMA(差分移动平均自回归模型) 等。

在以下各节内容中将通过 Python 和实际应用数据集来探索这些模型的使用方法，本章需要用到 sklearn 和 statsmodel 库。导入相关的库及设置如下：

```
In[1]:import numpy as np
      import pandas as pd
      import matplotlib.pyplot as plt
      import seaborn as sns
      %matplotlib inline
      %config InlineBackend.figure_format = "retina"
      from matplotlib.font_manager import FontProperties ## 输出图显示中文
      fonts = FontProperties(fname = "/Library/Fonts/ 华文细黑 .ttf",size=14)
      import statsmodels.api as sm
      import statsmodels.formula.api as smf
      from sklearn import metrics
      from sklearn.model_selection import train_test_split
```

5.2 多元线性回归分析

本节使用的数据集来自 UIC 数据集中的能效数据集 (ENB2012_data.xlsx)，该数据集将用来分析建筑的供热负荷能效和制冷负荷能效，其网址为：http://archive.ics.uci.edu/ml/datasets/Energy+efficiency(或到本书提供的数据中下载)。其中自变量有 8 个，即 X1~X8，因变量为 Y1(供热负荷能效) 与 Y2(制冷负荷能效)。实例主要分析 8 个自变量和供热负荷（Y1）之间的回归模型，以探索如何使用 Python 对数据集进行多元回归分析。模型使用 statsmodel 库来完成。

扫一扫，看视频

5.2.1 多元线性回归

首先导入数据并查看。使用 pd.read_excel() 读取数据，并且使用 sample() 方法抽样查看 5 个样本数据。

```
In[2]:Enb = pd.read_excel("data/chap5/ENB2012_data.xlsx")
      print(Enb.sample(5))
Out[2]:
      X1   X2    X3    X4     X5  X6 X7   X8  Y1    Y2
399 0.82 612.5 318.5 147.00 7.0 5  0.25 3   25.17 26.41
573 0.62 808.5 367.5 220.50 3.5 3  0.40 1   17.17 17.21
723 0.98 514.5 294.0 110.25 7.0 5  0.40 5   32.73 34.01
82  0.69 735.0 294.0 220.50 3.5 4  0.10 1   11.09 14.30
405 0.76 661.5 416.5 122.50 7.0 3  0.25 3   36.59 36.44
```

X1 ~ X8 为 8 个自变量，它们所代表的实际含义如表 5-1 所示。

表 5-1　数据中的变量含义

变量	含义	变量	含义
X1	相对紧凑性	X6	方向
X2	表面积	X7	玻璃区域
X3	墙面积	X8	玻璃分布
X4	屋顶区域	Y1	加热负荷
X5	总高度	Y2	制冷负荷

根据因变量 Y1 构建回归模型。使用 np.corrcoef() 得到相关系数矩阵，即分析出数据集中各个属性之间的相关性，并使用 sns.heatmap() 绘制相关系数矩阵热力图，程序如下：

```
In[3]:datacor = np.corrcoef(Enb,rowvar=0)
      datacor = pd.DataFrame(data=datacor,columns=Enb.columns,index=Enb.columns)
      plt.figure(figsize=(8,8)) ## 热力图可视化相关系数
      ax = sns.heatmap(datacor,square=True,annot=True,fmt = ".3f",
                       linewidths=.5,cmap="YlGnBu",
                       cbar_kws={"fraction":0.046, "pad":0.03})
      ax.set_title(" 数据变量相关性 ",fontproperties = fonts)
      plt.show()
```

得到如图 5-2 所示的相关系数热力图。从中可以看出 X1 ~ X4 和 Y1 之间有很大的相关性，且 X1 ~ X4 之间还有很强的线性相关性。但由于 X6 ~ X8 的取值较为离散，所以与 Y1 的相关性很小，且 X6 ~ X8 之间没有线性相关性。

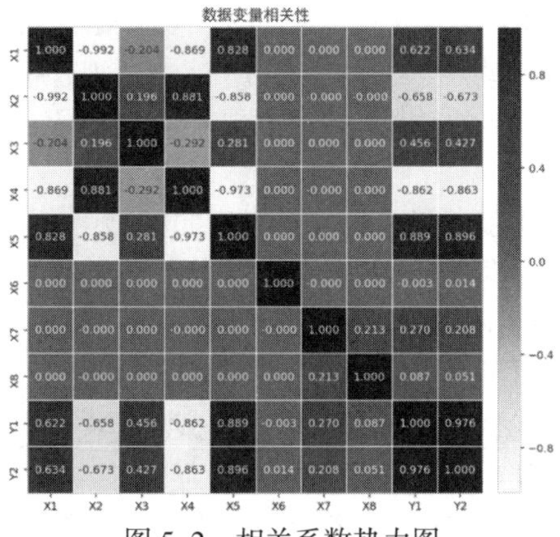

图 5-2　相关系数热力图

分析完热力图后，将全部的变量 (X1 ~ X8) 作为自变量，Y1 作为因变量进行多元线性回归分析模型的建立，程序如下：

```
In[4]:formula = "Y1 ~ X1 + X2 + X3 + X4 + X5+ X6 + X7 + X8"
    lm = smf.ols(formula, Enb).fit()
    print(lm.summary()) ## 输出回归模型结果
Out[4]:
```

```
                            OLS Regression Results
==============================================================================
Dep. Variable:                     Y1   R-squared:                       0.916
Model:                            OLS   Adj. R-squared:                  0.915
Method:                 Least Squares   F-statistic:                     1187.
Date:                Sun, 11 Feb 2018   Prob (F-statistic):               0.00
Time:                        13:18:33   Log-Likelihood:                -1912.5
No. Observations:                 768   AIC:                             3841.
Df Residuals:                     760   BIC:                             3878.
Df Model:                           7
Covariance Type:            nonrobust
==============================================================================
                 coef    std err          t      P>|t|      [0.025      0.975]
------------------------------------------------------------------------------
Intercept     84.0134     19.034      4.414      0.000      46.649     121.378
X1           -64.7734     10.289     -6.295      0.000     -84.973     -44.574
X2            -0.0626      0.013     -4.670      0.000      -0.089      -0.036
X3             0.0361      0.004      9.386      0.000       0.029       0.044
X4            -0.0494      0.008     -6.569      0.000      -0.064      -0.035
X5             4.1700      0.338     12.338      0.000       3.506       4.833
X6            -0.0233      0.095     -0.246      0.805      -0.209       0.163
X7            19.9327      0.814     24.488      0.000      18.335      21.531
X8             0.2038      0.070      2.915      0.004       0.067       0.341
==============================================================================
Omnibus:                       18.647   Durbin-Watson:                   0.654
Prob(Omnibus):                  0.000   Jarque-Bera (JB):               37.707
Skew:                           0.044   Prob(JB):                     6.49e-09
Kurtosis:                       4.082   Cond. No.                     2.55e+16
==============================================================================
```

上面的程序使用 "Y1 ~ X1 + X2 + X3 + X4 + X5+ X6 + X7 + X8" 定义了回归模型的形式，并使用 smf.ols() 建立了回归模型，用 fit 方法拟合了数据集 Enb，最后使用 print(lm.summary()) 输出模型的结果，简单的 3 行代码就完成了模型的建立和求解。模型的输出分析如下：

（1）从回归模型输出的结果可以发现，回归模型中 R-squared=0.916 非常接近于 1，说明该模型对原始数据拟合得较好。并且 F 检验的 P 值 prob(F-statistic) 远小于 0.05，说明该模型是显著的，可以使用。

（2）分析回归模型中各个系数的显著性可以发现，只有 X6 系数的 P 值大于 0.05，说明只有一个自变量 X6 是不显著的，模型需要进一步的优化。

（3）该模型的条件数 Cond. No 输出的结果为 2.55e + 16，结果非常大，说明该模型可能存在自变量之间的多重共线性问题，要针对多重共线性问题进行解决，可以使用逐步回归等方法。

综上所述：虽然该模型的拟合程度较好，但还有一些不完善的地方，我们可以对该多元回归模型进行进一步地改进，即使用逐步回归方法筛选特征，建立更合适的模型。

5.2.2 逐步回归

在 Python 中还没有现成的逐步回归方法，所以下面针对该问题，使用一种近似逐步回归的方法来进行多元回归分析，再从中找到合适的回归模型。该方法就是针对所有的自变量组合进行回归分析，输出 Bic 值、Aic 值、条件数 Cond. No 值和 R-squared，然后再选择合适的模型。根据前面“供热负荷能效和制冷负荷能效”实例，要得到 8 个自变量的所有组合，需要使用 itertools 库中的 combinations 函数，该函数能够计算出一个数组中的所有元素的组合。首先导入该函数：

```
In[5]:from itertools import combinations
```

导入函数后，需要计算出每个组合模型的 Bic 值、Aic 值、条件数 Cond. No 值和 R-squared。我们使用两层 for 循环来得到所有的回归模型，求解程序如下：

```
In[6]:variable = []
      aic = []
      bic = []
      Cond = []
      R_squared = []
```

```
for ii in range(1,len(Enb.columns.values[0:-2])):
    var = list(combinations(Enb.columns.values[0:-2],ii))
    for v in var:
        formulav = "Y1"+"~"+"+".join(v)
        lm = smf.ols(formulav, Enb).fit()
        bic.append(lm.bic)
        aic.append(lm.aic)
        variable.append(v)
        Cond.append(lm.condition_number)
        R_squared.append(lm.rsquared)
```

上面的程序使用两层 for 循环来完成所有模型的拟合并输出需要的数值。第一层 for 循环为循环模型中自变量的个数，第二层循环为 8 个自变量在指定变量个数的所有组合，然后计算出回归模型的 4 个指定参数。下面将所有变量以数据表的形式输出，并查看数据：

```
In[6]:df = pd.DataFrame()
    df["variable"] = variable
    df["bic"] = bic
    df["aic"] = aic
    df["Cond"] = Cond
    df["R_squared"] = R_squared
    df.sort_values("bic",ascending=True).head(5)
Out[6]:
```

	variable	bic	aic	Cond	R_squared
194	(X1, X4, X5, X7, X8)	3869.166530	3841.303792	7.622924e+03	0.915722
118	(X1, X4, X5, X7)	3871.010575	3847.791626	7.617974e+03	0.914785
226	(X1, X2, X3, X5, X7, X8)	3871.481357	3838.974828	1.525005e+05	0.916195
248	(X1, X2, X3, X4, X5, X7, X8)	3871.481357	3838.974828	2.951871e+16	0.916195
235	(X1, X3, X4, X5, X7, X8)	3871.481357	3838.974828	7.463448e+04	0.916195

上面是按照 bic 排序后输出的结果。从 bic 值较小的 5 个模型中，可以看出 bic 最小的模型只用到了 X1、X4、X5、X7、X8 这 5 个自变量，并且条件数下降到 760，模型的 R-squared = 0.9157 仍然很接近于 1；而 bic 次小的模型只用到了 X1、X4、X5、X7 这 4 个自变量，且模型的 R-squared = 0.9147 也很接近于 1。说明该

回归模型只需要 4 个或者 5 个自变量即可，这样便缓解了多重共线性问题，增强了模型的稳定性。下面使用 5 个自变量进行回归模型分析：

```
In[7]:formula = "Y1 ~ X1 + X4 + X5+ X7 + X8"
      lm = smf.ols(formula, Enb).fit()
      print(lm.summary())
Out[7]:
                            OLS Regression Results
==============================================================================
Dep. Variable:                     Y1   R-squared:                       0.916
Model:                            OLS   Adj. R-squared:                  0.915
Method:                 Least Squares   F-statistic:                     1656.
Date:                Sun, 18 Feb 2018   Prob (F-statistic):               0.00
Time:                        19:41:42   Log-Likelihood:                -1914.7
No. Observations:                 768   AIC:                             3841.
Df Residuals:                     762   BIC:                             3869.
Df Model:                           5
Covariance Type:            nonrobust
==============================================================================
                 coef    std err          t      P>|t|      [0.025      0.975]
------------------------------------------------------------------------------
Intercept     45.4486      4.186     10.859      0.000      37.232      53.665
X1           -43.8718      2.049    -21.410      0.000     -47.894     -39.849
X4            -0.1080      0.012     -9.336      0.000      -0.131      -0.085
X5             4.6105      0.263     17.518      0.000       4.094       5.127
X7            19.9327      0.815     24.450      0.000      18.332      21.533
X8             0.2038      0.070      2.910      0.004       0.066       0.341
==============================================================================
Omnibus:                       17.357   Durbin-Watson:                   0.639
Prob(Omnibus):                  0.000   Jarque-Bera (JB):               33.699
Skew:                           0.051   Prob(JB):                     4.81e-08
Kurtosis:                       4.021   Cond. No.                     7.62e+03
==============================================================================
```

对模型输出的结果分析如下。

（1）从回归模型输出的结果可以发现，回归模型中 R-squared=0.916 非常接近于 1，说明该模型对原始数据拟合得很好，并且 F 检验的 P 值 prob(F-statistic) 远小于 0.05，说明该模型是显著的。

（2）分析回归模型中各个系数的显著性可以发现，所有系数的 P 值均小于 0.05，说明所有的自变量都是显著的。

（3）该模型的条件数 Cond. No 输出的结果为 7620，相对原始模型来说，已经大大地减小了，说明该模型自变量之间的多重共线性问题得到了很好地解决。

可以确定该多元回归模型为：

$$Y1 = 45.45 - 43.87 * X1 - 0.108 * X4 + 4.61 * X5 + 19.93 * X7 + 0.204 * X8$$

最后，我们将逐步回归得到的新模型对数据进行预测，并与原始数据进行比较。输出预测结果和原始数据的平均绝对值误差：

```
In[8]:Y_pre = lm.predict(Enb)
```

```
        metrics.mean_absolute_error(Y_pre,Enb.Y1)
Out[8]:
2.0853894
```

对 Statsmodel 库建立的模型进行预测时，只需要使用 predict 方法。计算平均绝对值误差可以使用 Sklearn 库中的 metrics.mean_absolute_error() 函数，输出结果为 2.0853894，可见平均绝对值误差只有 2.085，模型预测效果不错。将原始数据和预测值绘制图像进行比较，代码如下。

```
In[9]:Y_pre = lm.predict(Enb)
        index = np.argsort(Enb.Y1)
        plt.figure(figsize=(12,5))
        plt.plot(np.arange(Enb.shape[0]),Enb.Y1[index],"r",label="Original Y1")
        plt.plot(np.arange(Enb.shape[0]),Y_pre[index],"b--",label="Prediction")
        plt.legend()
        plt.grid("on")
        plt.xlabel("Index")
        plt.ylabel("Y1")
        plt.show()
```

绘制图像时，根据原有的因变量 Y1 进行排序，预测值则需要根据 np.argsort() 函数输出的排序顺序进行处理，得到的图像如图 5-3 所示。图中虚线为模型预测值，实线为排序后的原始值，可以看出使用多元回归模型很好地预测了原始数据的趋势，并且拟合效果非常接近原始数据。

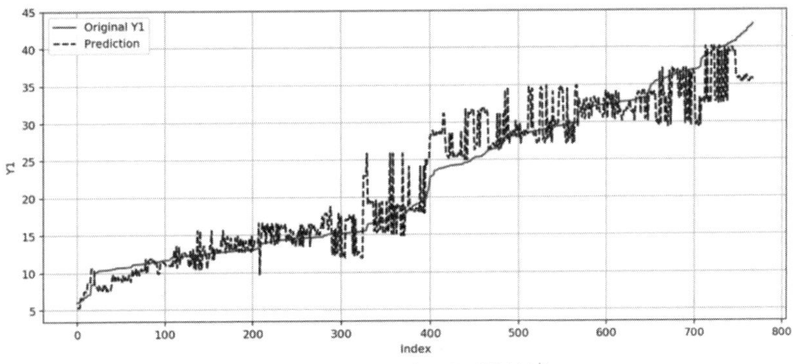

图 5-3　多元回归预测结果图

5.3 Lasso回归分析

前面已经讨论过 Lasso 回归实际上是对多元线性回归增加一个惩罚范数，利用 l_1 范数起到了增强模型稳定性、筛选模型特征的效果。下面使用糖尿病数据集 diabetes.csv 进行 Lasso 回归分析。这里回归模型的建立将使用 Sklearn 库。首先读取数据。

```
In[10]:diabete = diabete = pd.read_csv("data/chap5/diabetes.csv",sep="\t")
       print(diabete.sample(5))
```

其中的 5 个数据样本如下：

```
Out[10]:
     AGE SEX BMI  BP     S1   S2    S3   S4    S5     S6  Y
405  62   2 37.8 119.0 113  51.0  31.0 4.00 5.0434 84 281
7    66   2 26.2 114.0 255 185.0  56.0 4.55 4.2485 92  63
259  52   1 23.0 107.0 179 123.7  42.5 4.21 4.1589 93  50
92   43   1 26.8 123.0 193 102.2  67.0 3.00 4.7791 94  48
164  61   1 24.6 101.0 209 106.8  77.0 3.00 4.8363 88 214
```

可见该数据集共有 10 个自变量和 1 个因变量 Y。

然后再对数据集进行 Lasso 回归分析。先定义一个 Lasso 回归分析函数，对数据集进行回归分析，并输出回归效果和对应变量的回归系数，用 sklearn.linear_model 模块中的 Lasso 进行回归模型的建立：

```
In[11]:## 定义回归函数
       from sklearn.linear_model import  Lasso
       from sklearn.metrics import r2_score,mean_absolute_error
       def lasso_regression(data,test, predictors,pre_y, alpha):
           # data: 训练集，test: 测试机，predictors：自变量名称
           # pre_y：因变量名称，alpha：惩罚系数
           # 拟合模型
           lassoreg=Lasso(alpha=alpha,normalize=True,
```

```
                    max_iter=1e5,fit_intercept=False)
        lassoreg.fit(data[predictors],data[pre_y])
        y_pred = lassoreg.predict(test[predictors])
        # 输出模型的结果
        ret = [alpha]
        ret.append(r2_score(test[pre_y],y_pred)) # R 方
        ret.append(mean_absolute_error(test[pre_y],y_pred)) # 平均绝对值误差
        ret.extend(lassoreg.coef_)   # 模型系数
        return ret
```

输出该函数模型的 R-square、预测值和原始数据的绝对值误差、模型自变量的系数，根据不同的 alpha 参数的值来训练不同的模型并且输出模型的效果。

首先定义训练模型的自变量和因变量的变量名称；再将数据集的 80% 作为训练集，剩余的数据作为测试集，其中 np.random.permutation(diabete.shape[0]) 是用来生成 0 ~ n-1(n 为样本量数量) 的随机排序；然后使用 for 循环将 alpha 的范围定义在 0 ~ 2 之间的 20 个值，拟合模型并输出结果；最后对最小绝对值误差进行排序，并将前 5 个结果输出。代码如下：

```
In[12]:predictors= ['AGE', 'SEX', 'BMI', 'BP', 'S1', 'S2', 'S3', 'S4', 'S5', 'S6'] # 自变量
    prey = "Y" # 因变量
    alpha_lasso = np.linspace(0.00005,2,20) # 定义 alpha 的取值范围
    # 初始化数据表用来保存系数和得分
    col = ['alpha','r2_score','mae','AGE', 'SEX', 'BMI', 'BP', 'S1', 'S2', 'S3', 'S4', 'S5',
    'S6']
    ind = ['alpha_%.2g'%alpha_lasso[i] for i in range(0,len(alpha_lasso))]
    coef_matrix_lasso = pd.DataFrame(index=ind, columns=col)
    ## 80% 的数据用于训练，剩余的数据用于测试
    np.random.seed(123456)
    index = np.random.permutation(diabete.shape[0])
    trainindex = index[0:350]
    testindex = index[350:-1]
    diabete_train = diabete.iloc[trainindex,:]
    diabete_test = diabete.iloc[testindex,:]
    for i in range(len(alpha_lasso)):
```

```
            coef_matrix_lasso.iloc[i,]=lasso_regression(diabete_train,diabete_test,
                                                predictors,prey, alpha_lasso[i])
        coef_matrix_lasso.sort_values("mae").head(5)
Out[12]:
```

	alpha	r2_score	mae	AGE	SEX	BMI	BP	S1	S2	S3	S4	S5	S6
alpha_0.42	0.421092	0.501711	42.0681	-0.00151581	-28.5873	5.34031	1.08059	1.19015	-1.23554	-3.04802	-5.80812	4.95494	0.245106
alpha_0.32	0.315832	0.499511	42.0705	-0.00366962	-29.2134	5.29213	1.07608	1.15806	-1.18886	-3.07893	-6.63968	6.81898	0.24145
alpha_0.53	0.526353	0.503724	42.0772	-0	-27.9597	5.38844	1.08522	1.22229	-1.28222	-3.01716	-4.97766	3.0923	0.248867
alpha_0.63	0.631613	0.505547	42.0853	-0	-27.3284	5.43643	1.09014	1.25453	-1.32887	-2.98645	-4.14983	1.23304	0.252872
alpha_0.74	0.736874	0.506942	42.0928	-0	-26.7699	5.46539	1.0916	1.27331	-1.3599	-2.95785	-3.48663	0	0.251971

可以看出在 alpha = 0.4211 时绝对值误差最小，而且在 alpha = 0.7368 时，回归模型中有 2 个自变量（AGE 和 S5）的系数为 0，没有参与回归模型，即使用范数约束将这两个自变量从回归模型中剔除了。下面绘制的图像反映了在不同 alpha 下每个自变量系数的变化和平均绝对值误差的变化情况。

```
In[13]:ploty = ['AGE', 'SEX', 'BMI', 'BP', 'S1', 'S2', 'S3', 'S4', 'S5', 'S6']
        shape = ["s","p","*","h","+","x","D","o","v",">"]
        plt.figure(figsize=(15,6))
        plt.grid("on")
        plt.subplot(1,2,1)
        for ii in np.arange(len(ploty)):
            plt.plot(coef_matrix_lasso["alpha"],coef_matrix_lasso[ploty[ii]],
                     color = plt.cm.Set1(ii / len(ploty)),label = ploty[ii],
                     marker = shape[ii])
            plt.legend()
            plt.xlabel("Alpha")
            plt.ylabel(" 标准化系数 ",FontProperties = fonts)
        plt.subplot(1,2,2)
        plt.plot(coef_matrix_lasso["alpha"],coef_matrix_lasso["mae"],linewidth = 2)
        plt.xlabel("Alpha")
        plt.ylabel(" 绝对值误差 ",FontProperties = fonts)
        plt.suptitle("Lasso 回归分析 ",FontProperties = fonts)
        plt.show()
```

得到的图像如图 5-4 所示。

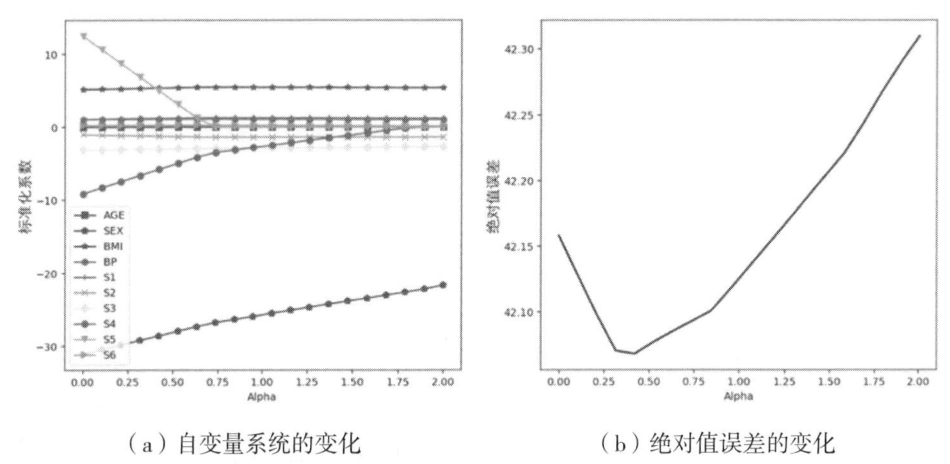

（a）自变量系统的变化　　　　（b）绝对值误差的变化

图 5–4　Lasso 回归分析

图 5–4（a）所示是自变量系数随着 alpha 参数的变化而变化；图 5–4（b）所示是测试集的平均绝对值误差的变化情况。综合分析两图可以确定一个合适的回归模型的参数 alpha。为了使用较少的自变量个数并达到较好的回归效果，可以使用 alpha = 0.736874。这时回归模型的 R–squared = 0.5069，平均绝对值误差为 42.09，并且剔除了两个自变量，在保证模型精度的同时，降低了模型的复杂性。

使用 alpha = 0.736874 对所有数据进行 Lasso 回归，并且绘制预测结果和原始数据的折线图。代码如下：

```
In[14]:# 对全部的数据集拟合模型
       lassoreg = Lasso(alpha=0.736874,normalize=True,
                        max_iter=1e5,fit_intercept=False)
       lassoreg.fit(diabete[predictors],diabete[prey])
       Y_pre = lassoreg.predict(diabete[predictors])
       ## 绘制回归的预测结果和原始数据的差异
       index = np.argsort(diabete.Y)
       plt.figure(figsize=(12,5))
       plt.plot(np.arange(diabete.shape[0]),diabete.Y[index],"r",label = "Original Y")
       plt.plot(np.arange(diabete.shape[0]),Y_pre[index],"b--",label = "Prediction")
       plt.legend()
```

```
plt.grid("on")
plt.xlabel("Index")
plt.ylabel("Y")
plt.title("Lasso 回归结果对比 ",FontProperties = fonts)
plt.show()
```

得到图像如图 5-5 所示。

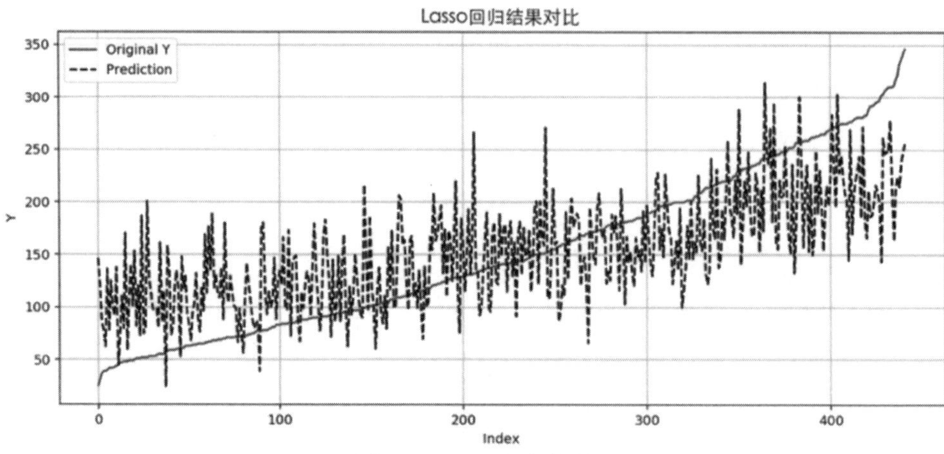

图 5-5　Lasso 回归结果

在图 5-5 中，实线为原始数据，虚线为预测数据，可以发现 Lasso 回归模型虽然预测到了原始数据的趋势，但波动较大。

5.4 Logistic回归分析

Logistic 回归实际上是使用多元非线性回归来预测离散型因变量的模型，尤其对于二分类变量的预测，可以认为该模型是一种分类技术。

下面的实例中将使用 Sklearn.linear_model 模块中 LogisticRegression 函数，对客户是否会及时还信用卡欠款的数据进行预测。该数据集来自 UCI 数据库，网址为：https://archive.ics.uci.edu/ml/datasets/default+of+credit+card+clients。下载数据到指定文

件夹下，然后读取数据集并查看。

```
In[15]:credit = credit = pd.read_excel("data/chap5/default of credit card clients.xls")
       credit.head(5)
Out[15]:
```

	ID	X1	X2	X3	X4	X5	X6	X7	X8	X9	...	X15	X16	X17	X18	X19	X20	X21	X22	X23	Y
0	1	20000	2	2	1	24	2	2	-1	-1	...	0	0	0	0	689	0	0	0	0	1
1	2	120000	2	2	2	26	-1	2	0	0	...	3272	3455	3261	0	1000	1000	1000	0	2000	1
2	3	90000	2	2	2	34	0	0	0	0	...	14331	14948	15549	1518	1500	1000	1000	1000	5000	0
3	4	50000	2	2	1	37	0	0	0	0	...	28314	28959	29547	2000	2019	1200	1100	1069	1000	0
4	5	50000	1	2	1	57	-1	0	-1	0	...	20940	19146	19131	2000	36681	10000	9000	689	679	0

该数据集有 23 个自变量、1 个二分类因变量 Y，其中 1 代表还款，0 代表未还款。共计 30000 个样本，其中 Y 取值为 1 的样本约有 6600 个。以下使用 Logistic 回归模型进行预测。

```
In[16]:trainx = ['X1', 'X2', 'X3', 'X4', 'X5', 'X6', 'X7', 'X8', 'X9', 'X10',
                 'X11', 'X12', 'X13', 'X14', 'X15', 'X16', 'X17', 'X18', 'X19',
                 'X20','X21', 'X22', 'X23']
       Target = ["Y"]
       ## 将数据集切分为训练集和验证集
       traindata_x,valdata_x,traindata_y,valdata_y = train_test_split ( credit[trainx],
           credit[Target], test_size =0.25, random_state = 1)
```

定义好自变量 trainx 和因变量 Target，用 train_test_split 函数将 25% 的数据集作为测试集，剩余的数据作为训练集。使用函数 LogisticRegression(penalty='l1') 定义 logistic 回归模型。启用参数 penalty='l1'，代表模型使用 L1 范数来约束自变量。这里的 L1 范数和 Lasso 回归中的惩罚函数一样，都有对变量进行控制的作用，以防止回归模型的过拟合。最后使用 metrics.classification_report() 函数输出模型在测试集上的预测报告。代码如下：

```
In[17]:clf_l1_LR = LogisticRegression(penalty='l1')
       clf_l1_LR.fit(traindata_x,traindata_y)
       pre_y = clf_l1_LR.predict(valdata_x)
       print(metrics.classification_report(valdata_y,pre_y))
```

输出的结果为：

```
Out[17]:precision    recall  f1-score   support
          0    0.81      0.97    0.89      5832
```

```
             1     0.71      0.22      0.34      1668
avg / total      0.79      0.81      0.77      7500
```

在输出的结果中：

（1）precision：精确率是针对预测结果而言的，它表示的是预测为正的样本中有多少是真正的正样本。

（2）recall：召回率是针对原来的样本而言的，它表示的是样本中的正例有多少被预测正确了。

（3）f1-score：综合评价指标是精确率和召回率的加权调和平均，更具有综合代表性。

（4）support：预测为相应类别的数量。

从输出结果可知，该模型的平均精确率约为0.79，综合评价指标f1-score = 0.77，说明模型的效果不错。下面绘制该模型的ROC曲线并且计算AUC以评估模型的效果。代码如下。

```
In[18]:pre_y_p = clf_l1_LR.predict_proba(valdata_x)[:, 1]
       fpr_LR, tpr_LR, _ = metrics.roc_curve(valdata_y, pre_y_p)
       auc = metrics.auc(fpr_LR, tpr_LR)
       plt.figure()
       plt.plot([0, 1], [0, 1], 'k--')
       plt.plot(fpr_LR, tpr_LR,"r",linewidth = 2)
       plt.xlabel('False positive rate')
       plt.ylabel('True positive rate')
       plt.xlim(0, 1)
       plt.ylim(0, 1)
       plt.title('Logistic ROC curve')
       plt.text(0.2,0.8,"auc = "+str(round(auc,4)))
       plt.show()
```

为了得到ROC曲线，上面的代码使用predict_proba方法得到了预测的概率，并使用metrics.roc_curve()函数计算出假正例率和真正例率，用metrics.auc()函数计算出AUC，最后通过绘图得到ROC曲线，如图5-6所示。

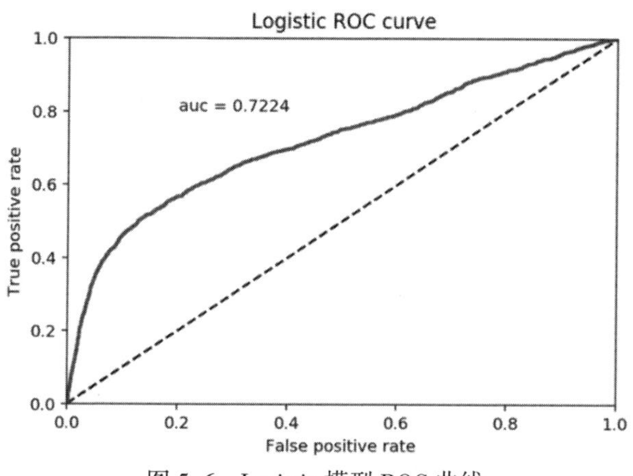

图 5-6　Logistic 模型 ROC 曲线

在图 5-6 中，计算出模型的 ROC 曲线下面积为 AUC = 0.7224。从 Logistic 回归的分类模型结果来看，针对该数据集预测的准确度并不是很高，但从某种程度上说，该模型是可以投入使用的。

5.5 时间序列预测

时间序列模型有很多种，在本章不会介绍所有的模型，但会使用具体的数据。以建立 ARIMA 模型为例，学习如何使用 Python 进行时间序列分析。

扫一扫，看视频

ARIMA 模型建立的流程如下。

（1）根据时间序列的散点图、自相关函数和偏自相关函数图等识别序列是否为非随机序列，如果是非随机序列，则观察其平稳性。

（2）对非平稳的时间序列数据进行平稳化处理，直到处理后序列是平稳的非随机序列。

（3）根据所识别出来的特征建立相应的时间序列模型，平稳化处理后，若偏自相关函数是截尾的，而自相关函数是拖尾的，则建立 AR 模型；若偏自相关函数是拖尾的，而自相关函数是截尾的，则建立 MA 模型；若偏自相关函数和自相关函数均是拖尾的，则序列适合 ARMA 模型。

（4）参数估计，检验是否具有统计意义。

（5）假设检验，判断（诊断）残差序列是否为白噪声序列。

（6）利用已通过检验的模型进行预测。

以下针对 AirPassengers.csv 数据集使用时间序列建立 ARIMA 模型，并对未来数据进行预测。该数据集为从 1949 年 1 月至 1960 年 12 月，每月乘坐飞机的乘客数量。读取数据集，并使用折线图查看乘客数量的走势。

```
In[19]:Airp = pd.read_csv("data/chap5/AirPassengers.csv",index_col="Month")
       Airp = Airp.astype("float64",copy=False) ## 调整数据类型
       ## 调整数据索引
       Airp.index=pd.date_range(start=Airp.index.values[0],periods=Airp.
       shape[0],freq="MS")
       Airp.plot(kind = "line",figsize=(12,6))  ## 绘制折线图
       plt.grid("on")
       plt.show()
```

代码在读取数据时指定了索引列 index_col="Month"。为了方便使用 statamodel 库，要将数据类型转换为 float64；使用 astype() 方法，并且重新指定数据的索引时间格式；pd.date_range() 函数用来生成一个时间序列，start 指定开始时间，periods 指定向后生成序列的长度，freq="MS" 表示时间方式，为每个月的月初；绘制出折线图，如图 5-7 所示。

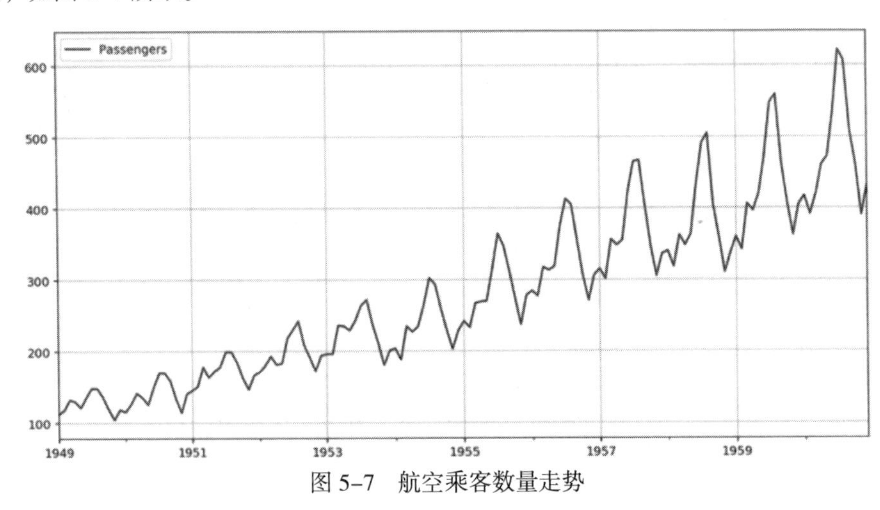

图 5-7　航空乘客数量走势

从图 5-7 中可以看出，数据呈现波形逐渐上升的趋势，说明该数据集具有很强的季节性规律。所谓季节性规律，就是数据每隔一段时间其变化规律和之前一样，例如一年四季气温的变化。

为了数据建模有意义，需要对数据进行白噪声检验，检验数据是否为随机序列。检验的原假设 H0 和备择假设 H1 分别如下。

- H0：数据序列为白噪声，是随机数据。
- H1：数据序列不是白噪声。

```
In[20]:lags = [4,8,12,16,20,24,28,32,36,64,128]
       LB = sm.stats.diagnostic.acorr_ljungbox(Airp,lags = lags)
       LB = pd.DataFrame(data = np.array(LB).T,columns=["LBvalue","P-value"])
       LB["lags"] = lags
       LB
```

得到的检验结果如下：

Out[20]:

	LBvalue	P-value	lags
0	427.738684	2.817731e-91	4
1	709.484498	6.496271e-148	8
2	1036.481907	2.682212e-214	12
3	1289.037076	1.137910e-264	16
4	1434.148907	5.300473e-292	20
5	1606.083817	0.000000e+00	24
6	1732.279706	0.000000e+00	28
7	1792.523003	0.000000e+00	32
8	1866.625062	0.000000e+00	36
9	1960.328857	0.000000e+00	64
10	5085.231448	0.000000e+00	128

白噪声检验使用 sm.stats.diagnostic.acorr_ljungbox() 函数。从上面的结果可以看出，在延迟阶数为 [4,8,12,16,20,24,28,32,36,64,128] 的情况下，LB 检验的 P 值均小于阈值 0.05，说明可以拒绝序列为白噪声的原假设，认为该数据不是随机数据，即该数据不是随机的，是有规律可循的，有分析价值。如果白噪声检验不通过，则说明数据没有分析价值。

白噪声检验后，需要对数据平稳性进行判断，即对数据集进行单位根检验。检验数据的平稳性如下：

```
In[21]:dftest = sm.tsa.adfuller(Airp.Passengers,autolag='BIC')
       print("adf:",dftest[0])
       print("pvalue:",dftest[1])
Out[21]:
adf: 0.81536
pvalue: 0.9918
```

使用 sm.tsa.adfuller() 函数进行单位根检验并输出结果为 adf: 0.81536，pvalue: 0.9918。因为 P 值远远大于 0.05，说明该序列不是平稳的，需要对数据集进行差分处理，即进行一阶差分，对差分后的数据需要重新进行白噪声检验和单位根检验：

```
In[22]:datadiff = Airp.diff().dropna()## 对数据进行一阶差分
       datadiff.plot(kind = "line",figsize=(12,6)) ## 将时间序列可视化
       plt.grid("on")
       plt.title('diff data')
       plt.show()
```

使用 Airp.diff() 方法对数据集进行差分，差分后得到的数据集的波动情况如图 5-8 所示。

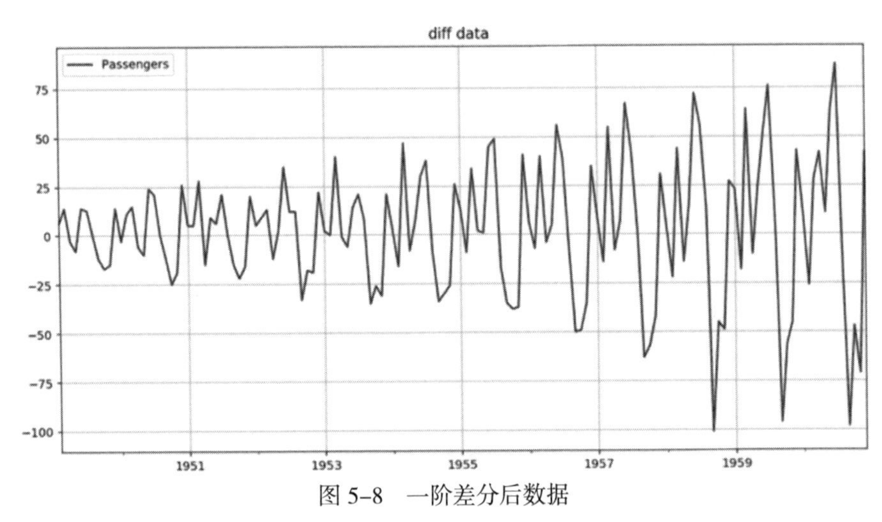

图 5-8　一阶差分后数据

接着对差分后的数据进行白噪声检验和单位根检验：

```
In[23]:lags = [4,8,12,16,20,24,28,32,36,64,128]
```

```
        LB = sm.stats.diagnostic.acorr_ljungbox(datadiff,lags = lags)
        LB = pd.DataFrame(data = np.array(LB).T,columns=["LBvalue","P-value"])
        LB["lags"] = lags
        print(" 差分后序列的白噪声检验 :\n",LB)
        print("--------------------")
        ## 差分后序列的单位根检验，即检验序列的平稳性
        dftest = sm.tsa.adfuller(datadiff.Passengers,autolag='AIC')
        print("adf:",dftest[0])
        print("pvalue:",dftest[1])
        print("usedlag:",dftest[2])
```

差分后序列的白噪声检验 :

```
Out[23]:
    LBvalue     P-value     lags
0    37.010908  1.792006e-07    4
1    53.920949  7.151547e-09    8
2   182.727561  1.175064e-32   12
3   214.146094  1.079352e-36   16
4   231.758539  5.312981e-38   20
5   334.364925  1.891849e-56   24
6   360.007662  2.410279e-59   28
7   373.697929  6.990570e-60   32
8   451.192427  3.267677e-73   36
9   627.529174  1.813356e-93   64
10  786.158482  3.299722e-95  128
--------------------
adf: -2.82926682417
pvalue: 0.0542132902838
```

从输出的结果可以看出，差分后的序列不是白噪声，具有继续建模分析的意义，且单位根检验的 P 值= 0.054 小于 0.1，说明在置信度为 90%的水平下，可以相信一阶差分后数据是平稳的，原始数据具有一次线性趋势。可以确定 ARIMA 模型中的参数为 (p,1,q)。下面将根据差分后的自相关图和偏相关图确定参数 p 和 q。

```
In[24]:fig = plt.figure(figsize=(10,5)) ## 差分后序列的自相关和偏相关图
```

```
ax1 = fig.add_subplot(211)
fig = sm.graphics.tsa.plot_acf(datadiff, lags=80, ax=ax1)
ax2 = fig.add_subplot(212)
fig = sm.graphics.tsa.plot_pacf(datadiff, lags=80, ax=ax2)
plt.subplots_adjust(hspace = 0.3)
plt.show()
```

使用 graphics.tsa.plot_acf() 得到自相关图，使用 graphics.tsa.plot_pacf 得到偏相关图，如图 5-9 所示。采用的数据均是差分后的平稳数据，lags=80 表示延迟的阶数，也表示了 X 轴的长度有 80 个刻度。

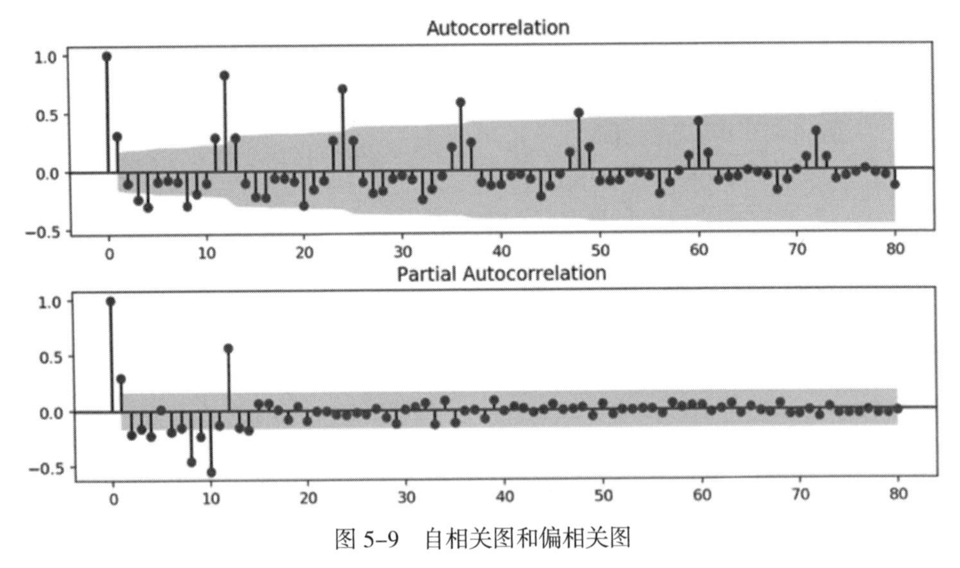

图 5-9　自相关图和偏相关图

根据图 5-9 我们可以大致确定模型的 p 和 q 参数，而且可以看出数据具有季节性的波动。虽然通过简单地观察图像并不能得到最好的模型，但是能够大概看出数据的波动趋势和参数的最优范围。对 p 和 q 进行 for 循环，从而进行网格搜索，然后根据模型的 bic 值 (越小越好) 确定最好的模型。

```
In[25]:## 可以通过循环计算多个模型，通过比较 bic 值对模型定阶
       pmax = 12 # 根据偏相关系数截尾小于 12
       qmax = 15 # 根据自相关系数截尾小于 15
       #bic 矩阵
       bic_matrix = []
```

```
for p in range(pmax+1):
    tmp = []
    for q in range(qmax+1):
        # 存在部分报错，所以用 try 来跳过报错。
        try:
            tmp.append(sm.tsa.ARIMA(Airp, (p,1,q)).fit().bic)
        except:
            tmp.append(None)
    bic_matrix.append(tmp)
print(" 模型迭代结束 ")
```

建立 ARIMA 模型时，使用 sm.tsa.ARIMA() 函数。上面的程序会得到一个 bic 列表，然后找到 bic 最小时的 p 和 q。值得注意的是，并不是所有的 (p,1,q) 都可以对数据序列建立 ARIMA 模型，所以需要进行错误检查操作，对不能建立模型的参数输出 None。下面建立模型并找到最小的 Bib 取值所对应的参数 p、q，代码如下。

```
In[26]:bic_matrix = pd.DataFrame(bic_matrix)
    # 先用 stack 展平，然后用 idxmin 找出最小值位置。
    p,q = bic_matrix.astype("float").stack().idxmin()
    print(" 比较合适的 p:",p)
    print(" 比较合适的 q:",q)
Out[26]:
比较合适的 p: 12
比较合适的 q: 0
```

找到最小的 bic = 1295.7483，此时 p = 12，q = 0。接下来使用参数 (p,i,q)=(4,1,9) 针对原始数据建立模型并预测后面的数据。

```
In[27]:ARIMAmol = sm.tsa.ARIMA(Airp,order=(12,1,0)).fit()
    fig, ax = plt.subplots(figsize=(12, 8))
    ax = Airp.ix['1949':].plot(ax=ax,marker = "*")
    fig = ARIMAmol.plot_predict(start=143,end=168,dynamic=True,
                                ax=ax, plot_insample=False)
    plt.xlabel("Year")
    plt.ylabel("Number")
    plt.title("ARIMA(12,1,0)")
```

```
plt.legend(loc = "upper left")
plt.show()
```

上面的程序使用 sm.tsa.ARIMA() 建立模型后，使用 fit() 方法对数据进行拟合，并使用 ARIMAmol.plot_predict() 方法来绘制预测数据的图像。start=143 表示从第 143 个数据开始预测，end=168 表示往后预测直到序列含有 168 个数据。ARIMA(12,1,0) 的预测结果如图 5–10 所示。

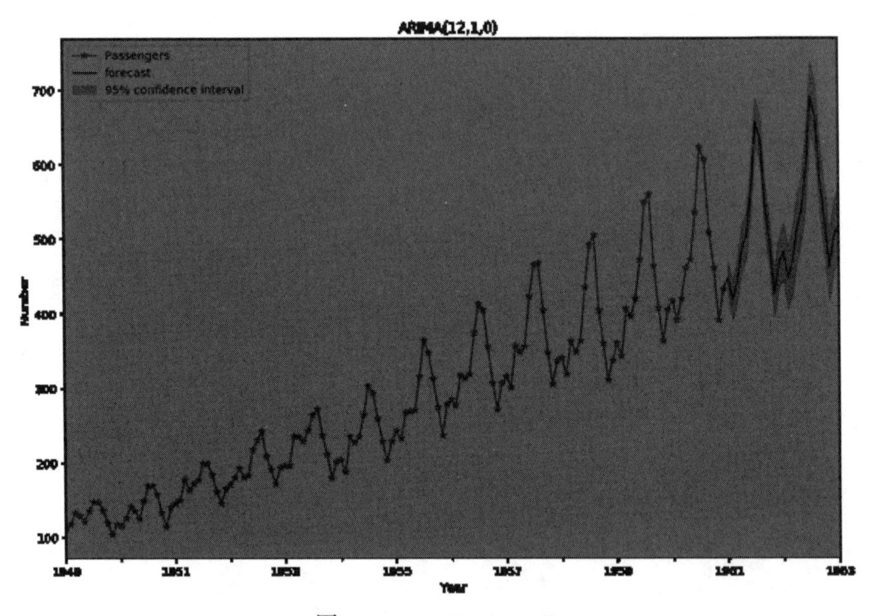

图 5–10　ARIMA(12,1,0)

从模型的预测效果上看，图像主要由 3 部分组成，原始数据部分使用星形线绘制，预测部分使用实线绘制，预测数据的 95% 置信区间使用阴影面积表示。可以发现该模型的预测效果非常好，预测的结果保留了原始数据的上升趋势和波动形式，说明 ARIMA 模型的建立非常成功，可以对相关决策进行指导。

本章小结

本章主要使用了 3 个数据集，介绍了 5 种回归分析方法，并使用了 Sklearn 和

statsmodel 两个 Python 库进行回归分析，以具体的实例展示了如何针对回归问题进行分析、建模、求解、预测。在写作时避免了过于复杂的模型原理介绍，以防止读者陷入无边的数学公式当中。关于复杂的数学公式，感兴趣的读者可以参考其他相关书籍。

参数说明：

（1）Lasso(alpha=1.0, fit_intercept=True, normalize = False,random_state = None, selection = 'cyclic')

Lasso 回归主要参数介绍如下。

- alpha：L1范数的系数，控制收缩约束的程度。
- fit_intercept：模型计算时是否含有常数项。
- normalize：是否要在回归前对数据X进行归一化。
- random_state：生成随机数时的随机数种子，保证求解结果的可重复性。
- selection：如果设置为 "random"，则每次迭代都会更新随机系数，而不是默认情况下按顺序循环使用特征。

（2）LogisticRegression(penalty='l2',C=1.0, fit_intercept= True,⋯,class_weight= None, random_state =None, n_jobs=1)

Logistic 回归分类主要参数介绍如下。

- penalty：使用指定的范数作为惩罚。
- C：正则化强度，数值越小正则化越强。
- fit_intercept：判别函数中是否含有常数项。
- class_weight： 每类数据的权重，如果不指定默认为1。
- random_state：生成随机数时的随机数种子，保证求解结果的可重复性。
- n_jobs：并行计算时使用CPU核心数量。

Chapter

06

第6章

关联规则

关于商品的相关性分析，有一个非常经典的故事——啤酒和尿不湿。故事是说丈夫去超市给孩子买尿不湿，一般都会顺手买一些啤酒，于是超市把尿不湿和啤酒放在了一起。通过对顾客的购买数据进行分析得知，这种摆放大大增加了超市的销售额。这说明关联规则常常被应用于交易数据的分析，试图发现顾客的爱好，达到方便顾客、增加营业额的目的。同样的案例在饭店的菜单上也有体现，如把油腻的肉菜和清爽的蔬菜放在菜单的同一页面上展示。

当然，随着算法的发展，关联规则算法已经不局限于用来分析购物等交易数据了，如今还被用在许多其他应用领域中，包括网络用户行为挖掘、入侵检测、连续生产及生物信息学等。只要是针对一系列事件数据集，想要从中发现有趣的规则、偏好，都可以使用关联规则的方法进行探索，发现有趣的结论。

本章先简单地介绍关联规则理论，然后以一份调查数据的关联规则分析为例，探索其中有意思的结论。

6.1 关联规则简介

一般来说，数据挖掘就是对数据进行处理，并以某种方式分析源数据，从中发现一些潜在的有用的信息，所以数据挖掘又称作知识发现。这里的“某种方式”就是机器学习算法。关联规则作为经典机器学习算法之一，搞懂关联规则自然有着很重要的意义。顾名思义，关联规则就是发现数据背后存在的某种规则或者联系。

下面先介绍几个概念。

（1）项目：交易数据库中的一个字段。对超市的交易来说一般是指一次交易中的一个物品，如“啤酒”。

（2）事务：某个客户在一次交易中，发生的所有项目的集合，如｛面包，啤酒，尿不湿｝。

（3）项集：包含若干个项目的集合（一次事务中的），一般会大于0个。

（4）支持度：项集｛X，Y｝在总项集中出现的概率（见式（6–1））。

关联规则 $X=>Y$ 的支持度 (support) 是指，X 和 Y 同时出现在 D 中事务的百分比，它就是概率 $P(Y\cup X)$。即：

$$\text{support}(X=>Y)=P(X\cup Y) \tag{6–1}$$

（5）频繁项集：某个项集的支持度大于设定的阈值（预先给定或者根据数据分布和经验来设定），即称这个项集为频繁项集。

（6）置信度：在先决条件X发生的条件下，由关联规则｛X=>Y｝推出Y的概率（见式（6–2））。

即关联规则X=>Y的置信度 (confidence) 是指，在 D 中包含 X 的事务，同时也包含 Y 的事务的百分比，可以看作条件概率 $P(Y|X)$。

$$\text{confidence}(X=>Y)=P(Y|X)=\frac{\text{support}(X\cup Y)}{\text{support}(X)} \tag{6–2}$$

规则的置信度可以通过规则的支持度计算出来，得到对应的关联规则X=>Y和Y=>X。可以通过如下步骤找出强关联规则。

①找出所有的频繁项集：找到满足最小支持度的所有频繁项集。

②由频繁项集产生强关联规则：这些规则必须同时满足给定的最小置信度和最小支持度。

（7）提升度：关联规则的一种简单相关性度量，X=>Y 的提升度即在含有 X 的条件下同时含有 Y 的概率，与 Y 总体发生的概率之比。X 和 Y 的提升度可以通过下面方式进行求解。

$$\text{lift}\left(X,Y\right)=\frac{P\left(Y\mid X\right)}{P\left(Y\right)}=\frac{\text{support}(X\cup Y)}{\text{support}(X)\text{support}(Y)} \quad (6\text{–}3)$$

如果 $\text{lift}\left(X,Y\right)$ 的值小于 1，则表明 X 的出现和 Y 的出现是负相关的，即一个出现可能导致另一个不出现；如果值等于 1，则表明 X 和 Y 是独立的，它们之间没有关系；如果值大于 1，则 X 和 Y 是正相关的，即每一个的出现都蕴含着另一个出现。

（8）频繁模式：即频繁出现在数据中的模式 (如项集、子序列或者子结构)。例如，频繁出现在交易数据中的商品 (面包和啤酒) 的集合就是频繁项集。一个子序列，如先买了一件外套，然后买了裤子，最后买了双鞋子，如果它频繁地出现在购物的历史数据中，则称之为一个频繁的序列模式。

（9）关联规则：设 I 是项的集合，给定一个交易数据库 D，其中的每项事务都是 I 的一个非空子集，每一个事务都有唯一的标识符对应。关联规则是形如 X=>Y 的蕴含式，其中 X、Y 属于项的集合 I，并且 X、Y 的交集为空集，X 和 Y 分别称为规则的先导和后继。

上面简单介绍了关联规则的基本知识，接下来将会学习如何使用 Python 进行关联规则，并会使用到 mlxtend 库，该 Python 库包含进行关联规则和频繁项集分析的模块。

首先导入会使用到的库和模块：

```
import numpy as np
import pandas as pd
import matplotlib.pyplot as plt
import scipy as sp
## 图像在 jupyter notebook 中显示
%matplotlib inline
## 显示的图片格式（mac 中的高清格式），还可以设置为 "bmp" 等格式
%config InlineBackend.figure_format = "retina"
## 输出图显示中文
from matplotlib.font_manager import FontProperties
```

```
fonts = FontProperties(fname = "/Library/Fonts/ 华文细黑 .ttf",size=14)
## 引入 3D 坐标系
from mpl_toolkits.mplot3d import Axes3D
## cm 模块提供大量的 colormap 函数
from matplotlib import cm
import matplotlib as mpl
## 挖掘频繁项集和关联规则
from mlxtend.frequent_patterns import apriori,association_rules
from mlxtend.preprocessing import TransactionEncoder
```

6.2 使用关联规则找到问卷的规则

扫一扫，看视频

先看一份调查问卷，使用关联规则的方法对其中的部分问题进行分析，并试图找到问卷中我们感兴趣的结论。该问卷的目的是调查大学生对真人秀的看法，共有700多条数据，主要分析问卷中的单选题。

第一步，使用Pandas库读取xls数据并查看数据。

```
In[1]:datadf = pd.read_excel("data/chap6/ 调查问卷 2.xls")
      datadf.head()
Out[1]:
```

	序号	(1)您的年级?	(2)您的专业类型?	(3):您的性别?	(4):是否为独生子女?	(5):是否恋爱?	(6):认为自己属于那种性格?	7、您经常看真人秀节目吗?	9、你对于喜欢的真人秀节目是否会多次观看?	12、你是更接受原创真人秀节目还是国外引进的?	13、你和朋友们的话题中会讨论电视真人秀节目吗?	18、你认为明星真人秀节目真实性如何?	19、你是否觉得现在的真人秀节目广告插播过于严重?	23、你赞成大力发展真人秀节目吗?
0	6	大三	理工科	女	不是独生子女	在恋爱	两种兼有	一周两到三次	会多次观看	都能接受	经常讨论	节目真实性一般	正常毕竟节目也要正常运转	赞成可以娱乐
1	7	大三	理工科	女	不是独生子女	在恋爱	内向	一周两到三次	一遍就够	国内原创	经常讨论	节目真实性一般	正常毕竟节目也要正常运转	无所谓
2	8	大三	理工科	男	不是独生子女	在恋爱	两种兼有	不确定是否会看	会多次观看	都能接受	经常讨论	节目真实性一般	正常毕竟节目也要正常运转	无所谓
3	9	大三	理工科	女	不是独生子女	在恋爱	内向	一周两到三次	一遍就够	都能接受	经常讨论	节目真实性一般	正常毕竟节目也要正常运转	赞成可以娱乐
4	10	大三	理工科	女	不是独生子女	未恋爱	两种兼有	一周两到三次	一遍就够	都能接受	经常讨论	节目真实性一般	正常毕竟节目也要正常运转	赞成可以娱乐

pd.read_excel() 函数用来读取以 Excel 格式保存的数据集。上面读取的数据并不是调查问卷的所有数据，而是只选取了单选题的数据，共计 13 个问题，从输出的数据中可以简单地了解到数据的内容。接下来分析这 13 个问题的每个选项出现的次数，并绘制直方图。

```
In[2]:dataflatten = np.array(datadf.iloc[:,1::]).flatten()
      dataflatten = pd.DataFrame({"value":dataflatten})
      ## 计算出现的频次
      datafre = dataflatten.groupby(by=["value"])["value"].count()
      datafre=pd.DataFrame({"Item":datafre.index,"Freq":datafre.values}).sort_
      values("Freq",ascending=0)
      datafre.plot(kind = "bar",figsize = (12,6),legend=None)  ## 绘制直方图
      plt.title(" 选项出现的频次 ",fontproperties = fonts)
      plt.ylabel(" 频次 ",fontproperties = fonts,size = 12)
      plt.xlabel("")
      plt.xticks(range(len(datafre)),datafre["Item"],rotation=90,fontproperties=fonts,size
      = 9)
      plt.show()
```

在上面的程序中，主要完成如下操作。

（1）使用 np.array() 将数据表格中的数据生成数组。

（2）使用数组的 flatten() 方法，生成一个一维数组，特征为 value，以方便计算频次。计算出现的频次，只需调用 groupby() 方法即可。程序中的 sort_values() 方法针对数据进行排序，并且使用参数 ascending=0 指定为降序排列。

（3）最后使用数据表的 plot() 方法绘制直方图。得到的选项频次直方图如图 6-1 所示。在绘制直方图时，使用 plt.xticks() 来指定 X 坐标轴上刻度的显示内容，并且使用参数 rotation=90 将其旋转 90 度。

从频次直方图中可以发现“理工科”出现的次数最多，以及“一直反复观看”真人秀节目出现的频次最低等信息，在某种程度上说明了该调查问卷的主体是理工科的学生，而且并不会有很多大学生会去反复观看真人秀节目。

我们使用 mlxtend 库中的 frequent_patterns 模块进行关联规则学习。主要使用 apriori 和 association_rules 函数，其中 apriori 用于找到数据集中的频繁项集，而 association_rules 则可以用来生成关联规则。加载需要的函数：

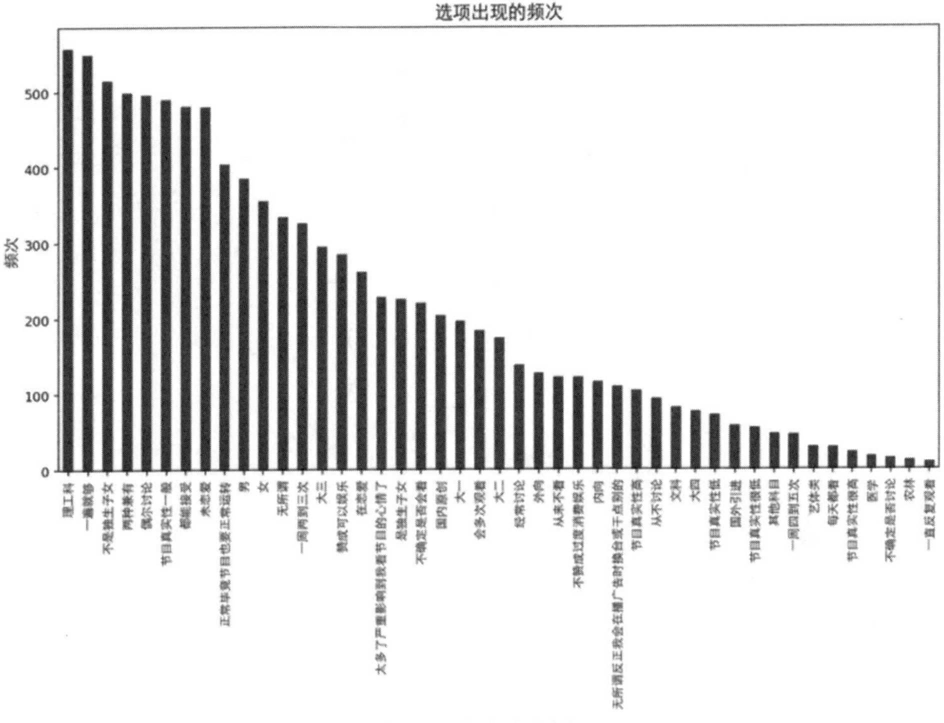

图 6-1 频次直方图

```
In[3]:from mlxtend.frequent_patterns import apriori,association_rules
      from mlxtend.preprocessing import OnehotTransactions
```

在挖掘频繁项集之前，需要对数据集进行处理，对数据重新编码，重新编码后数据集中出现的项目会作为列的名称，每个样本如果含有该项目则对应的位置会为 1，否则为 0。下面使用 TransactionEncoder 对原始数据进行重新编码。

```
In[4]:datanew = np.array(datadf.iloc[:,1::])
      oht = TransactionEncoder()
      oht_ary = oht.fit(datanew).transform(datanew) ## 对数据集进行编码
      ## 将编码后的数据集做成数据表，每列为各个选项
      df = pd.DataFrame(oht_ary, columns=oht.columns_)
      df.head()
```

上面的程序使用 TransactionEncoder() 编码针对一个分类变量，每个类别可以编码为一个特征，相应类别若含有实例则为 True，否则为 False。编码后数据集结果

示例如下：

Out[4]:

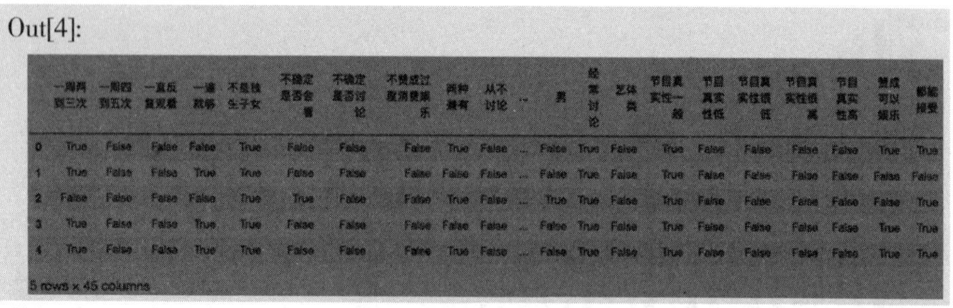

	一周两到三次	一周四到五次	一直反复观看	一遍就够	不是独生子女	不确定是否会看	不确定是否讨论	不赞成过度消费娱乐	两种兼有	从不讨论	...	男	经常讨论	艺体类	节目真实性一般	节目真实性低	节目真实性很低	节目真实性很高	节目真实性高	赞成可以娱乐	都能接受
0	True	False	False	False	True	False	False	False	True	False	...	False	True	False	True	False	False	False	False	True	True
1	True	False	False	True	True	False	False	False	False	False	...	False	True	False	True	False	False	False	False	False	False
2	False	False	False	False	True	True	False	False	True	False	...	True	True	False	True	False	False	False	False	False	True
3	True	False	False	True	True	False	False	False	False	False	...	False	True	False	True	False	False	False	False	True	True
4	True	False	False	True	True	False	False	False	True	False	...	False	True	False	True	False	False	False	False	True	True

5 rows × 45 columns

数据处理后使用 apriori() 函数发现频繁项集。找出最小支持度为 0.3 的频繁项集，可以得到 138 项，其中至少包含 2 个项目的项集有 120 个。代码如下：

```
In[5]:## 发现频繁项集，最小支持度为 0.3
    df_fre = apriori(df, min_support=0.3,use_colnames=True)
    ## 为找到的频繁项目添加项目长度
    df_fre["length"] = df_fre["itemsets"].apply(lambda x: len(x))
    print(df_fre.shape)
    ## 查看频繁项集中至少包含 2 个元素的项目
    df_fre_len2 = df_fre[df_fre["length"]>1]
    print(df_fre_len2.shape)
    df_fre_len2.sample(5)
Out[5]:
(138, 3)
(120, 3)
```

	support	itemsets	length
89	0.325236	[一遍就够, 不是独生子女, 都能接受]	3
111	0.326586	[不是独生子女, 两种兼有, 都能接受]	3
23	0.311741	[一周两到三次, 节目真实性一般]	2
42	0.514170	[不是独生子女, 理工科]	2
126	0.354926	[两种兼有, 理工科, 都能接受]	3

代码首先使用 apriori() 函数寻找频繁项集，第一个参数用来指定寻找频繁项集的数据，即经过 TransactionEncoder() 编码的数据集 df，min_support=0.3 表示频繁项集的支持度最小为 0.3，use_colnames=True 参数表示项集中的事件使用数据集的列名；接着使用 df_fre["itemsets"].apply() 函数计算每个找到的频繁项集中含有多少个事件，其

中在使用 apply() 方法时，定义了一个新的函数 lambda x: len(x)，用来计算项集中包含事件的个数。从 df_fre.shape 的输出中可以知道一共找到了 138 个频繁项集，其中每个频繁项集至少包含 2 个事件的项集有 120 个，最后查看其中的 5 个样本。

得到频繁项集后，接着使用 association_rules() 函数来探索关联规则，并且限制规则提升度 lift 的阈值为 1.1，同时需要计算出规则先导（也称前项，即 X=>Y 中的 X）的长度。代码如下：

```
In[6]:## 找到关联规则，通过提升度阈值发现规则
    rule1 = association_rules(df_fre, metric="lift", min_threshold=1.1)
    ## 计算前项（antecedents）的长度
    rule1["antelen"] = relu1.antecedents.apply(lambda x:len(x))
    rule1
Out[6]:
```

	antecedents	consequents	antecedent support	consequent support	support	confidence	lift	leverage	conviction	antelen
0	(无所谓)	(节目真实性一般)	0.450742	0.661269	0.327935	0.727545	1.100226	0.029874	1.243256	1
1	(节目真实性一般)	(无所谓)	0.661269	0.450742	0.327935	0.495918	1.100226	0.029874	1.089021	1
2	(男)	(理工科)	0.519568	0.751687	0.448043	0.862338	1.147203	0.057491	1.803784	1
3	(理工科)	(男)	0.751687	0.519568	0.448043	0.596050	1.147203	0.057491	1.189336	1
4	(男, 一遍就够)	(理工科)	0.398111	0.751687	0.348178	0.874576	1.163485	0.048924	1.979794	2
5	(理工科, 一遍就够)	(男)	0.561404	0.519568	0.348178	0.620192	1.193669	0.056491	1.264934	2
6	(男)	(理工科, 一遍就够)	0.519568	0.561404	0.348178	0.670130	1.193669	0.056491	1.329604	1
7	(理工科)	(男, 一遍就够)	0.751687	0.398111	0.348178	0.463196	1.163485	0.048924	1.121245	1
8	(男, 偶尔讨论)	(理工科)	0.364372	0.751687	0.317139	0.870370	1.157889	0.043245	1.915558	2
9	(偶尔讨论, 理工科)	(男)	0.515520	0.519568	0.317139	0.615183	1.184026	0.049291	1.248469	2
10	(男)	(偶尔讨论, 理工科)	0.519568	0.515520	0.317139	0.610390	1.184026	0.049291	1.243506	1
11	(理工科)	(男, 偶尔讨论)	0.751687	0.364372	0.317139	0.421903	1.157889	0.043245	1.099517	1

从输出结果发现提升度大于 1.1 的规则一共得到了 12 条，这 12 条的各个规则可以通过前面的数据表输出查看，结果中同时计算出了支持度、置信度和提升度的取值。下面提取出前项长度大于 1 并且置信度大于 0.7 的规则。

```
In[7]:## 找到置信度 >0.7, 前项长度 >1 的规则
    rule1[(rule1.antelen>1)&(rule1.confidence>0.7)]
Out[7]:
```

	antecedents	consequents	antecedent support	consequent support	support	confidence	lift	leverage	conviction	ante
4	(男, 一遍就够)	(理工科)	0.398111	0.751687	0.348178	0.874576	1.163485	0.048924	1.979794	
8	(男, 偶尔讨论)	(理工科)	0.364372	0.751687	0.317139	0.870370	1.157889	0.043245	1.915558	

在上面的程序中使用 (rule1.antelen>1)&(rule1.confidence>0.7) 来保证同时满足 2 个条件的实例。从输出的规则中可以看出，男性中对真人秀节目没有很高兴趣的

（一遍就够或偶尔讨论）通常都是理工男。

6.3 关联规则可视化

前面的例子都是通过数据表格来查看关联规则的内容，在数据量不大、规则不多时显然很方便，但是如果规则较多，仍然使用数据表查看，这无疑是一种糟糕的策略。这时关联规则的可视化就显得非常重要。在得到关联规则后，如何更高效地查看关联规则之间的内容和关系？散点图和网络图等可视化方法无疑是分析规则的利器。首先使用置信度为度量方式寻找新的规则：

```
In[8]:## 找到关联规则，通过置信度阈值发现规则
      rule2 =association_rules(df_fre, metric="confidence",min_threshold=0.7)
      rule2["antelen"] = rule2.antecedents.apply(lambda x:len(x))
      rule2 = rule2[(rule2.antelen == 1) & (rule2.lift > 1)]
```

上面的代码使用 metric="confidence" 和 min_threshold=0.7 两个参数来寻找置信度大于 0.7 的规则，然后只提取前项的事件数量大于 1 的规则，得到新的规则 rule2，共包含 38 条规则，接下来使用散点图查看这些规则的置信度和支持度。

1. 散点图

针对关联每一条规则都有置信度和支持度这两个特征，可以使用散点图来分析它们之间的关系和取值范围。

```
In[9]:## 绘制支持度和置信度的散点图
      rule2.plot(kind="scatter",x = "support",c = "r",
                 y = "confidence",s = 30,figsize=(8,5))
      plt.grid("on")
      plt.xlabel(" 支持度 ",FontProperties = fonts,size = 12)
      plt.ylabel(" 置信度 ",FontProperties = fonts,size = 12)
      plt.title("38 个规则散点图 ",FontProperties = fonts)
      plt.show()
```

上面的程序使用 rule2.plot 绘制图像，指定图像类型为 scatter(散点图)，X 轴为支持度，Y 轴为置信度，得到的图像如图 6-2 所示。

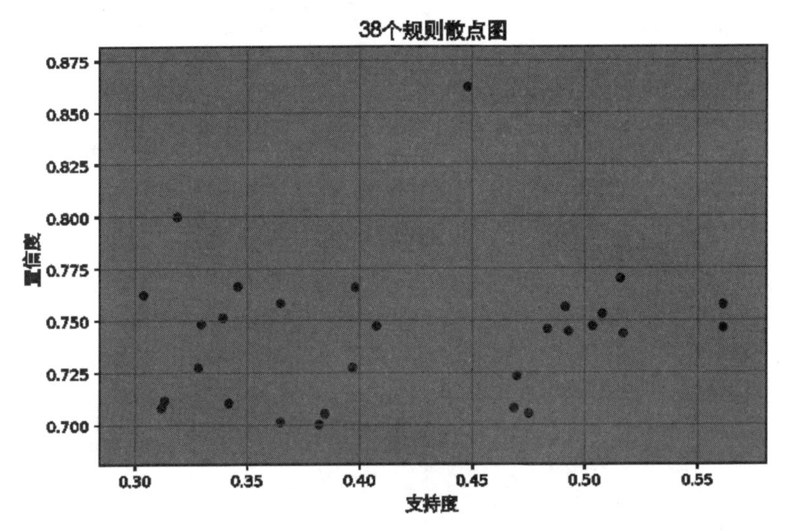

图 6-2　38 个规则散点图

从图 6-2 中可以发现：支持度的取值范围主要在 0.3 和 0.6 之间，置信度主要在 0.7 和 0.875 之间，而且在支持度为 0.42 附近没有规则出现。为了观察各个规则的联系情况，下面使用关系网络图进行查看。

2. 关系网络图

针对一个个的规则，如何和网络图联系起来呢？规则的前项指向后继的连线无疑是规则的一种很好的表达方式，并且根据规则的支持度大小，可以使用不同类型的连线来区别。带方向的关系网络图是表示规则的最好方式。接下来是使用关系网络图绘制得到的 38 条规则。

```
In[10]:## 将部分关联规则使用关系网络图进行可视化
    import networkx as nx
    plt.figure(figsize=(12,12))
    ## 生成社交网络图
    G=nx.DiGraph()

    ## 为图像添加边
    for ii in rule2.index:
        G.add_edge(rule2.antecedents[ii],rule2.consequents[ii],weight = rule2.
```

```
support[ii])

## 定义 3 种边
elarge=[(u,v) for (u,v,d) in G.edges(data=True) if d['weight'] >0.5]
emidle=[(u,v) for (u,v,d) in G.edges(data=True) if (d['weight'] <= 0.5)&(d['weight']
>= 0.4)]
esmall=[(u,v) for (u,v,d) in G.edges(data=True) if d['weight'] <= 0.4]
## 图的布局方式
pos=nx.circular_layout(G)
# 根据规则的置信度节点的大小
nx.draw_networkx_nodes(G,pos,alpha=0.4,node_size=rule2.confidence * 500)
# 设置边的形式
nx.draw_networkx_edges(G,pos,edgelist=elarge,width=2,
            alpha=0.6,edge_color='r',arrowsize=20)
nx.draw_networkx_edges(G,pos,edgelist=emidle,width=2,
            alpha=0.6,edge_color='g',arrowsize=20)
nx.draw_networkx_edges(G,pos,edgelist=esmall,width=2,
            alpha=0.6,edge_color='b',arrowsize=20)
# 为节点添加标签
nx.draw_networkx_labels(G,pos,font_size=12,font_family="STHeiti")
plt.axis('off')
plt.title("38 个规则使用支持度连接 ",FontProperties = fonts)
plt.show()
```

以上代码首先加载了 networkx 库，该库通常用于网络关系分析。接着使用 nx.DiGraph() 定义一个有向图 G(使用有向图来查看规则，是因为规则分为前项和后继)，使用 G.add_edge() 方法为图 G 添加边，边的权重大小使用相应的支持度来表示。再针对支持度大小的不同，将边的类型定义为 3 种，分别为 support>0.45、0.4<=support<=0.6、support<=0.5。然后使用 nx.circular_layout(G) 来指定图像的节点布局方式为圆形。最后使用 nx.draw_networkx_nodes()、nx.draw_networkx_edges()、nx.draw_networkx_labels()3 种方式分别绘制图像的节点、边和节点的标签，得到的图像如图 6-3 所示。

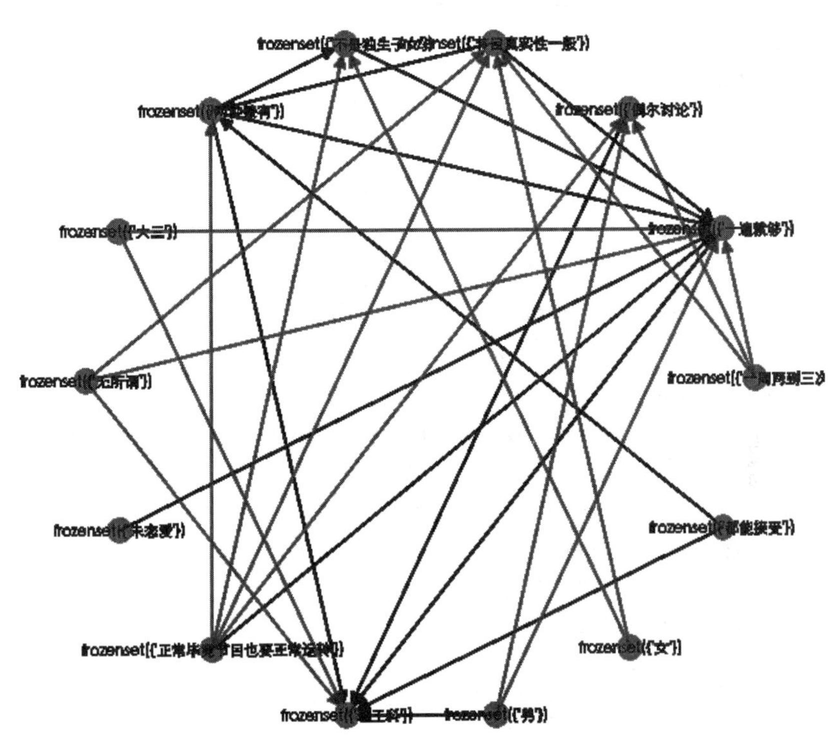

图 6–3　关联规则的网络关系图

从图 6–3 中可以发现：图像使用 3 种颜色来代表规则的支持度的大小范围；并且节点之间的连线是有向的，有些节点是前项，有些节点是后继，有些节点在不同的规则中既可能是前项也可能是后继。通过网络图，让我们对规则的查看和分析更加容易。

本章小结

本章主要介绍了如何使用 Python 进行关联规则分析。使用一个调查问卷的具体数据集，结合 mlxtend 库等，对数据集进行可视化，找到频繁项集挖掘出关联规则，并且详细介绍了支持度、置信度和提升度在关联规则中的意义和作用。最后对发掘的规则使用散点图和关系网络图进行可视化，方便对规则的分析和认识。

参数说明：

（1）apriori(df, min_support=0.5, use_colnames=False, max_len=None, n_jobs=1)

关联规则 apriori 算法主要参数介绍如下。

- df：Pandas DataFrame或Pandas SparseDataFrame，可以为OnehotTransactions()编码后的数据。
- min_support：取值在0到1之间的项集的最小支持度。
- use_colnames：如果为true，则在返回的DataFrame中使用的列名而不是列索引。
- max_len：生成的项目集的最大长度。

（2）association_rules(df, metric= 'confidence', min_threshold =0.8, support_only = False)

生成关联规则的主要参数介绍如下。

- df：具有['support', 'itemsets']列的频繁项集数据表。
- metric：指定生成关联规则的评价方式，可以为'support', 'confidence', 'lift'等。
- min_threshold：计算metric的最小阈值。
- support_only：是否值计算生成规则的支持度。

Chapter

07

第7章

无监督学习

无监督学习，顾名思义，就是不受监督的学习，是一种自由式的学习方式。该学习方式不需要先验知识进行指导，而是不断地自我认知，自我巩固，最后进行自我归纳。在机器学习中，无监督学习可以被简单理解为不需要为训练集提供对应的类别标识。在实际的生产生活中，无监督学习已经应用于很多领域，最常应用的场景是聚类 (clustering) 和降维 (Dimension Reduction)。

本章将介绍几种无监督学习的方法，并结合具体的实例，探索如何使用 Python 实现这些方法，以处理实际的问题。

7.1 无监督学习介绍

在无监督学习中聚类分析占据很大的比例，所以本章主要介绍几种聚类分析的算法和字典学习。聚类分析是统计、分析数据的一门技术，在许多领域得到了应用，包括机器学习，数据挖掘，模式识别，图像分析以及生物信息等领域。聚类是把相似的对象通过静态分类的方法分成不同的组别或者更多的子集，这样可以让同一个子集中的成员都有相似的一些属性。聚类分析不需要提前知晓实例的类别标签。常见的聚类算法有系统聚类、K- 均值聚类、基于密度的聚类、Mean Shift 聚类等。字典学习既可以用来进行有监督问题的解决 (如图像分类)，也能用于无监督问题的解决 (如使用字典学习对图像去噪等)，本章将介绍如何使用字典学习对图像去噪。

1. 系统聚类

系统聚类：又叫层次聚类，根据层次分解为自底向上 (合并) 和自顶向下 (分裂) 两种方式，即凝聚与分裂。

凝聚的层次聚类方法使用自底向上策略，即开始时令每一个对象形成自己的簇，并且迭代的把簇合并成越来越大的簇，直到所有对象都在一个簇中，或者满足某个终止条件。在合并的过程中，根据指定的距离度量方式，首先找到两个最接近的簇，然后合并它们，形成一个簇，这样的过程会重复多次，直到聚类结束。

分裂的层次聚类算法使用自顶向下的策略。即开始将所有的对象看作一个簇，然后将簇划分为多个较小的簇，并且迭代把这些簇划分为更小的簇，在划分过程中，直到最底层的簇都足够凝聚或者仅包含一个对象，或者簇内对象彼此足够相似。系统聚类的结果常用可视化方式绘制出系统聚类树。

2. K- 均值聚美

K- 均值聚类：目的是把 n 个点（可以是样本的一次观察或一个实例）划分到 K 个簇中，K 是指定的簇的数目，使得每个点都属于离他最近的均值（即聚类中心）对应的簇，且类内样本尽可能的相似，而类和类之间尽可能的远离，以此作为

聚类的标准。

K– 均值聚类的一种常用聚类算法如下。

算法：K– 均值算法，其中每个簇的中心都用簇中所有对象的均值表示
输入：K：簇的数目 D：包含 n 个对象的数据集
输出：K 个簇的集合
方法：（1）从 D 中任意选择 K 个对象作为初始簇的中心（质心）。 （2）将数据集中的数据按照距离质心的远近分到各个簇中。 （3）将各个簇中的数据求平均值，作为新的质心。 （4）重复（2）~（3） （5）直到所有的簇不再改变

使用不同的计算簇中心的方法，能得到 K– 均值聚类的其他变体，如球体 K– 均值算法和 K– 中心点算法等，其中 K– 中心点算法是使用簇的所有实例的中位数代替均值来作为簇的中心。

3. 基于密度的聚类

密度聚类：也称基于密度的聚类，该算法假设聚类结构能通过样本分布密度的紧密程度确定。基于密度的聚类算法主要的目标是寻找被低密度区域分离的高密度区域。与基于距离的聚类算法不同的是，基于距离的聚类算法的聚类结果是球状的簇，而基于密度的聚类算法可以发现任意形状的聚类，这对于带有噪声点的数据聚类起着重要的作用。

DBSCAN 是一种典型的基于密度的聚类算法，也是科学文章中最常引用的算法。这类密度聚类算法一般假定类别可以通过样本分布的紧密程度决定。同一类别的样本，它们之间是紧密相连的，也就是说，在该类别任意样本周围不远处一定有同类别的样本存在。通过将紧密相连的样本划为一类，这样就得到了一个聚类类别。通过将各组紧密相连的样本划为不同的类别，就得到了最终的所有聚类类别结果。

使用 DBSCAN 算法，需要明白下面几个简单的概念，DBSCAN 通过一组基于邻域参数 $(\varepsilon,\text{MinPts})$ 来刻画样本分布的紧密程度，对于给定的数据集 $D=\{x_1,x_2,\cdots,x_n\}$ 如下。

- ε－邻域：针对样本x_j的ε－邻域，是包含样本x_j并且与x_j距离不大于ε的样本。
- 核心对象：若样本x_j的ε－邻域至少包含MinPts个样本，则样本x_j就是一个核心点。
- 密度直达：若样本x_j位于x_i的ε－邻域中，并且x_i是核心点，则x_j和x_i密度直达。
- 密度可达：对于x_j和x_i，如果存在样本序列$p_1, p_2, \cdots, p_n$，其中$p_1 = x_j$，$p_n = x_i$，且p_{i+1}和p_i密度直达，则称x_j和x_i密度可达。

所有不由任何点可达的点都被称为局外点或者噪声点。

如图7–1所示，如果MinPts=4，点A和其他红色点是核心点，它们的ϵ－邻域（图中红色圆圈）里包含最少有4个点（包括自己），由于它们之间相互可达，形成了一个聚类。点B和点C不是核心点，但它们可由A经其他核心点可达，所以也属于同一个聚类。点N是局外点，它既不是核心点，又不能由其他点可达，可以认为是数据集中的噪声数据。

DBSCAN使用的方法很简单，它任意选择一个没有类别的核心对象作为种子，然后找到所有这个核心对象密度可达的样本集合，即为一个聚类簇。接着选择另一个没有类别的核心对象去寻找密度可达的样本集合，这样就得到另一个聚类簇。一直运行到所有核心对象都有类别为止。

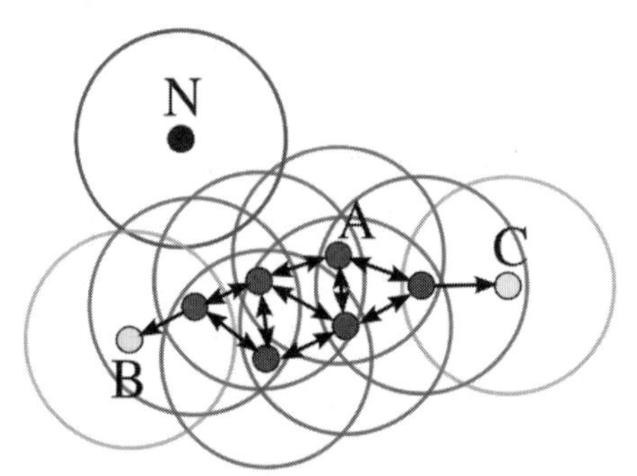

图7–1　核心点示意图

密度聚类的几个优点如下：

（1）相比K–平均，DBSCAN不需要预先声明聚类数量，即数据聚类数量会根

据邻域和 MinPts 参数动态确定。

（2）DBSCAN 可以找出任何形状的聚类，甚至能找出某个聚类，它包围但不连接另一个聚类，所以该方法更适合于不规则的数据集。

（3）DBSCAN 能分辨噪声（局外点），在该算法中，局外点会被认为是噪声，所以该算法也可以用来检测异常值等。

但是，某些样本可能到两个核心对象的距离都小于 ε，但是由于这两个核心对象不是密度直达，又不属于同一个聚类簇，一般来说，此时 DBSCAN 采用先来后到原则，先进行聚类的类别簇会标记这个样本为它的类别。也就是说 BDSCAN 的算法不是完全稳定的算法。

4. Mean Shift 聚类

Mean Shift 算法，一般是指先算出当前点的偏移均值，然后以此为新的起始点，继续移动，直到满足一定的结束条件的算法。该算法是一种无参密度估计算法或称核密度估计算法。Mean Shift 是一个向量，其方向指向当前点上概率密度梯度的方向。Mean Shift 聚类算法在很多领域都有成功的应用，例如图像平滑、图像分割、物体跟踪等，这些均属于人工智能领域内的模式识别或计算机视觉的部分，另外也包括常规的聚类应用。本章将使用 Mean Shift 聚类算法进行图像分割。

在下一节中，开始探索如何使用 Python 进行聚类分析和字典学习图像去噪。首先加载所需要的库和模块。

```
In[1]:import numpy as np
      import Pandas as pd
      import matplotlib.pyplot as plt
      import scipy as sp
      %Matplotlib inline
      %config InlineBackend.figure_format = "retina"
      from matplotlib.font_manager import FontProperties
      fonts = FontProperties(fname = "/Library/Fonts/ 华文细黑 .ttf",size=14)
      from matplotlib import cm
      import matplotlib as mpl
      from sklearn import cluster,datasets
      from sklearn.decomposition import PCA
```

7.2 系统聚类

扫一扫，看视频

针对如何使用 Python 进行系统聚类，该算法的演示示例将会使用鸢尾花数据。为了能够把聚类后数据分布展现到二维平面上，更好地观察可视化聚类后的效果，需要使用主成分分析 (PCA) 对数据进行降维。

读取数据，然后对数据进行主成分分析，以便于我们对聚类后的图像进行可视化。

```
In[2]:Iris = datasets.load_iris()## 加载数据
      Irisdf = pd.DataFrame(data=Iris.data,columns=Iris.feature_names)
      Irisdf["species"] = Iris.target
      pca = PCA(n_components=3)
      IrisNew = pca.fit_transform(Iris.data)
      print(" 方差贡献率 ",pca.explained_variance_ratio_)
      print(" 累计方差贡献率 ",np.sum(pca.explained_variance_ratio_))
Out[2]:
方差贡献率 [ 0.92461621  0.05301557  0.01718514]
累计方差贡献率 0.99481691455
```

代码进行主成分分析后保留了 3 个主成分，保留了数据集 99.5% 的信息。下面使用 Sklearn 库中的 cluster 模块的 AgglomerativeClustering() 函数进行系统聚类。

```
In[3]:## 观测之间使用欧几里得距离，类间使用 ward 距离进行聚类分析
      hicl = cluster.AgglomerativeClustering(n_clusters=3, ## 聚类数目
                                             affinity='euclidean', # 欧几里得距离
                                             connectivity=None, ## 系统聚类
                                             linkage='ward' ## 使用类间方差度量
                                            )
      hicl_pre = hicl.fit_predict(IrisNew) ## 预测新数据的类别
```

上面的代码样本间距离度量方式为欧几里得距离，类间距离度量方式使用类间方差，将数据集聚为 3 类，最后使用 fit_predic() 方法对原始数据进行聚类预测。为了

方便在二维空间中查看聚类前和聚类后的数据分布情况，绘图时分别使用了前两个主成分作为 X 轴和 Y 轴。

```
In[4]:IrisNew[Iris.target == 0,0]
      fig = plt.figure(figsize=(12,5)) ## 在二维空间中查看聚类的结果
      ax1 = fig.add_subplot(121)
      ax1.scatter(IrisNew[Iris.target == 0,0],IrisNew[Iris.target == 0,1],c = "r",alpha =
      1,marker="*")
      ax1.scatter(IrisNew[Iris.target == 1,0],IrisNew[Iris.target == 1,1],c = "g",alpha =
      1,marker="s")
      ax1.scatter(IrisNew[Iris.target == 2,0],IrisNew[Iris.target == 2,1],c = "b",alpha =
      1,marker="d")
      ax1.set_xlabel("Principal component 1")
      ax1.set_ylabel("Principal component 2")
      ax1.set_title(" 未聚类 ",fontproperties = fonts)
      ax2 = fig.add_subplot(122)
      ax2.scatter(IrisNew[hicl_pre == 0,0],IrisNew[hicl_pre == 0,1],c = "g",alpha =
      1,marker="s")
      ax2.scatter(IrisNew[hicl_pre == 1,0],IrisNew[hicl_pre == 1,1],c = "r",alpha =
      1,marker="*")
      ax2.scatter(IrisNew[hicl_pre == 2,0],IrisNew[hicl_pre == 2,1],c = "b",alpha =
      1,marker="d")
      ax2.set_xlabel("Principal component 1")
      ax2.set_ylabel("Principal component 2")
      ax2.set_title(" 层次聚类 ",fontproperties = fonts)
      plt.subplots_adjust(wspace = 0.2)
      plt.show()
```

上面的代码中定义了两个坐标轴，第一个坐标轴 ax1 = fig.add_subplot(121) 用来绘制第一幅图象显示原始数据的分布；第二个坐标轴 ax2 = fig.add_subplot(122) 用来绘制第二幅图象，显示聚类后数据的分布。得到的图像结果如图 7-2 所示。

图 7-2 有一部分原始为蓝色菱形的数据，被归类为绿色方块组内的数据；而红色星形数据因为整体离其他两类较远，所以归类正确。

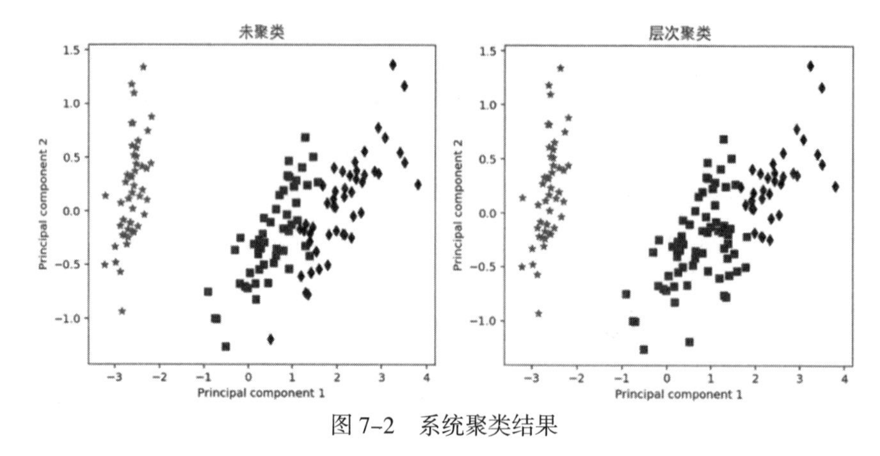

图 7-2　系统聚类结果

系统聚类树也是查看系统聚类的一种方式，而且将数据分为几类可以根据系统聚类树的形状数量确定，这样聚类的结果更有说服力。下面使用 scipy 库中 cluster 模块下的 hierarchy 进行系统聚类，并绘制系统聚类树。

```
In[5]:from scipy.cluster.hierarchy import dendrogram,linkage
      Z = linkage(IrisNew, method='ward', metric='euclidean', )
      fig = plt.figure(figsize=(8,12))
      Irisdn = dendrogram(Z)
      plt.axhline(y = 10,color="k",linestyle="solid",label="three class")
      plt.axhline(y = 20,color="g",linestyle="dashdot",label="two class")
      plt.title(" 层次聚类树 ",fontproperties = fonts)
      plt.xlabel("Sample ID")
      plt.ylabel("Distance")
      plt.legend(loc = 1)
      plt.show()
```

上面的程序中首先导入所需要引用的函数 dendrogram,linkage，使用 linkage() 函数来计算聚类结果，聚类的数据集为 IrisNew，系统聚类仍然使用欧几里得距离 (metric='euclidean') 和类间方差的度量方式 (method='ward')，得到的聚类结果为 Z，接着使用 dendrogram() 函数将 linkage() 函数得到的系统结果转化为聚类树的形势。plt.axhline() 是指在指定的位置绘制一条水平的直线，参数 y 指定画线的位置，color="k" 表示画线的颜色为黑色 ,linestyle="solid" 表示线的线型 ,label="three class" 表示线的标签。绘制出的聚类树图像如图 7-3 所示。

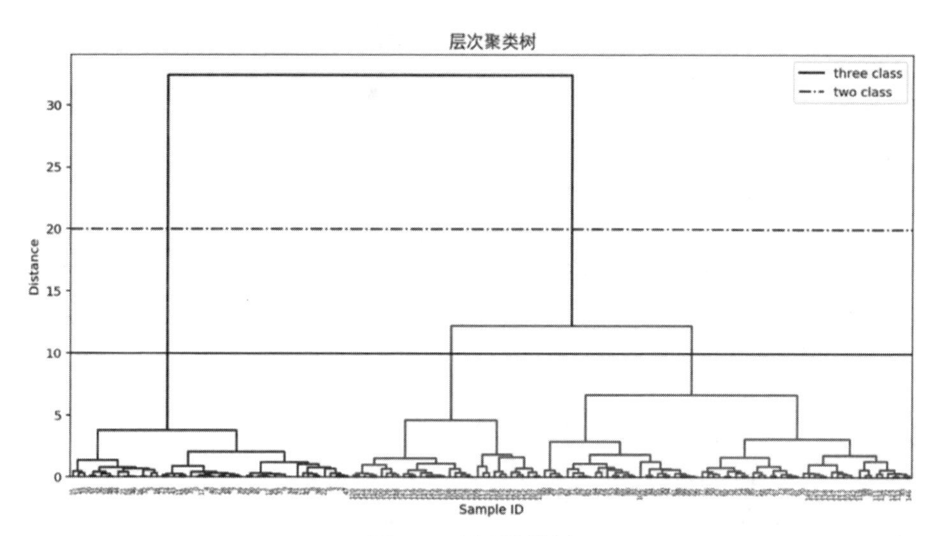

图 7–3 层次聚类树

从图 7–3 可以发现，该数据分为 3 类 (以黑色实线为阈值) 或 2 类 (以绿色虚线为阈值) 均可，可见绘制系统聚类树可以让我们更直观地确定数据的类数。

7.3 K – 均值聚类

K – 均值聚类是一种经典的聚类方法。下面我们使用葡萄酒数据来展示如何使用 Python 进行完整的聚类过程。该数据集为 Sklearn 库 datasets 模块自带的数据，只需要使用 datasets.load_wine(return_X_y=True) 方法即可加载数据，其中参数 return_X_y=True 表示加载两个数组，数据和对应的标签。首先从 Sklearn 库中加载数据然后使用主成分分析进行数据降维，仅保留 5 个主成分：

```
In[6]:wine = datasets.load_wine(return_X_y=True)
      wineX = wine[0]
      wineX.shape
Out[6]:
(178, 13)
```

```
In[7]:pca = PCA(n_components=5) ## 数据主成分降维
      wineNew = pca.fit_transform(wineX)
      print(" 累计方差贡献率 ",np.sum(pca.explained_variance_ratio_))
Out[7]:
累计方差贡献率 0.999984686115
```

从 wineX.shape 的输出中，可见数据有 178 个样本，13 个特征，PCA 降维保留 5 个特征后，仍然保留了原始数据 99.9% 的数据信息。K- 均值聚类算法的关键在于 K 的取值。针对 K 取值，我们可以计算出不同 K 下的类内误差平方和，然后根据数据曲线的变化合理分析 K 的取值，即用肘方法确定 K 的合适值。下面的程序将得到类内误差平方和变化曲线：

```
In[8]:K = np.arange(1,20)
      ser = [] ## 类内误差平方和
      for ii in K:
          kmean = cluster.KMeans(n_clusters=ii,random_state=1)
          kmean.fit(wineNew)
          ser.append(kmean.inertia_) ## 计算类内误差平方和
      plt.figure(figsize=(8,5)) ## 可视化类内误差平方和
      plt.plot(K,ser,"r-o")
      plt.xlabel(" 聚类数目 ",fontproperties = fonts,size = 12)
      plt.ylabel(" 类内误差平方和 ",fontproperties = fonts,size = 12)
      plt.title("K-means 聚类 ",fontproperties = fonts)
      plt.xticks(np.arange(1,20,2))
      plt.grid("on")
      plt.show()
```

程序使用 cluster.KMeans() 对数据进行聚类，其中参数 n_clusters 表示数据需要聚集的类数目，使用 kmean.fit(wineNew) 作用于响应的数据集，聚类后输出的 inertia_ 属性值即为类内误差平方和，最后绘制出曲线，如图 7-4 所示。

从图 7-4 中可以发现，当类别为 3 之后，类内误差平方和的变化非常平缓，说明 K=3 为较合理的取值（该点可以作为类内误差平方和的拐点）。接下来将数据聚为 3 类，并将聚类的结果在二维直角平面坐标图上绘制出来，观察数据的情况。

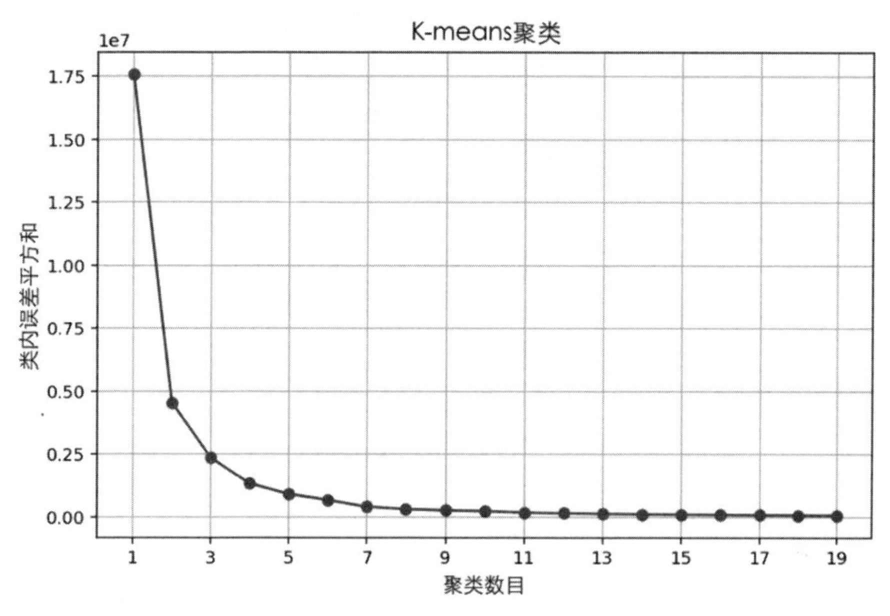

图 7-4　K- 均值聚类的类内误差平方和

```
In[9]:## 将数据聚类为 3 类
    kmean = cluster.KMeans(n_clusters=3,random_state=1)
    k_pre = kmean.fit_predict(wineNew)
    fig = plt.figure(figsize=(6,5)) ## 在二维空间中查看聚类的结果
    ax1 = fig.add_subplot(111)
    ax1.scatter(wineNew[k_pre == 0,0],wineNew[k_pre == 0,1],c = "r",alpha =
    1,marker="*")
    ax1.scatter(wineNew[k_pre == 1,0],wineNew[k_pre == 1,1],c = "g",alpha =
    1,marker="s")
    ax1.scatter(wineNew[k_pre == 2,0],wineNew[k_pre == 2,1],c = "b",alpha =
    1,marker="d")
    ## 绘制聚类中心
    ax1.scatter(kmean.cluster_centers_[:,0],kmean.cluster_centers_
            [:,1],c="white",marker="o", s=80,edgecolor='k')
    ax1.scatter(kmean.cluster_centers_[:,0],kmean.cluster_centers_
```

```
                    [:,1],c="white",marker="o", s=80,edgecolor='k')
    ax1.set_xlabel("Principal component 1")
    ax1.set_ylabel("Principal component 2")
    ax1.set_title("K means 聚类为 3 类 ",fontproperties = fonts)
    plt.show()
```

kmean.fit(wineNew) 只是用来训练聚类模型，并不会预测实例的簇类别，而 kmean.fit_predict(wineNew) 方法不仅在数据集上训练聚类模型，还会输出每个实例簇的类别。在得到每个实例的簇类别后，可以绘制可视化图像，其中 kmean.cluster_centers_ 属性为输出簇的中心。上面的程序得到如图 7–5 所示的聚类结果，图中的圆圈为每类的聚类中心。

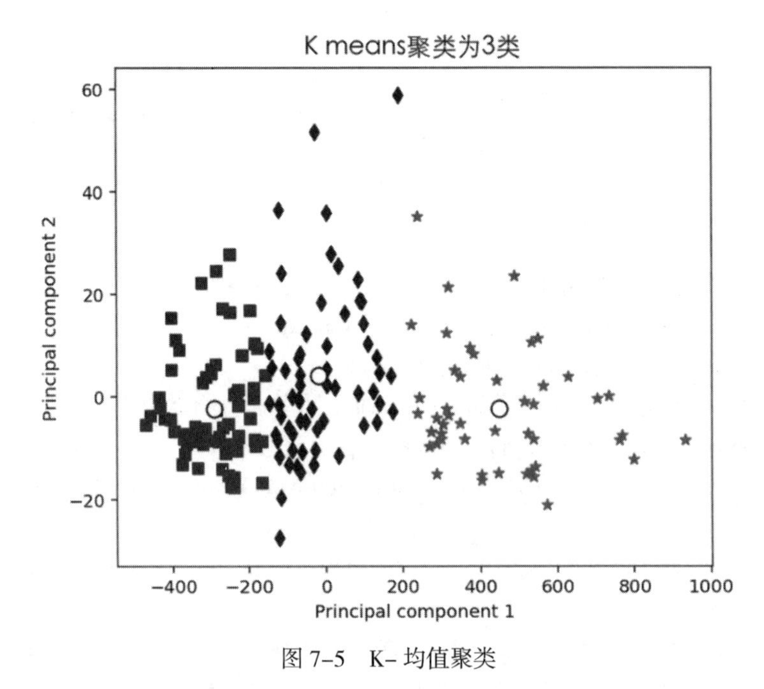

图 7–5　K– 均值聚类

通过点图我们只能在二维空间中查看聚类的效果，如何更合理地全面评价聚类效果呢？我们可以使用轮廓图来判断，绘制轮廓图需要使用 sklearn.metrics 模块下的 silhouette_score,silhouette_samples 函数，计算整个数据集的轮廓得分和每个样例的轮廓得分。下面对 K 均值聚类结果绘制轮廓图来观察聚类效果：

```
In[10]:from sklearn.metrics import silhouette_score,silhouette_samples
```

```
sil_score = silhouette_score(wineNew,k_pre)
sil_samp_val=silhouette_samples(wineNew,k_pre)# 计算每个样本的 silhouette 值
plt.figure(figsize=(8,5))  ## 绘制 silhouette 图
y_lower = 10
n_clu = len(np.unique(k_pre))
for ii in np.arange(n_clu):  ## 聚类为 3 类
    ## 将第 ii 类样本的 silhouette 值放在一块排序
    iiclu_sil_samp_sort = np.sort(sil_samp_val[k_pre == ii])
    ## 计算第 ii 类的数量
    iisize = len(iiclu_sil_samp_sort)
    y_upper = y_lower + iisize
    ## 设置 ii 类图像的颜色
    color = cm.Set2(ii / n_clu)
    plt.fill_betweenx(np.arange(y_lower,y_upper),0,iiclu_sil_samp_sort,
                      facecolor=color,alpha = 0.7)
    plt.text(-0.05,y_lower + 0.5*iisize,str(ii))
    ## 更新 y_lower
    y_lower = y_upper + 5
plt.axvline(x=sil_score,color="red",label="mean:"+str(np.round(sil_score,3)))
plt.xlim([-0.1,1])
plt.yticks([])
plt.legend(loc = 1)
plt.xlabel("Silhouette Coefficient value")
plt.ylabel("Cluster label")
plt.title("Silhouette value for Kmeans cluster ")
plt.show()
```

上面的程序首先使用 silhouette_score(wineNew,k_pre) 计算出聚类结果的 silhouette 得分均值。该函数有 2 个参数，第一个参数为聚类的数据集，第二个为预测得到的簇的类别数据。然后使用 silhouette_samples(wineNew,k_pre) 函数计算每个样本的 silhouette 得分。接着针对每个样本的得分绘制出 3 个簇平面填充图，使用 cm.Set2() 函数来设置每个簇图像的颜色，绘制轮廓图时使用 plt.fill_betweenx() 方法，最终得到的结果如图 7–6 所示。

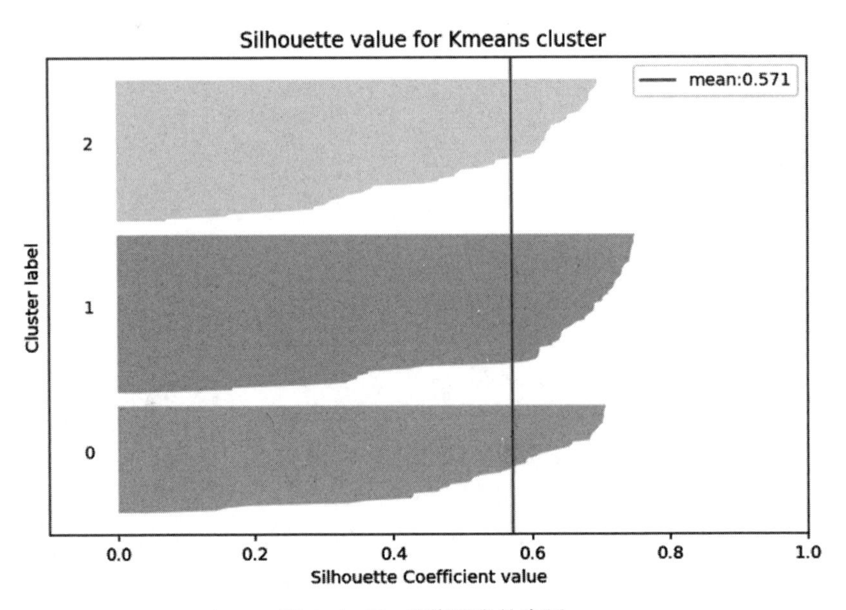

图 7–6　K– 均值聚类轮廓图

可以看出平均轮廓值为 0.571，并且各类中每个样本的轮廓值均大于 0，可以说明该数据聚类为 3 类的效果比较好。轮廓值的取值范围在 –1 和 1 之间，而且越接近 1，说明聚类的效果越好。如果一个实例的轮廓值小于 0，说明该实例不适合归为相应的簇，反之则表示适合归为相应的簇。

7.4 密度聚类

扫一扫，看视频

密度聚类算法是无需指定聚类数目的一种聚类方法，可以根据邻域阈值合理地将数据聚类，甚至可以识别出噪声数据。接下来使用密度聚类 (DBSCAN) 算法，探索如何使用 Python 对图像数据进行分割。首先使用 skimage 库 io 模块的 imread() 函数读取图像数据集，该函数读取图像后输出的结果为 Numpy 数组，图像读取后需要对图

像数据做进一步的预处理操作。

```
In[11]:from skimage.io import imread  ## 从 skimage 库中引入读取图片的函数
       im = imread("data/chap7/ 辣椒 .tiff")
       red = im[:,:,0]  ## 准备数据，预处理操作
       green = im[:,:,1]
       blue = im[:,:,2]
       original_shape = red.shape # 图像的大小
       ## 将每个像素点作为样本
       samples = np.column_stack([red.flatten(), green.flatten(), blue.flatten()])
       size = samples.shape[0] ## 像素点的个数
       ## 随机抽取 1000 个点计算它们的欧式距离的均值
       index = np.random.permutation(size)[0:1000]
       dist = sp.spatial.distance_matrix(samples[index,:],samples[index,:])
       dist.mean()
Out[11]:
17.134231244632748
```

使用 imread("…/data/ 辣椒 .tiff") 读取指定位置的 RGB 图像后，将图像的 3 个通道作为特征，对所有的像素点进行密度聚类。在聚类之前，随机抽取 1000 个像素点，并计算出欧式距离均值约等于 17。该数值可以用于密度聚类的 eps(阈值) 参数。np.column_stack() 函数是将数据进行列连接，生成的结果中有 3 个特征，分别为相应的 R、G、B 通道的颜色数据。在抽取 1000 个点时，先使用 np.random.permutation(size) 随机生成将 0 ~ size 之间的整数随机排序，然后提取前 1000 个作为索引。接着使用 sp.spatial.distance_matrix() 计算数据之间的欧式距离，并得出均值。

为了进行密度聚类，使用 cluster.DBSCAN() 建立聚类模型类 cdb，用 fit_predict() 方法对数据实例集进行预测，得到每个实例的归类，并将预测结果使用 reshape() 方法转化为原始图像大小的数组，以便与原来的图像数据一一对应，最后输出每个像素点所属的类别，其中 -1 代表该像素点属于噪声点。代码如下：

```
In[12]:cdb = cluster.DBSCAN(eps=17,   ## ε- 邻域的距离阈值
                           min_samples= 4000,## 样本点要成为核心对象所需要的
                           ε- 邻域的样本数阈值
                           metric="euclidean",## 最近邻距离度量参数
```

```
                    )
        ## 得到聚类结果
        labels = cdb.fit_predict(samples).reshape(original_shape)
        labels  ## label 中 -1 代表噪声
Out[12]:
array([[ 3, -1, -1, ..., -1, -1, -1],
       [ 0, -1,  0, ...,  1,  1,  1],
       [ 0, -1, -1, ...,  1,  1,  1],
       ...,
       [ 3,  1,  1, ...,  2,  2,  1],
       [ 3,  1,  1, ...,  2,  2, -1],
       [ 3,  1,  1, ..., -1, -1,  2]])
```

将原始图像和切分后的图像同时绘制出来进行比较。mpl.colors.ListedColormap()是用来指定每个簇的颜色，使用 plt.colorbar() 函数为图像添加颜色条。

```
In[13]:plt.figure(figsize=(10,5))
        plt.subplot(121)
        plt.imshow(im)
        plt.axis("off")
        plt.title(" 原始图像 ",fontproperties = fonts)
        plt.subplot(122)
        cmap = mpl.colors.ListedColormap(["black","red","green","yellow"])
        plt.imshow(labels,cmap=cmap)
        plt.colorbar(fraction=0.046, pad=0.03,ticks=np.unique(labels))
        plt.axis("off")
        plt.title("DBSCAN 分割结果 ",fontproperties = fonts)
        plt.show()
```

图 7-7 所示为得到的结果。可以看出，原始图像被分成了 4 类 (噪声像素点也能看作一类)，主要的切分依据为像素点的颜色。经过对比可以认为图像分割结果中，将不同颜色的辣椒区分了出来，而且阴影部分也单独切分为一类，分割效果较好。

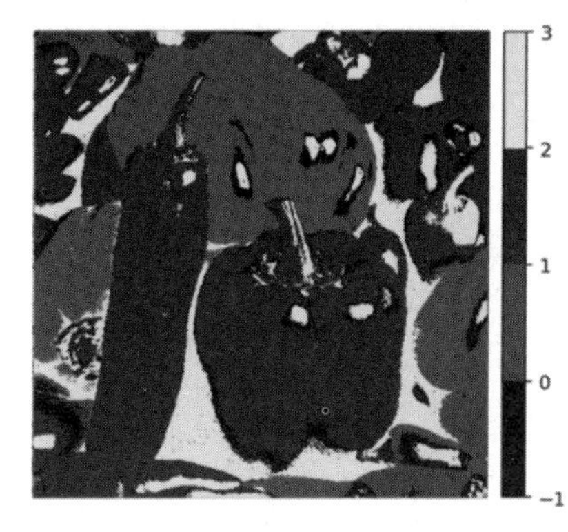

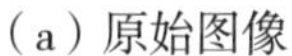
（a）原始图像

（b）DBSCAN 分割结果

图 7-7 密度聚类结果

7.5 Mean Shift聚类

前面使用了密度聚类对图像进行分割，而本节将要介绍的 Mean Shift 聚类算法也常用于图像分割。下面使用 Mean Shift 聚类算法对辣椒图像进行分割。

```
In[14]:bandwidth = cluster.estimate_bandwidth(samples, quantile=0.2, n_
samples=1000)
       cms = cluster.MeanShift(bandwidth=bandwidth, bin_seeding=True)
       cms.fit(samples)
       cluster_centers = cms.cluster_centers_ ## 聚类的中心坐标
       cluster_centers
Out[14]:
array([[ 150.80884977, 182.6737441 ,  86.74763094],
   [ 185.34386688,  46.19654778,  38.84580752],
   [  72.74311758,   9.86972348,   8.35216567],
   [ 201.63949843,   0.        , 188.69278997],
   [  57.47204969,   0.        , 177.27329193]])
```

```
In[15]:labels = cms.labels_.reshape(original_shape)
       abels
Out[15]:
array([[2, 3, 3, ..., 3, 3, 4],
      [2, 1, 1, ..., 0, 0, 0],
      [2, 1, 1, ..., 0, 0, 0],
      ...,
      [2, 0, 0, ..., 0, 0, 0],
      [2, 0, 0, ..., 0, 0, 0],
      [2, 1, 0, ..., 0, 0, 0]])
```

上面的代码中使用 estimate_bandwidth() 函数估计合适的 Mean Shift 距离参数，并用 cluster.MeanShift() 进行聚类得到聚类模型 cms，然后使用 cms.fit() 方法对实例进行拟合并预测，cms.cluster_centers_ 计算每个类别的聚类中心，cms.labels_ 属性得到每个簇的类别标签，最后绘制原始图像并和分割后的图像进行对比。

```
In[16]:plt.figure(figsize=(10,5))
       plt.subplot(121)
       plt.imshow(im)
       plt.axis("off")
       plt.title(" 原始图像 ",fontproperties = fonts)
       plt.subplot(122)
       cmap = mpl.colors.ListedColormap(["green","red","black","yellow","m"])
       plt.imshow(labels,cmap=cmap)
       plt.colorbar(fraction=0.046, pad=0.03,ticks=np.unique(labels))
       plt.axis("off")
       plt.title("Mean-shift 分割结果 ",fontproperties = fonts)
       plt.show()
```

得到的结果如图 7-8 所示。

从图 7-8 可以看出，图像聚类分为 5 类，但是主要的类别为前 3 类，占据了大量的像素点，同样根据像素点的颜色将图像进行了分割，可以认为图像的分割效果很好。

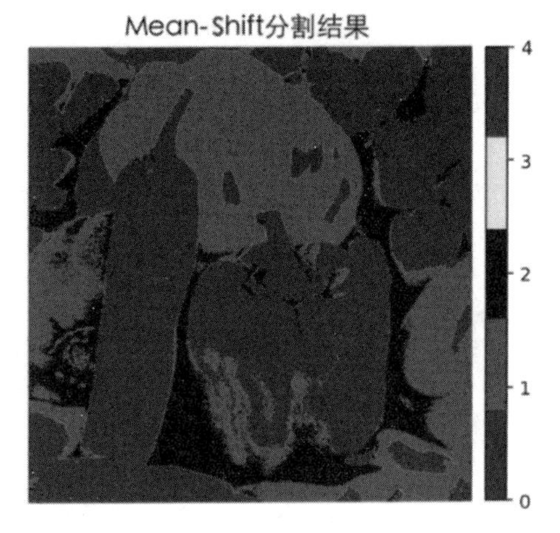

图 7-8　Mean-Shift 图像分割

7.6 字典学习图像去噪

字典学习在图像和信号处理中是一种重要的算法，常用于图像去噪、分类等。其中图像去噪可以认为是一种无监督学习技术。接下来简单介绍字典学习原理，并使用 Python 进行灰度图像去噪。

灰度图像可以认为是二维信号，是由多个 y 组成的数据 $Y=\left[y_1,y_1,\cdots,y_m\right]\in R^{n\times m}$，可以使用冗余字典 D 和该字典下的稀疏编码 $A=\left[\alpha_1,\alpha_1,\cdots,\alpha_m\right]\in R^{k\times m}$ 来表示，这时得到新的表达式：

$$Y=DA \qquad st.\left\|\alpha_i\right\|_0=s\ll k,i=1,2,\cdots,m \tag{1}$$

所以说字典学习就是根据已知的数据 Y 找到合适的字典 D 和其对应的稀疏编码 A，使误差 $\varepsilon_{\text{error}}=Y-DA$ 尽可能小。矩阵 Y 使用冗余字典和稀疏编码表示如图 7-9 所示，理想情况下希望重构的误差为 0。字典学习方法为何可以用于图像去噪呢？因为针对带噪图像的噪声可以认为是稀疏的信号，原始图像不是稀疏的信号，字典学习和稀疏编码可以去除稀疏的信号，保留不带噪声的清晰图像，从而实现图像去噪的目的。

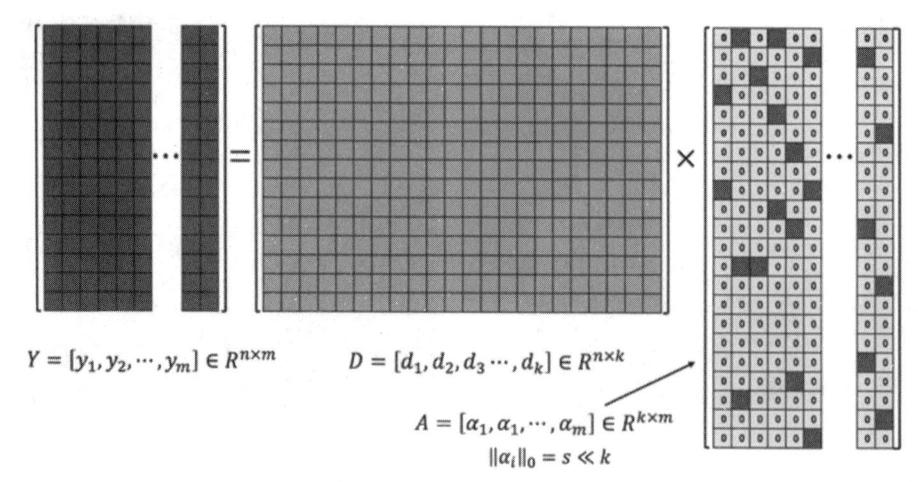

图 7-9　矩阵使用冗余字典稀疏编码示意图

结合图 7-9，在应用于图像去噪时，针对与 Y 相同尺寸的带噪图像 Y'，我们希望找到矩阵 D 和 A，通过 $Y=D\times A$ 来重新得到不带噪声的原始图像 Y。

在 Python 中可以使用 Sklearn 库 decomposition 模块中的函数进行字典学习算法的应用，接下来加载所需要的函数，使用 Python 进行字典学习对图像去噪：

```
In[17]:import sklearn.decomposition as skd
       ## 将 2D 图像转化为块的集合
       from sklearn.feature_extraction.image import extract_patches_2d
       ## 从所有的块中重构图像
       from sklearn.feature_extraction.image import reconstruct_from_patches_2d
       from skimage.io import imread  ## 从 skimage 库中引入读取图片的函数
       from skimage.color import rgb2gray
       from skimage.util import random_noise
```

上面加载的函数中 extract_patches_2d 函数是将 2D 的图像数据通过滑块采样的方式提取图像特征，对图像进行分块；reconstruct_from_patches_2d 函数是对 extract_patches_2d 进行反向操作，得到原始图像大小的数据；rgb2gray 函数是将 RGB 图像转化为灰度图像；random_noise 函数是对图像数据添加噪声的函数。加载所需要的函数后，针对灰度图像数据具体的去噪过程，可以如下操作。

灰度图像去噪步骤：

（1）针对干净原始图像X，添加零均值的高斯白噪声（或者其他类型的噪声）V，得到带噪图像Y。

（2）针对带噪声图像，使用大小为$n \times n$（如$8\times8,10\times10,12\times12$等）的图像块进行采样处理，并且将每一个图像块转化为一个向量对待，得到训练模型数据集M_I。

（3）对数据集M_I中的每格图像块进行中心化处理，即$\tilde{M} = M_I - m_i$，m_i为每个图像块的均值。

（4）使用相应的字典学习算法，学习字典D和相应的稀疏编码A。

（5）使用$D \times A$重建数据集，并且将每个图像块重新加上它们的均值m_i，即$\hat{M} = D \times A + m_i$。

（6）将去噪后的数据集$\hat{M}$重新转化为去噪后的灰度图像。

（7）使用数据可视化技术，评价图像去噪的效果。

下面结合以上的步骤使用Python进行字典学习，对图像去噪。

（1）读取图像然后转化为灰度图像，并且对图像添加高斯噪声。

```
In[18]:im = imread("data/chap7/ 莱娜 .tiff")
        orimga = rgb2gray(im)
        mode='gaussian'  ## 图像添加噪声
        sigma = 30  ## 噪声的标准差
        sigma2 = sigma**2 / (255**2)
        noimga = random_noise(orimga,mode=mode, var=sigma2,seed=1243,clip=True)
        print("noimga",noimga.min(),"~",noimga.max())
Out[18]:
noimga 0.0 ~ 1.0
```

使用rgb2gray()函数将RGB图像转化为灰度图像；使用random_noise()函数添加高斯噪声，mode参数指定噪声的形式，这里使用的是高斯噪声，var参数指定噪声的方差，clip=True表示将添加噪声后的数据转化到0 ~ 1之间。经过处理后的图像取值范围为[0,1]。

（2）将图像转化为样本图像小块，从原始图像上滑动采样10×10大小的图像块，可以得到253009个小图像块。将图像块展开，得到一个253009×100的矩阵，并对数据进行中心化处理。

```
In[19]:## 将图像转化为图像块样本
       patch_size = (10,10) ## 块的大小
```

```
        ## 使用带噪声图像训练字典
        noimgadata = extract_patches_2d(noimga,patch_size)
        noimgadata = noimgadata.reshape(noimgadata.shape[0],-1)
        noimgadata = noimgadata.T
        interp = noimgadata.mean(axis=0) ## 计算每个图像块的均值
        print("interp.shape:",interp.shape)
        noimgadata = noimgadata - interp ## 图像块减去相应的均值
        noimgadata = noimgadata.T ## 再次转置
        print(" 训练模型数据 shape is :",noimgadata.shape)
        print(' 带噪声图像取值为 :',noimgadata.min(),"~",noimgadata.max())
        print("noimgadata.shape:",noimgadata.shape)
Ou[19]:
interp.shape: (253009,)
训练模型数据 shape is : (253009, 100)
带噪声图像取值为 : -0.832365549382 ~ 0.848963111802
noimgadata.shape: (253009, 100)
```

使用 extract_patches_2d() 函数，可以将一个矩阵转化为按照指定图像块大小 (10 × 10) 的多维数组，然后使用 noimgadata.mean(axis =0) 函数转化成训练数据大小为 253009 × 100 的矩阵。计算二维数组每个列的均值，noimgadata.T 得到转置后的数据集。

（3）定义初始化字典的函数，然后生成 DTC 字典作为初始化字典，并进行字典学习。

```
In[20]:def DCTdict(m,n):    ## 使用 DCT 字典作为初始化字典
        """
        构造一个二维可分离的 DTC 字典，该字典为 DCT 字典，大小为 (m*2,n*2)
        （m,n）为一维 DCT 矩阵的大小
        return : 我们得到一个二维 DTC 字典矩阵
        use:DCTdict(8,16)
        """
        import numpy as np
        dictionary = np.zeros((m,n))
        for k in range(n):
```

```
        V = np.cos(np.arange(0, m) * np.pi * k / n )
        if k>0:
          V = V - np.mean(V)
        dictionary[:,k] = V / np.linalg.norm(V)
    dictionary = np.kron(dictionary,dictionary)
    dictionary=dictionary.dot(np.diag(np.sum((dictionary*dictionary), axis = 0)))
    return dictionary
```

使用定义的 DTC 字典生成函数，生成初始化字典并进行字典学习。

```
In[21]:m = 16 ## 字典原子数目为 m**2
    n = patch_size[0]
    dctdictionary = DCTdict(m,n)  ## 初始化 DTC 字典
    n_components = m**2  ## 字典原子数目
    n_iter=100  ## 迭代次数
    code,dictionary=skd.dict_learning_online(noimgadata,n_components=n_
    components,alpha=0.2,n_iter=n_iter,return_code=True,method='lars',n_
    jobs=6,dict_init=dctdictionary,random_state = 1234)
    print("dictionary shape = ",dictionary.shape)
    print("sparse code shape = ",code.shape)
Out[21]:
dictionary shape =  (256, 100)
sparse code shape =  (253009, 256)
```

上面的程序使用 skd.dict_learning_online 进行在线字典学习，得到的字典包含 256(16 × 16) 个原子，即字典为 256 × 100 的矩阵，稀疏编码为 253009 × 256 的矩阵。在 skd.dict_learning_online() 函数中，noimgadata 表示要进行字典学习的带噪声的数据集；n_components=n_components 表示字典原子的数目，这里为 256；alpha=0.2 表示要进行字典学习时使用的惩罚参数；n_iter=n_iter 指定了模型的迭代次数；return_code=True 表示输出的结果中字典的稀疏编码；dict_init=dctdictionary 表示进行算法迭代时初始化的字典用指定的 DTC 字典。

（4）使用字典和稀疏编码重构去噪后的图像。

```
In[22]:denoimgadata = np.dot(code,dictionary) ## 重建无噪声图像
    denoimgadata = denoimgadata.T
    denoimgadata = denoimgadata + interp
```

```
        denoimgadata = denoimgadata.T
        patch = denoimgadata.reshape(len(denoimgadata),*patch_size)
        denoimga = reconstruct_from_patches_2d(patch,orimga.shape)
        print("denoimga.shape",denoimga.shape)
Out[22]:
denoimga.shape (512, 512)
```

代码中 np.dot(code,dictionary) 表示使用字典与稀疏编码相乘来重构去除噪声后的训练数据集，再加上均值，得到去噪后的数据。最后使用 reconstruct_from_patches_2d() 函数将数据转化为原始图像大小，得到 512×512 的图像。该函数是 extract_patches_2d() 函数的逆操作。到此，带噪数据的去噪工作完成。

（5）将原始图像、带噪图像、去噪后的图像一起可视化，分析可视化的结果，检查去噪的效果。

```
In[23]:position = [100,100]  ## 图片位置
        size = 40  ## 图像大小
        ## 图像块的位置索引
        xx = np.linspace(position[0],position[0]+size,num=size+1)
        yy = np.linspace(position[1],position[1]+size,num=size+1)
        index1,index2 = np.uint8(np.meshgrid(xx,yy))
        ## 提取 3 个图像块
        orimpatch = orimga[index1,index2]
        noimpatch = noimga[index1,index2]
        denoimpatch = denoimga[index1,index2]
        ## 查看 6 幅图像
        plt.figure(figsize=(18,12))
        plt.subplot(231) ## 原始图像
        plt.imshow(orimga,cmap=plt.cm.gray)
        ## 绘制图像块的位置
        plt.vlines(x=position[0],ymin=position[1],ymax=position[1]+size,colors="red")
        plt.vlines(x=position[0]+size,ymin=position[1],ymax=position[1]+size,colors="r
        ed")
        plt.hlines(y=position[1],xmin=position[0],xmax=position[0]+size,colors="red")
        plt.hlines(y=position[1]+size,xmin=position[0],xmax=position[0]+size,colors="r
```

```
ed")
plt.axis("off")
plt.title("Original Image")
plt.subplot(232)  ## 噪声图像
plt.imshow(noimga,cmap=plt.cm.gray)
plt.vlines(x=position[0],ymin=position[1],ymax=position[1]+size,colors="red")
plt.vlines(x=position[0]+size,ymin=position[1],ymax=position[1]+size,colors="r
ed")
plt.hlines(y=position[1],xmin=position[0],xmax=position[0]+size,colors="red")
plt.hlines(y=position[1]+size,xmin=position[0],xmax=position[0]+size,colors="r
ed")
plt.axis("off")
plt.title("Noisy Image $\sigma = 30$")
plt.subplot(233)  ## 去噪图像图像
plt.imshow(denoimga,cmap=plt.cm.gray)
plt.vlines(x=position[0],ymin=position[1],ymax=position[1]+size,colors="red")
plt.vlines(x=position[0]+size,ymin=position[1],ymax=position[1]+size,colors="r
ed")
plt.hlines(y=position[1],xmin=position[0],xmax=position[0]+size,colors="red")
plt.hlines(y=position[1]+size,xmin=position[0],xmax=position[0]+size,colors="r
ed")
plt.axis("off")
plt.title("Denoisy Image")
## 绘制 3 个图像块
plt.subplot(234)  ## 原始图像块
plt.imshow(orimpatch,cmap=plt.cm.gray)
plt.axis("off")
plt.title("Original Image patch")
plt.subplot(235)  ## 噪声图像块
plt.imshow(noimpatch,cmap=plt.cm.gray)
plt.axis("off")
plt.title("Noisy Image patch")
```

```
plt.subplot(236) ## 去噪图像图像块
plt.imshow(denoimpatch,cmap=plt.cm.gray)
plt.axis("off")
plt.title("Denoisy Image patch")
plt.subplots_adjust(wspace = 0.08,hspace = 0.08)
plt.show()
```

得到的图像如图 7-10 所示，共绘制了 6 幅子图，第一行从左到右依次对应原始图像、带噪图像和去噪后图像，第二行图像是第一行图像的局部放大图。

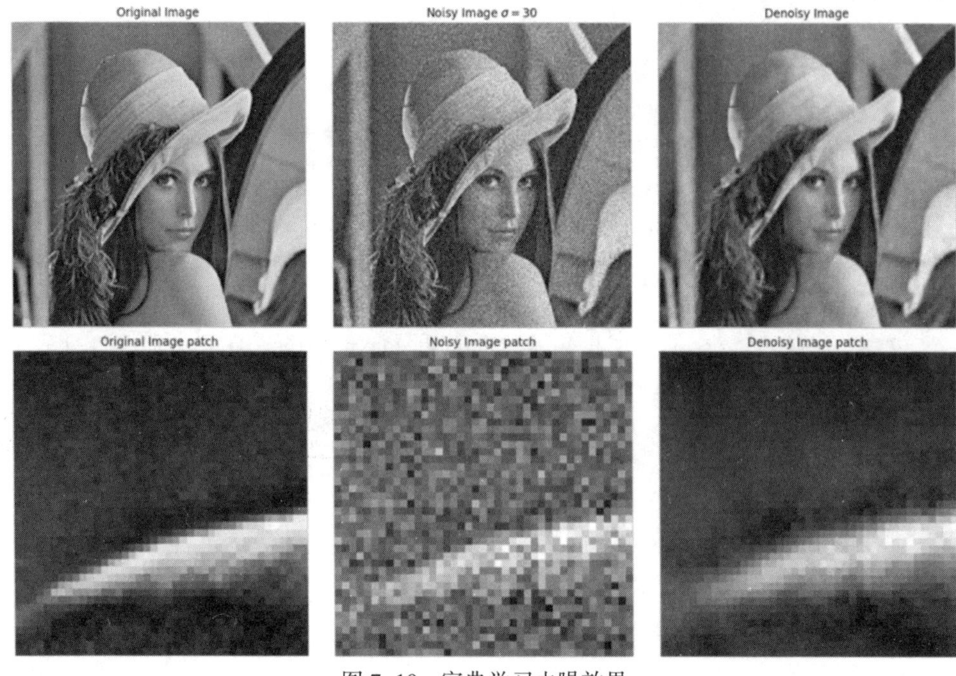

图 7-10　字典学习去噪效果

对图 7-10 中上下两行图像进行对比可以发现，局部放大图中，去噪后图像和原始图像更加接近，即去噪后的图像更接近于原始图像。该算法的去噪效果很直观，对带噪图像质量有很大的提升。对去噪后的图像进行进一步的分析，如图像识别等操作，会得到更好的结果。

本章小结

本章主要介绍了一些无监督学习的方法，使用鸢尾花数据集分析了系统聚类模型的应用以及 Python 的实现；结合葡萄酒数据分析了 K- 均值聚类方法，并且使用肘方法确定聚类数目，以及使用轮廓分析聚类好坏。针对密度聚类算法和 Mean shift 聚类算法，本章以图像分割为例，进行了介绍和分析。最后介绍了如何使用字典学习的方法进行图像去噪，得到很好的去噪效果。

参数说明：

（1）AgglomerativeClustering(n_clusters=2,affinity='euclidean', linkage='ward')

系统聚类主要参数介绍如下。

- n_clusters：需要聚类得到簇的数量。
- affinity：计算样本链接的度量方法，可以为“euclidean”，“l1”，“l2”，“manhattan”，“cosine”等。
- linkage：聚集为簇的链接标准。

（2）KMeans(n_clusters =8, init ='k-means++', precompute_distances ='auto', random_state=None, n_jobs=1, algorithm='auto'…)

K- 均值聚类的主要参数介绍如下。

- n_clusters：需要聚类得到簇的数量。
- init：生初始化聚类中心的方法。
- precompute_distances：是否预计算距离。
- random_state：生成随机数时的随机数种子，保证求解结果的可重复性。
- algorithm：确定使用哪种Kmeans算法，可以为“auto”“full”或者“elkan”。

（3）DBSCAN(eps=0.5, min_samples=5, metric=’euclidean’, metric_params = None, algorithm='auto',…)

密度聚类 DBSCAN 的主要参数介绍如下。

- eps：将两样本视为在同一邻域中的最大距离。
- min_samples：对于要被视为核心点的点，邻域中的样本数，包括点本身。
- metric：计算距离时使用的度量标准。
- metric_params：metric的参数。

- algorithm：用于找到聚类紧邻点的方法。

（4）MeanShift(bandwidth=None, seeds = None, …, cluster_all=True, n_jobs=1)

Mean Shift 聚类的主要参数介绍如下。

- bandwidth：使用RBF核时的bandwidth。
- seeds：初始化核时使用的种子。
- cluster_all：是否对所有点进行聚类。
- n_jobs：并行计算时使用的核心数量。

（5）dict_learning_online(X, n_components=2, alpha=1, n_iter=100, return_code=True, dict_init=None,n_jobs=1, method = lars, random_state=None,…)

在线字典学习算法的主要参数介绍如下。

- X：要进行字典学习的数据矩阵。
- n_components：字典原子的数量。
- alpha：编码L1范数的惩罚系数。
- n_iter：算法迭代次数。
- return_code：是否输出稀疏编码。
- dict_init：初始化字典。
- method：迭代优化算法。
- n_jobs：并行计算时使用的核心数量。

Chapter

08

第8章

文本LDA模型

当今社会，人类已经被淹没在知识信息的海洋中。在这海量的信息中，如何从中挖掘出有价值的数据，成为迫切需要解决的一个问题。尤其针对各种各样的文本数据，如各大新闻门户网站的头条推送等，都涉及到文本数据的挖掘。本章将简要地介绍文本分析的内容，尤其是中文文本，然后介绍中文文本挖掘中所特有的步骤——分词，并使用 LDA 主题模型分析《红楼梦》文本，分析得出红楼梦中人物之间的社交网络关系，并将其可视化。

8.1 文本分析简介

文本挖掘有时也被称为文本数据挖掘，一般指在文本处理过程中发现并提取其中的高质量的信息。高质量的信息通常通过分类和预测来产生，如模式识别。文本数据是非结构化数据，常用的文本挖掘分析技术有文本结构分析、文本摘要、文本分类、文本聚类、文本关联分析、分布分析和趋势预测等。

文本挖掘方法有信息检索（Information Retrieval，IR）、自然语言处理（Natural Language Processing ，NLP）、文本信息提取（Information Extraction from text ，IE）、文本摘要、无监督学习方法（文本）、监督学习方法（文本）、文本挖掘的概率方法、文本流与社交媒体挖掘、观点挖掘与情感分析、生物医学文本挖掘等。

文本分析是指对文本的表示及其特征项的选取，它是文本挖掘、信息检索的一个基本问题，用于把从文本中抽取出的特征词进行量化来表示文本信息。

本章针对中文文本《红楼梦》建立 LDA 主题模型，步骤如下。

（1）数据准备，需要准备的数据有:《红楼梦》文章数据、红楼梦分词词典、红楼梦停用词词典；

（2）对《红楼梦》文本数据进行分词，统计词频，建立 LDA 主题模型并对结果进行分析。

使用 Python 对中文文本数据进行分析，首先要加载 Numpy、Pandas 等库。

```
In[1]:import numpy as np  ## 加载所需要包
      import pandas as pd
      import matplotlib.pyplot as plt
      from matplotlib.font_manager import FontProperties
      from sklearn.feature_extraction.text import CountVectorizer, TfidfTransformer,TfidfVe
      ctorizer
      fonts = FontProperties(fname = "/Library/Fonts/ 华文细黑 .ttf",size=14)
      %matplotlib inline  ## 设置显示图像的方式
      %config InlineBackend.figure_format = "retina"
```

8.2 中文分词

前面已经说过，相对于英文文本，中文文本挖掘面临的首要问题就是分词，因为中文词与词之间没有像英文一样的空格，所以计算机不能像识别英文单词那样识别单个词语。在 Python 中可以使用 jieba 库来进行中文分词，其 GitHub 网址为 https://github.com/fxsjy/jieba。该库支持 3 种分词模式：

（1）精确模式，试图将句子最精确地切开，适合多种文本分析方法；

（2）全模式，把句子中所有可能成为词语的词都扫描出来，速度非常快，但是不能解决词语的歧义问题；

（3）搜索引擎模式，在精确模式的基础上，对长词再次切分，提高召回率，适合用于搜索引擎分词。

下面使用 Python 对《红楼梦》文本进行分词。首先读取红楼梦数据集和停用词数据集。

```
In[2]:## 读取停用词
      stopword = pd.read_csv("data/chap8/Readream/ 红楼梦停用词 .txt",
                             header=None,names = ["Stopwords"])
      ## 读取红楼梦数据集
      Red_df = pd.read_excel("data/chap8/Readream/ 红楼梦数据集 .xlsx")
      Red_df.head(5)
Out[2]:
```

	Chapter	ChapName	Artical
0	第一回	甄士隐梦幻识通灵,贾雨村风尘怀闺秀	此开卷第一回也。作者自云：因曾历过一番梦幻之后，故将真事隐去，而借"通灵"之说，撰此<<石头...
1	第二回	贾夫人仙逝扬州城,冷子兴演说荣国府	诗云一局输赢料不真，香销茶尽尚逡巡。欲知目下兴衰兆，须问旁观冷眼人。却说封肃因听见公差传唤，...
2	第三回	贾雨村夤缘复旧职,林黛玉抛父进京都	却说雨村忙回头看时，不是别人，乃是当日同僚一案参革的号张如圭者。他本系此地人，革后家居，今打...
3	第四回	薄命女偏逢薄命郎,葫芦僧乱判葫芦案	却说黛玉同姊妹们至王夫人处，见王夫人与兄嫂处的来使计议家务，又说姨母家遭人命官司等语。因见王...
4	第五回	游幻境指迷十二钗,饮仙醪曲演红楼梦	第四回中既将薛家母子在荣府内寄居等事略已表明，此回则暂不能写矣。如今且说林黛玉自在荣府以来，...

“红楼梦数据集 .xlsx”是已经整理好的《红楼梦》文本数据，共有 3 列数据，分别为章节、章节名和章节内容。

在使用 jieba 分词时，其中一个重要的数据集就是自定义词典，词典直接会影响到分词的效果，尤其是针对特有的人名、地名等。下面首先分析在没有外部字典时针对第 3 章名称的分词结果：

```
In[3]:import jieba
      list(jieba.cut(Red_df.ChapName[2], cut_all=True))
Out[3]:
['贾雨村','夤缘','复旧','职','','','林黛玉','抛','父','进京','京都']
```

cut_all=True 表示使用全分词模式，cut_all 参数不指定为 True 时，默认为精确分词：

```
In[4]:list(jieba.cut(Red_df.ChapName[2]))
Out[4]:
['贾雨村','夤缘','复旧','职',',','林黛玉','抛父','进京','都']
```

针对精确分词和全分词模式，可以发现精确模式将“抛父”分为一个词，而全模式则分为了两个词。接下来，使用外部词典进行分词，外部词典只需要使用 jieba.load_userdict() 加载一次，对后面分词时就都会有效。

```
In[5]:## 添加自定义词典
      jieba.load_userdict("data/chap8/Readream/ 红楼梦词典 .txt")
      list(jieba.cut(Red_df.ChapName[2], cut_all=True))
Out[5]:
['贾雨村','贾雨村夤缘复旧职','夤缘','复旧','职','','','林黛玉','林黛玉抛父进京都','黛玉','抛','父','进京','京都']
In[6]:list(jieba.cut(Red_df.ChapName[2]))
Out[6]:
['贾雨村夤缘复旧职',',','林黛玉抛父进京都']
```

可以发现 4 种模式下相同的句子得到了不一样的结果，而且外部字典对分词结果的影响较大，很多时候合适的外部词典能够达到更好的分词效果。以下是针对整本书进行分词：

```
In[7]:## 对红楼梦全文进行分词
      row,col = Red_df.shape  ## 数据表的行数
      Red_df["cutword"] = "cutword" ## 预定义列表
      for ii in np.arange(row):
          ## 分词
          cutwords = list(jieba.cut(Red_df.Artical[ii], cut_all=True))
```

```
        ## 去除长度为 1 的词
        cutwords = pd.Series(cutwords)[pd.Series(cutwords).apply(len)>1]
        ## 去停用词
        cutwords = cutwords[~cutwords.isin(stopword)]
        Red_df.cutword[ii] = cutwords.values
    ## 查看全文的部分分词结果
    Red_df.cutword[1:5]
Out[7]:
1   [诗云，一局，输赢，逡巡，欲知目下兴衰兆，目下，兴衰，须问旁观冷眼人 ...
2   [却说，回头，不是，别人，乃是，当日，同僚，一案，张如圭，本系 ...
3   [却说，黛玉，姊妹，王夫人，夫人，王夫人，夫人，兄嫂，计议，家务 ...
4   [第四，第四回，四回，回中，家母，母子，荣府，荣府内，寄居，事略 ...
Name: cutword, dtype: object
```

上面的程序使用 for 循环来完成对 120 个章节的分词，使用的是全分词模式 (cut_all=True)，使用 apply(len)>1 方法只保留词长度大于 1 的词语，并使用 cutwords[~cutwords.isin(stopword)] 操作去除了停用词。

8.3 LDA主题模型分析《红楼梦》

扫一扫，看视频

在机器学习和自然语言处理等领域，主题模型（Topic Model）是用来在一系列文档中发现抽象主题的一种统计模型。直观来讲，如果一篇文章有一个中心思想，那么一些特定词语会更频繁地出现。比如，一篇文章是关于狗的内容，那“狗”和“骨头”等词出现的频率会高些；如果一篇文章是关于猫的内容，那“猫”和“鱼”等词出现的频率会高些。而有些词，如“这个”“和”在两篇文章中出现的频率会大致相等。但真实的情况是，一篇文章通常包含多种主题，而且每个主题所占比例各不相同。因此，如果一篇文章 10% 和猫有关，90% 和狗有关，那么和狗相关的关键字出现的次数大概会是和猫相关的关键字出现次数的 9 倍。一个主题模型试图用数学框架来体现文档的这种特点。主题模型自动分析每个文档，统计文档内的词语，根据统计的信息来断定当前文档含有哪些主题，以及每个主题所占的比例。

本章将对《红楼梦》120 章的文本进行 LDA 主题模型分析，然后对主题模型结果进行可视化，以加深对模型结果的理解。使用 gensim 库中的 LDA 主题模型类 LdaModel 对数据进行建模。加载需要的函数：

```
In[8]:import gensim
      from gensim.corpora import Dictionary
      from gensim.models.ldamodel import LdaModel
      ## 将分好的词语和它对应的 ID 规范化封装
      dictionary = Dictionary(Red_df.cutword)
      ## 将单词集合转换为（word_id, word_frequency）二元组形式的列表
      corpus = [dictionary.doc2bow(word) for word in Red_df.cutword]
      ## LDA 主题模型
      lda=LdaModel(corpus=corpus,id2word=dictionary,num_topics=4,random_
      state=12)
      ## 输出其中的几个主题
      lda.print_topics(2)
```

在代码中，针对分词后的数据集先使用 Dictionary() 进行处理，将单词集合转换为（word_id, word_frequency）二元组形式的列表作为分词后的语料库；再使用 LdaModel() 建立 LDA 主题模型，并使用参数 num_topics=4 指定主题的个数，得到模型 lda；最后使用 lda.print_topics(2) 输出其中的两个主题进行查看。输出的两个结果如下：

```
Out[8]:
[(2,
  '0.017*" 宝玉 " + 0.008*" 凤姐 " + 0.007*" 一个 " + 0.007*" 贾母 " + 0.007*" 太
太 " + 0.007*" 什么 " + 0.006*" 夫人 " + 0.006*" 黛玉 " + 0.005*" 那里 " + 0.004*"
奶奶 "'),
 (3,
  '0.011*" 宝玉 " + 0.008*" 凤姐 " + 0.006*" 太太 " + 0.005*" 什么 " + 0.005*" 贾
母 " + 0.004*" 夫人 " + 0.004*" 那里 " + 0.004*" 我们 " + 0.004*" 姑娘 " + 0.004*"
袭人 "')]
```

上面输出的结果是每个主题的“词频率 * 词”的形式，并不能很方便地查看每个主题中所包含的内容。为了更好地了解各个主题，下面使用 pyLDAvis 库对 LDA 主题模型进行可视化。

```
In[9]:## 主题模型可视化
      import pyLDAvis
      import pyLDAvis.gensim
      red_vis_data = pyLDAvis.gensim.prepare(lda, corpus, dictionary)
      pyLDAvis.display(red_vis_data)
```

上面的程序首先加载 pyLDAvis，因为 LDA 模型是使用 gensim 库实现的，所以还需要加载 pyLDAvis.gensim 模块，然后使用 pyLDAvis.gensim.prepare 函数输入相应的 3 个参数，再使用 pyLDAvis.display 就可以在 Jupyter Notebook 中展现如图 8–1 所示的可交互图像 (图 8–1 只是一个截图)。

图 8–1 所示是《红楼梦》4 个主题中第一个主题的图像，图像主要分为左边部分和右边部分，左边是 4 个主题在 PCA 的前两个主成分下的坐标位置，圆形越大，说明该主题包含的章节数目越多，当选中某个主题时，右边的关键词和其频率就会发生相应的变化。

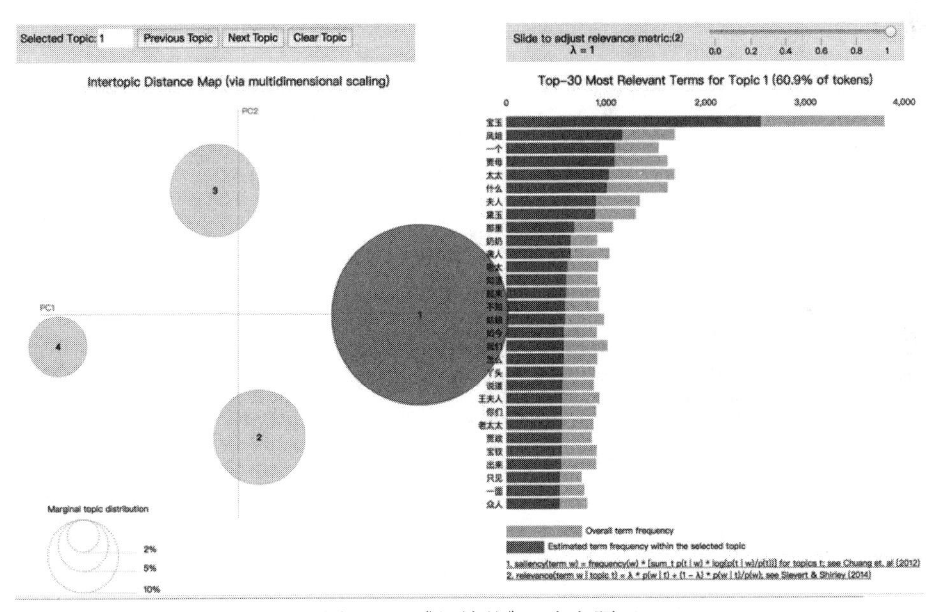

图 8–1　《红楼梦》4 个主题

图 8–1 左边的坐标图是按照 PCA 降维呈现的，也可以通过指定其他的降维方式来呈现。例如，指定降维方式为 tsne，绘制图像，如图 8–2 所示。

```
In[10]:red_vis_data = pyLDAvis.gensim.prepare(lda, corpus, dictionary,mds="tsne")
```

```
pyLDAvis.display(red_vis_data)
```

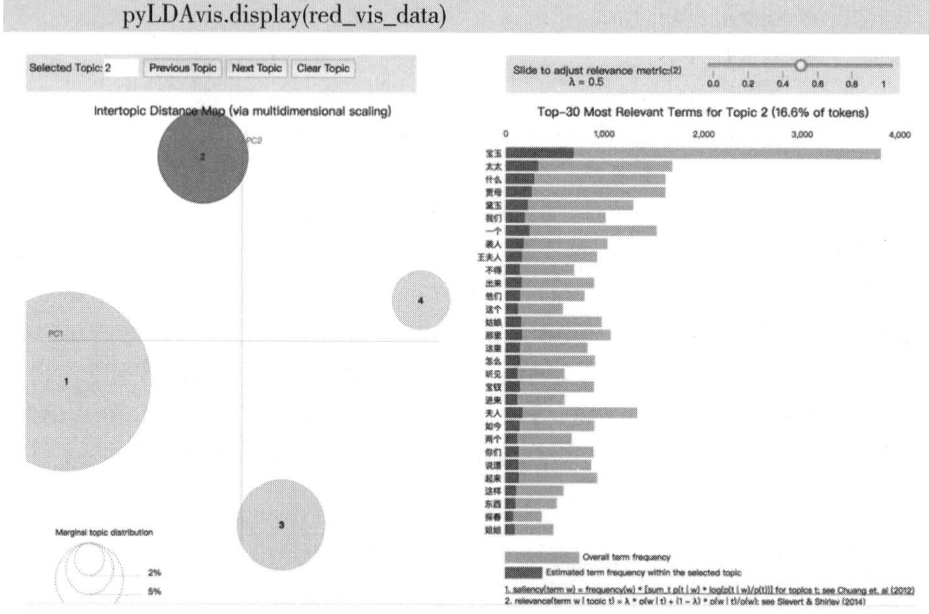

图 8-2　《红楼梦》4 个主题 (tsne)

观察 LDA 主题模型的可视化图像后，可以输出每一章节属于哪个主题。需要使用 lda.get_document_topics() 方法，该方法会输出指定的文本属于每个主题的百分比，将最大的百分比作为该章节所属的主题。可以通过下面的程序得到：

```
In[11]:clust = []  ## 得到每一章节所属的类
       for cutword in Red_df.cutword:
           bow = dictionary.doc2bow(cutword)
           t = np.array(lda.get_document_topics(bow))
           ## 输出最有可能的类
           index = t[:,1].argsort()[-1]
           clust.append(t[index,:])
       cluster = pd.DataFrame(clust,columns=["cluster","probability"])
       print(cluster.head(5))
Out[11]:
  cluster  probability
0    3.0     0.925344
```

```
1    1.0    0.644091
2    2.0    0.834969
3    1.0    0.983014
4    0.0    0.999659
```

因为 lda.get_document_topics() 方法一次只能输出一个文本的所属主题百分比，所以需要使用一个 for 循环，通过 argsort() 方法找到最大值的位置。从输出的结果中，可以看出第 1 章为主题 4，第 2、4 章为主题 2，第 3 章为主题 3；第 5 章为主题 1。

TF-IDF 是一种用于信息检索与文本挖掘的常用加权技术，经常用于评估一个词对于一个文件集或一个语料库中的一份文件的重要程度。词的重要性随着它在文件中出现的次数成正比增加，但同时会随着它在语料库中出现的频率成反比下降。进行 LDA 主题建模分析后，还可以应用 TF-IDF 属性对 120 个章节进行系统聚类分析，观察章节之间的关系。在计算 TF-IDF 时，需要使用 Sklearn 库中的 CountVectorizer 和 TfidfTransformer。

```
In[12]:from scipy.cluster.hierarchy import dendrogram,linkage
       ## 准备工作，将分词后的结果整理成 CountVectorizer() 可应用的形式
       ## 将所有分词后的结果使用空格连接为字符串，并组成列表，每一段为
       列表中的一个元素
       articals = []
       for cutword in Red_df.cutword:
           cutword = [s for s in cutword if len(s) < 5]
           cutword = " ".join(cutword)
           articals.append(cutword)
       ## 构建语料库，并计算文档 - 词的 TF-IDF 矩阵
       ## max_features 参数根据出现的频率排序，只取指定的数目
       vectorizer = CountVectorizer(max_features=2000)
       transformer = TfidfTransformer()
       tfidf = transformer.fit_transform(vectorizer.fit_transform(articals))
       ## 对数据进行系统聚类并绘制树
       X = tfidf.toarray()
       Z = linkage(X, method='ward', metric='euclidean', )
       fig = plt.figure(figsize=(10,12))
```

```
reddn = dendrogram(Z,orientation='right')
plt.title(" 红楼梦层次聚类 ",fontproperties = fonts)
plt.ylabel(" 章节 ",fontproperties = fonts,size=12)
plt.xlabel("Distance")
plt.show()
```

使用上面的程序对数据系统进行聚类并可视化，得到的结果如图 8-3 所示。可视化图像上的 Y 轴代表章节。dendrogram(Z,orientation='right') 中的 orientation='right' 表示叶节点 (章节) 在系统聚类树图像的左边。从系统树的颜色和聚集情况可以发现，数据可以大致聚集为 6 个簇。

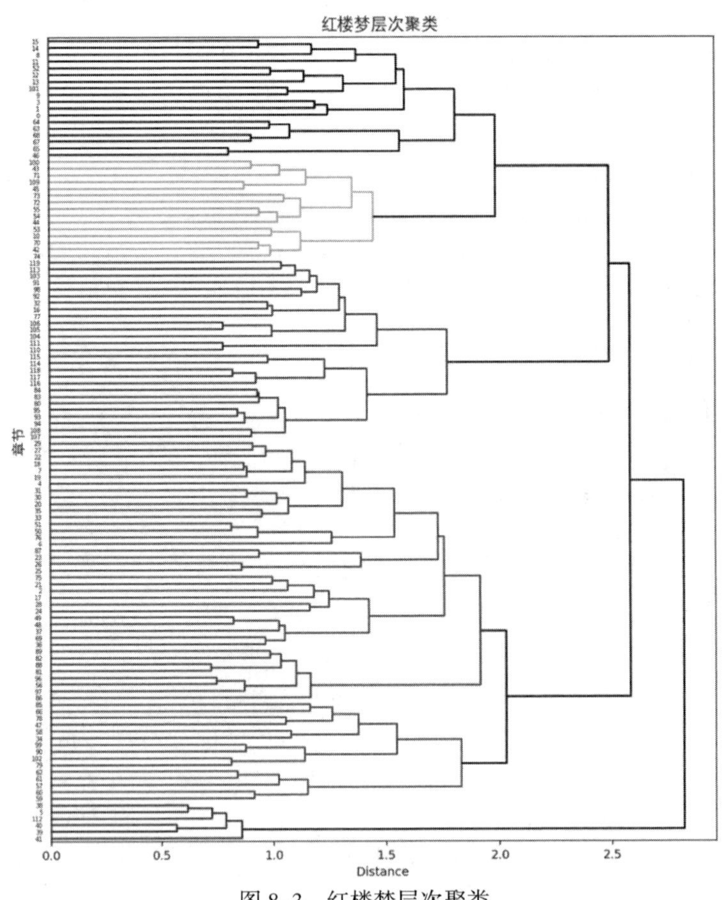

图 8-3　红楼梦层次聚类

8.4 红楼梦人物关系

对红楼梦文本的章节进行分析后，本节将对红楼梦做进一步的分析，在接下来的内容中，将探索如何分析书中的人物关系。红楼梦一书中出现了四百多个人物，如何分析书中的主要人物关系，是一个值得探索的问题。下面将读取“红楼梦人物 .txt”数据集，并统计每个人出现的次数。

```
In[13]:## 查看几个关键人物在整个书籍中出现次数的变化
       ## 读取红楼梦中人物名数据集
       role = pd.read_csv("data/chap8/Readream/ 红楼梦人物 .txt",header=None,names =
       ["rolename"])
       ## 计算每个角色在书籍中出现的次数
       # 将 120 章的分词结果连接在一起 , 并计算词频
       allcutword = np.concatenate(Red_df.cutword)
       allcutword = pd.DataFrame({"word":allcutword})
       allcutword=allcutword.groupby(by=["word"])["word"].agg(number=("value",np.size))
       allcutword=allcutword.reset_index().sort_values(by="number",ascending=False)
       ## 计算人物所出现的次数
       counts = []
       for ii in role.index:
           rolenam = role.rolename[ii]
           number = allcutword["number"][allcutword.word == rolenam]
           counts.append(number.values)
       role["counts"] = pd.DataFrame(counts)
       ## 去除缺失值和出现次数小于 5 的人物
       role = role[role.counts.notnull()].sort_values(by="counts",ascending=False)
       role = role[role.counts > 5].reset_index(drop=True)
       print(role.head())
Out[13]:
```

```
  rolename  counts
0     宝玉  3862.0
1     凤姐  1680.0
2     贾母  1639.0
3     袭人  1123.0
4    王夫人  1039.0
```

在上面的程序中，首先将所有的分词结果计算出词频，计算词频时使用groupby()方法，然后通过一个for循环，计算所有人物在分词结果中出现的次数，并且去除缺失值和出现次数小于5次的人物，数据保存为role，两个特征rolename和counts分别对应人物名称和出现次数。从role.head()中可以看出：宝玉出现了3862次。

在一部小说中，某人出现的次数较多，可以肯定此人是一个主角。通过上面的分析，可以发现数据集中的主要人物为宝玉、凤姐、贾母、袭人、王夫人等人，在《红楼梦》中这些人也确实是主角。那么这些主角在各个章节中出现的次数是怎样的呢？下面将分析主要人物在整本书中出现频次的时间线。首先计算前10个主要人物在各章节出现的次数。

```
In[14]:## 查看前几个关键人物在各章节出现次数的走势
        rolenumber = np.zeros((10,120))
        for kk in np.arange(10):
            # 计算每个人物在各章节中出现的次数
            nums = []
            for ii in np.arange(len(Red_df.index)):
                ## 每章节词频
                chapcutword= pd.DataFrame({"word":Red_df.cutword[ii]})
                chapcutword=chapcutword.groupby(by=["word"])["word"].agg(number=("value",np.
        size))
                chapcutword = chapcutword.reset_index()
                # 一个章节出现次数
                num = chapcutword["number"][chapcutword.word == role.rolename[kk]]
                nums.append(num.values)
            # 一个人在所有章节中的出现次数
            rolenumber[kk,:] = pd.DataFrame(nums).fillna(0).values[:,0]
```

因为要计算 10 个人分别在 120 章中各章出现次数，所以需要使用两层 for 循环，第一层针对 10 个人名的循环，第二层循环计算各人在各章节出现的次数。最后数据保存在 rolenumber 数组中。针对得到的数据集 rolenumber，绘制前 6 个人物在 120 回中出现的频次直方图。

```
In[15]:## 绘制人物在各个章节出场频次变化图
       plt.figure(figsize=(12,8))
       for ii in np.arange(6):
           plt.subplot(3,2,ii+1)
           plt.bar(np.arange(120)+1,rolenumber[ii,:],alpha = 1)
           plt.title(role.rolename[ii],FontProperties = fonts,size = 12)
           plt.ylabel(" 频次 ",FontProperties = fonts,size = 10)
       plt.subplots_adjust(hspace = 0.25,wspace = 0.15)
       plt.show()
```

上面的程序使用 plt.bar() 绘制条形图，因需要绘制 6 个人的频次图像，就需要使用 for 循环，plt.subplot(3,2,ii+1) 表示将图像分为 3 行 2 列的 6 个子图，每次绘制第 ii+1 个子图，得到的图像如图 8-4 所示。

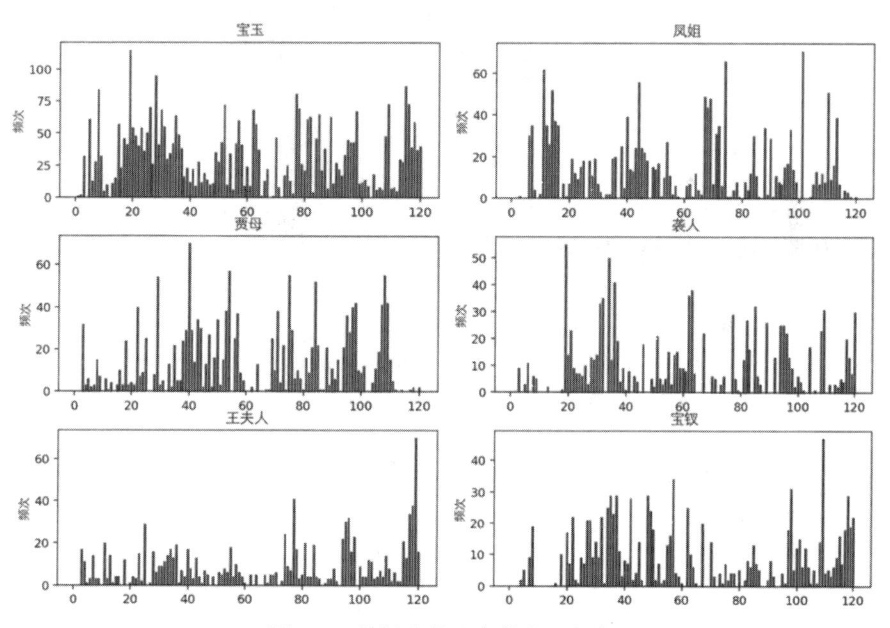

图 8-4 关键人物在章节出现频次

从图 8-4 中可以分析出人物的出场顺序和在相应章节中出现的频次等信息，但是该图只表示了单个人物的出场情况，不能分析人物出现的相互影响。下面计算 10 个主要人物出场的相关系数，并将相关关系可视化，得到图像如图 8-5 所示。

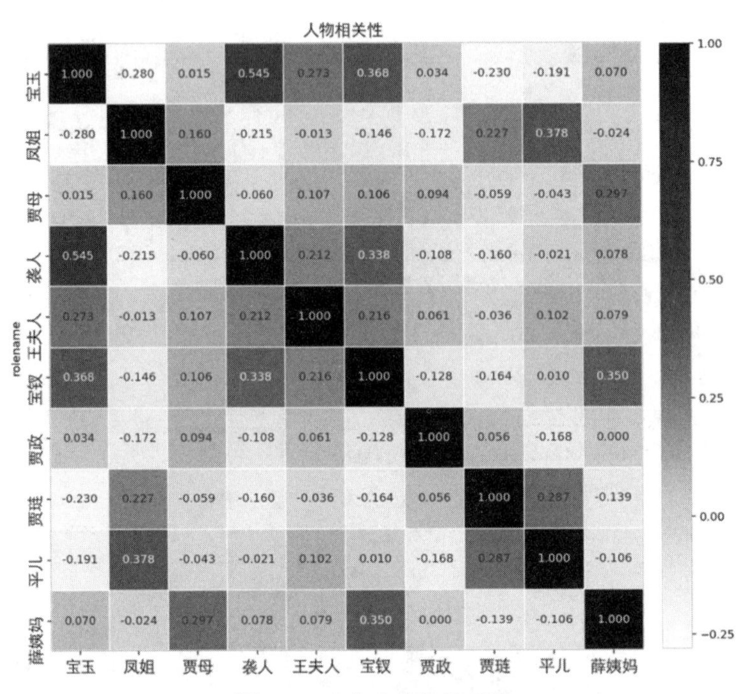

	宝玉	凤姐	贾母	袭人	王夫人	宝钗	贾政	贾琏	平儿	薛姨妈
宝玉	1.000	-0.280	0.015	0.545	0.273	0.368	0.034	-0.230	-0.191	0.070
凤姐	-0.280	1.000	0.160	-0.215	-0.013	-0.146	-0.172	0.227	0.378	-0.024
贾母	0.015	0.160	1.000	-0.060	0.107	0.106	0.094	-0.059	-0.043	0.297
袭人	0.545	-0.215	-0.060	1.000	0.212	0.338	-0.108	-0.160	-0.021	0.078
王夫人	0.273	-0.013	0.107	0.212	1.000	0.216	0.061	-0.036	0.102	0.079
宝钗	0.368	-0.146	0.106	0.338	0.216	1.000	-0.128	-0.164	0.010	0.350
贾政	0.034	-0.172	0.094	-0.108	0.061	-0.128	1.000	0.056	-0.168	0.000
贾琏	-0.230	0.227	-0.059	-0.160	-0.036	-0.164	0.056	1.000	0.287	-0.139
平儿	-0.191	0.378	-0.043	-0.021	0.102	0.010	-0.168	0.287	1.000	-0.106
薛姨妈	0.070	-0.024	0.297	0.078	0.079	0.350	0.000	-0.139	-0.106	1.000

图 8-5　人物出场相关系数

```
In[16]:## 分析 10 个人出场的相关性
    import seaborn as sns
    datacor = np.corrcoef(rolenumber)
    datacor = pd.DataFrame(data=datacor, columns=role.rolename[0:10], index=
    role.rolename[0:10])
    plt.figure(figsize=(10,10)) ## 相关系数热力图
    ax = sns.heatmap(datacor,square=True,annot=True,fmt = ".3f",
                     linewidths=.5,cmap="YlGnBu",
                     cbar_kws={"fraction":0.046, "pad":0.03})
    ax.set_xticklabels(role.rolename[0:10],fontproperties = fonts)
```

```
        ax.set_yticklabels(role.rolename[0:10],fontproperties = fonts)
        ax.set_title(" 人物相关性 ",fontproperties = fonts)
        ax.set_xlabel("")
        ax.set_xlabel("")
        plt.show()
```

上面程序主要通过 np.corrcoef() 函数计算相关系数矩阵，然后通过 sns.heatmap() 函数绘制相关系数热力图。

分析图 8-5 可以发现：和宝玉的出场相关性最大的是袭人，然后是宝钗，而和凤姐、贾琏等人的出场是负相关。凤姐和平儿的出场是正相关的，且相关系数较大。薛姨妈则和宝钗的出场相关性较大。

得到主要的 10 个人物的出场相关系数后，接下来将分析人物之间的关系。人物关系需要定义人和人之间的亲密程度，这里使用关系权重。将关系权重定义为：如果两人同时出现在同一章节，则两人之间的权重＋ 1，此处只分析出现次数大于 100 次的人物之间的关系。

```
In[17]:rolenew = role[role.counts>100]
       ## 构建两两之间的关系
       from itertools import combinations
       relation = combinations(rolenew.rolename,2)
       rela = []
       weight  = []
       for ii in relation:
           rela.append(ii)
           ## 计算两者是之间的权重
           weig = 0
           for kk in np.arange(len(Red_df.index)):
               ## 人物是否同时出现在同一章
               if ((sum(Red_df.cutword[kk] == ii[0]) >1) & (sum(Red_df.cutword[kk] ==
       ii[1]) >1)):
                   weig = weig+1
               weight.append(weig)
       Red_rela = pd.DataFrame(rela)
       Red_rela.columns = ["First","Second"]
```

```
        Red_rela["weight"] = weight
        Red_rela = Red_rela[Red_rela.weight > 20].sort_values(by = "weight",
        ascending= False).reset_index(drop = True)
        print(Red_rela.head())
Out[17]:
  First Second  weight
0  宝玉   王夫人    91
1  宝玉   贾母     87
2  宝玉   凤姐     83
3  宝玉   宝钗     83
4  宝玉   袭人     81
```

上面的程序中主要有 3 个步骤：

（1）使用 combinations(rolenew.rolename,2) 将出场次数大于 100 次的人物进行两两组和。

（2）计算两人关系的权重。

（3）将关系和计算的权重组成数据表。

从输出结果中可以发现宝玉和王夫人的权重为 91，即同时在 91 个章节中都有出现。接下来将得到的人物关系可视化。在可视化中，首先将权重除以 120，然后定义两种连接，一种权重 >0.25，另一种≤ 0.25，得到图像如图 8-6 所示。

```
In[18]:import networkx as nx
        ## 将人物关系可视化
        plt.figure(figsize=(12,12))
        ## 生成社交网络图
        G=nx.Graph()
        ## 添加边
        for ii in Red_rela.index:
            G.add_edge(Red_rela.First[ii], Red_rela.Second[ii], weight = Red_rela.
            weight[ii] / 120)
        ## 定义两种边
        elarge=[(u,v) for (u,v,d) in G.edges(data=True) if d['weight'] >0.25]
        esmall=[(u,v) for (u,v,d) in G.edges(data=True) if d['weight'] <=0.25]
        ## 图的布局
```

```
pos=nx.circular_layout(G) # positions for all nodes
#绘制节点
nx.draw_networkx_nodes(G,pos,alpha=0.6,node_size=500)
# edges
nx.draw_networkx_edges(G,pos,edgelist=elarge,
            width=1.5,alpha=0.6,edge_color='r')
nx.draw_networkx_edges(G,pos,edgelist=esmall,
            width=1,alpha=0.8,edge_color='b',style='dashed')
nx.draw_networkx_labels(G,pos,font_size=10,font_family="STHeiti")
plt.axis('off')
plt.title("《红楼梦》社交网络",FontProperties = fonts)
plt.show()
```

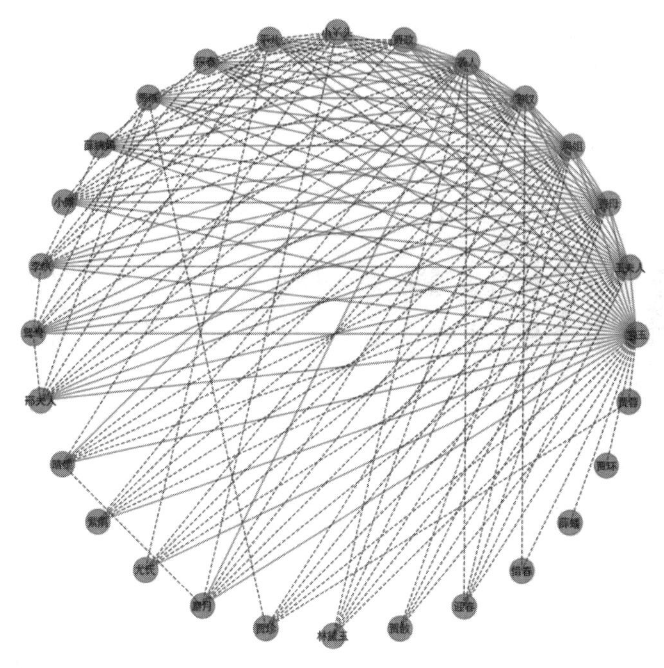

图 8-6 可视化人物关系网络

在得到的网络 G 中，可以使用 G.degree 属性得到每个人物节点的度（入度或出度），在网络中，节点的度越大说明节点越关键，和其他节点的联系越多。下面绘制每个节点度的直方图，如图 8-7 所示。

```
In[19]:## 计算每个节点的度
       Red_degree = pd.DataFrame(list(G.degree))
       Red_degree.columns = ["name","degree"]
       Red_degree.sort_values(by="degree",ascending=False).plot(kind="bar",x="name",
       y = "degree",figsize=(12,6),legend=False)
       plt.xticks(FontProperties = fonts,size = 12)
       plt.ylabel("degree")
       plt.show()
```

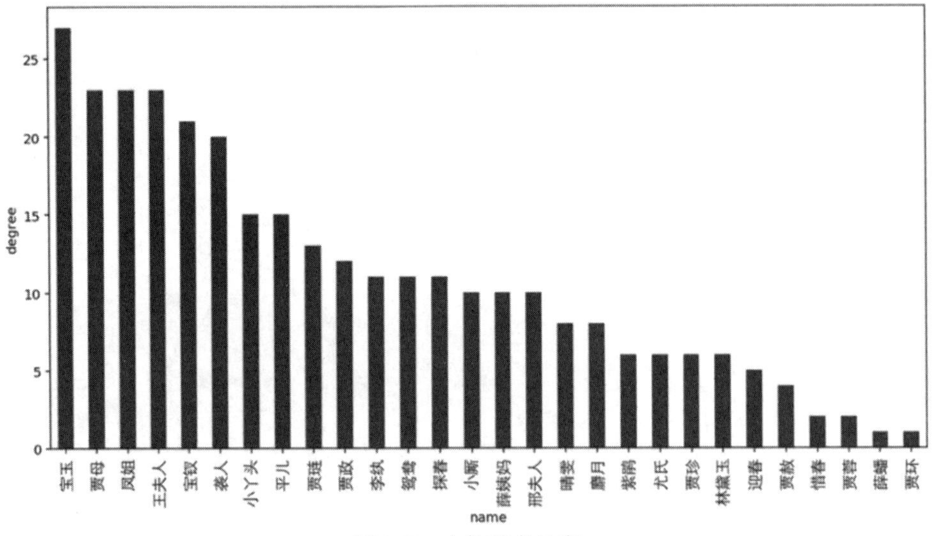

图 8-7　人物节点的度

从图 8-7 可以看出，网络中最主要的人物是宝玉，而贾母、凤姐、王夫人的重要性相同，再次是宝钗和袭人，而林黛玉的重要性并没有那么大。

本章小结

本章以《红楼梦》的分析为例，介绍了中文文本的无监督分析过程，其中包括中文分词和LDA模型，使用系统聚类将每个章节数据进行聚类分析，最后分析红楼梦中人物的关系，得到相关系数矩阵热力图和人物社交关系网络。

参数说明：

LdaModel(corpus=corpus,id2word=dictionary,num_topics=4,random_state=12)

LDA主题模型主要参数介绍如下。

- corpus：用于分析的语料库，可以是文档向量流或形状为（num_terms，num_documents）的稀疏矩阵。
- id2word：从单词ID到单词的映射。
- num_topics：要从训练语料库中提取的潜在主题的数量。
- random_state：生成随机数时的随机数种子，保证求解结果的可重复性。

Chapter

09

第9章

决策树和集成学习

扫一扫，看视频

在机器学习中，决策树模型和集成学习方法都是以树的分支为原型，对原始数据进行归纳推理。其中集成学习中的随机森林和 AdaBoost 算法可以认为是决策树算法的进一步推广，因为它以决策树为基础，通过增加建立决策树模型的数量，来达到增加模型精度的目的。

本章先简单介绍决策树和集成学习模型的相关知识，接着对泰坦尼克号数据集进行预处理、特征提取，并使用提取的特征学习决策树模型；针对决策树模型的过拟合问题进行剪枝优化，然后介绍随机森林模型的使用细节和网格搜索合适的参数，最后介绍 Adaboost 算法的应用及其结果分析。

9.1 模型简介

决策树是应用最广的归纳推理算法之一，它是一种逼近离散函数值的方法，对噪声数据有很好的健壮性，且能够学习析取表达式，该方法学习得到的函数被表示为一棵决策树。

决策树通常把实例从根节点排列到某个叶子节点来分类事例，叶子节点即为实例所属的分类。树上的每一个节点指定了实例的某个属性的测试，并且该节点的每一个后继分支对应该属性的一个可能值。通常情况下决策树学习适合具有以下特征的问题：

- 实例是由“属性—值”对来表示的，当然拓展的算法也能够处理值域为实数的属性。
- 目标函数具有离散的输出值，主要应用于分类问题。(一些扩展性的方法也用于实数域的预测，如决策树回归。)
- 训练数据可以包含错误，决策树算法具有很好的健壮性，无论样例上是属性值错误还是类别错误，都可以处理。
- 训练数据可以包含缺少属性值的实例。

具体的决策树通常具有如图 9–1 的形式。

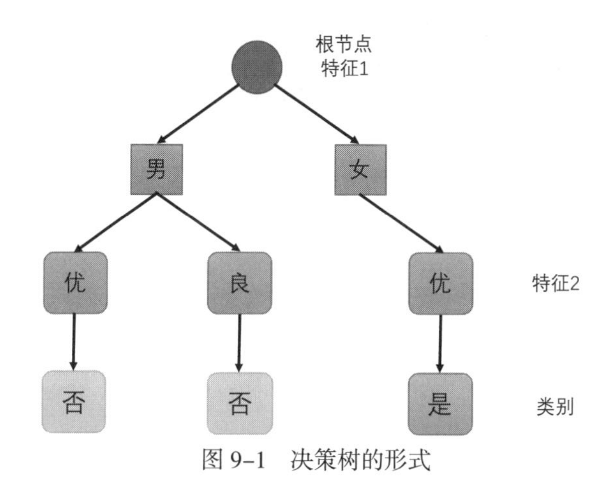

图 9–1　决策树的形式

图 9–1 所示是知识决策树的一个简单示意图，其中每个特征可以作为树的一个节点，下面的类别 (“是” 和 “否”) 称为叶节点。其中信息增益用来衡量在给定的属性 (特征) 中区分训练样例的能力。很多决策树算法在树增长时都会使用信息增益来选择属性。信息增益越大，说明相应属性对数据的分类效果越好。

在决策树学习时会遇到一些实际问题，其中最大的问题是怎样确定决策树的生长深度。过深的决策树会导致数据过拟合，只能在训练集上有很好的预测效果，而在测试集上预测结果会很差，从而使模型没有泛化能力。但如果决策树生长不充分，就会没有判别能力。对此有一种解决方案：先让决策树充分生长，然后通过对决策树进行剪枝来避免过拟合问题。本书在后面的实例中将针对泰坦尼克号数据集，先让决策树尽可能地生长，然后探索使用剪枝来控制树的深度，以提高模型的准确率。

集成学习是通过构建并结合多个分类学习器来完成学习任务，有时也被称为多分类器学习系统。图 9–2 所示为集成学习示意图，可以发现集成学习的一般结构是将多个个体学习器结合起来，让它们共同发挥作用。个体学习器通常是通过现有的学习算法来训练数据产生，如 C4.5 决策树算法等。根据个体学习器的生成方式，集成学习方法大致可分为两种，一种是个体学习器之间存在强依赖关系，必须串行生成的序列化方法，如 Boosting 方法，其中 AdaBoost 算法是其中的一种常用算法；另一种是个体学习器之间不存在强依赖关系，可以同时生成个体学习器的并行方法，如随机森林算法。

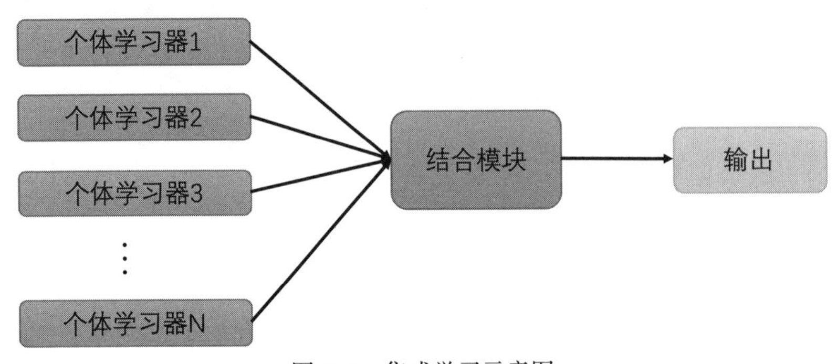

图 9–2　集成学习示意图

随机森林是一个包含多个决策树的分类器，并且其输出的类别是由所有树输出的类别的众数而定（即通过所有单一的决策树模型投票来决定）。并且随机森林在选择划分属性时引入了随机因素，具体来说，就是传统决策树算法在选择划分属性

时，从当前节点属性集合中选择一个最优属性；而在随机森林中，对决策树的每个节点，先从该节点的属性集合中随机选择一个包含 k 个属性的子集，然后再从这个子集中选择一个最优属性用于划分。

随机森林算法具有很多优点：

- 对于多种数据，它可以产生高准确度的分类器。
- 它可以处理大量的输入变量。
- 它可以在决定类别时，评估变量的重要性。
- 在建造森林时，它可以在内部对于一般化后的误差产生不偏差的估计。
- 它包含一个方法可以估计含有缺失值的数据，当有很大一部分的数据缺失时，仍可以维持其一定的准确度。
- 对于不平衡的分类数据集来说，它可以平衡误差。

随机森林的优点还有很多，而且随机森林算法简单、容易实现、计算开销小。在下面的例子中将会使用随机森林对数据进行建模预测。

AdaBoost 算法一般使用决策树分类器作为基分类器，常常应用于分类问题或者回归问题。AdaBoost 方法中使用的分类器可能很弱（比如出现很大错误率），但只要它的分类效果比随机好一点（比如两类问题分类错误率略小于 0.5），就能够改善最终的模型结果。而错误率高于随机分类器的弱分类器也是有用的，因为在最终得到的多个分类器的线性组合中，可以给它们赋予负系数，同样也能提升分类效果。

决策树模型可以使用 Sklearn 中的 tree 模块，随机森林和 AdaBoost 分类器可以使用 Sklearn 中的 ensemble 模块实现。可以使用 graphviz、pydotplus 等库，实现可视化决策树。首先加载所需要的模块和库，为下面的分析做准备。

```
In[1]:import numpy as np
      import pandas as pd
      import matplotlib.pyplot as plt
      import scipy as sp
      %matplotlib inline
      %config InlineBackend.figure_format = "retina"
      from matplotlib.font_manager import FontProperties
      fonts = FontProperties(fname = "/Library/Fonts/ 华文细黑 .ttf",size=14)
      from mpl_toolkits.mplot3d import Axes3D
      from matplotlib import cm
      import matplotlib as mpl
```

```
import seaborn as sns
from sklearn import tree,metrics
from sklearn.preprocessing import LabelEncoder
from sklearn.model_selection import train_test_split
from sklearn.ensemble import RandomForestClassifier, AdaBoostClassifier
import graphviz
import pydotplus
from sklearn.externals.six import StringIO
from IPython.display import Image
```

9.2 泰坦尼克号数据预处理

泰坦尼克号数据集为 1912 年泰坦尼克号撞击冰山沉没事件中一些乘客和船员的个人信息及存活状况。这些历史数据已经被划分为训练集和测试集，可以根据训练集训练出合适的模型并预测测试集中的存活状况。

先对泰坦尼克号的原始数据进行预处理，主要有缺失值处理、错误数据处理、特征提取等，为建立模型做准备。首先读取训练集和测试集，并对数据进行简单的查看。

```
In[2]:## 读取训练集和测试集
      train = pd.read_csv("data/chap9/Titanic train.csv")
      test = pd.read_csv("data/chap9/Titanic test.csv")
      test.sample(5)
```

Out[2]:

	PassengerId	Pclass	Name	Sex	Age	SibSp	Parch	Ticket	Fare	Cabin	Embarked
174	1066	3	Asplund, Mr. Carl Oscar Vilhelm Gustafsson	male	40.0	1	5	347077	31.3875	NaN	S
384	1276	2	Wheeler, Mr. Edwin Frederick""	male	NaN	0	0	SC/PARIS 2159	12.8750	NaN	S
216	1108	3	Mahon, Miss. Bridget Delia	female	NaN	0	0	330924	7.8792	NaN	Q
242	1134	1	Spedden, Mr. Frederic Oakley	male	45.0	1	1	16966	134.5000	E34	C
229	1121	2	Hocking, Mr. Samuel James Metcalfe	male	36.0	0	0	242963	13.0000	NaN	S

数据特征说明如下。

乘客 ID：'PassengerId'；是否获救：'Survived'；乘客分类：'Pclass'；姓名：'Name'；性别：'Sex'；年龄：'Age'；有多少兄弟姐妹 / 配偶同船：'SibSp'；有多少父母 / 子女同船：'Parch'；票号：'Ticket'；票价：'Fare'；客舱号：'Cabin'；出发港：'Embarked'。

因为建立模型最终要对测试集进行预测，所以测试集数据和训练集均要进行预处理。首先将训练集和测试集做成一个列表，方便对两个数据集做相同的操作。

```
In[3]:data_pro = [train,test] ## 将两个数据集组成一个列表
```

（1）缺失值处理：泰坦尼克号数据集可能存在缺失值的情况，所以首先要进行缺失值处理。可以使用 df.isnull() 进行缺失值检查。

```
In[4]:## 检查缺失值
    print(" 训练集的列缺失值的情况 :\n", train.isnull().sum())
    print(" 测试集的列缺失值的情况 :\n", test.isnull().sum())
```

对输出的结果进行整理，得到表 9-1。

表 9-1 数据缺失值情况

训练集的列名	缺失值个数	测试集的列名	缺失值个数
PassengerId	0	PassengerId	0
Survived	0	Survived	0
Pclass	0	Pclass	0
Name	0	Name	0
Sex	0	Sex	0
Age	177	Age	86
SibSp	0	SibSp	0
Parch	0	Parch	0
Ticket	0	Ticket	0
Fare	0	Fare	1
Cabin	687	Cabin	327
Embarked	2	Embarked	2

从输出的结果可以看出，训练数据和测试数据都存在缺失值。训练集中的

Age、Cabin 和 Embarked 存在缺失数据，测试集的 Age、Cabin、Fare、EmLarked 存在缺失数据。针对 Age，可以使用属性特征的均值和标准差来生成随机数进行填补；针对 Embarked，因为是类别变量，可以使用众数来填补；针对 Fare 特征，则可以使用中位数来填补；将 Cabin、PassengerId、Ticket 这些训练数据集中不需要的特征（可以定位到具体人员的属性）删除。

```
In[5]:## 填补缺失值
    for dataset in data_pro:
        # 使用随机数填补缺失的
        mean = dataset["Age"].mean()
        std = dataset["Age"].std()
        num = dataset["Age"].isnull().sum()
        # 使用均值和标准差生成相应的随机整数数
        rand_age = np.random.randint(mean - std, mean + std, size = num)
        age_slice = dataset["Age"].copy()
        age_slice[np.isnan(age_slice)] = rand_age
        dataset["Age"] = age_slice
        dataset["Age"] = dataset["Age"].astype(int)
        # 使用众数来填补登上船的港口
        dataset['Embarked'].fillna(dataset['Embarked'].mode()[0], inplace = True)
        # 使用中位数来填补乘客的票价
        dataset['Fare'].fillna(dataset['Fare'].median(), inplace = True)
    # 删除具有精确表示能力的数据列，和有大量缺失值的数据 Cabin
    drop_column = ["PassengerId","Cabin", "Ticket"]
    train.drop(drop_column, axis=1, inplace = True)
```

上面的程序用来填补缺失值。使用 for 循环，保证测试集和训练集做了相同的操作：使用 np.random.randint() 生成在一定范围内的数据，来填补缺失的数据；并且使用 astype(int) 方法，来保证每个数据的年龄为整数；使用 train.drop() 方法删除训练数据集中不需要的特征。

（2）特征工程：在处理好缺失值后，开始进行特征工程处理，主要是生成新的有辨别能力的变量，并且修改一些变量的属性。主要增加或修改的变量如下。

- 计算家庭人口在船上的数量。

- 判断是否只有本人在船上。
- 提取每个人的称呼，如先生、女士等。
- 将票价切分为5个离散区间。
- 将年龄切分为6个离散区间。

```
In[6]:## 对数据集进行特征工程，增加新的特征
    for dataset in data_pro:
        # 计算家庭人口在船上的数量
        dataset["FamilySize"] = dataset ["SibSp"] + dataset["Parch"] + 1
        ## 添加新的变量，是否独自一人
        dataset["IsAlone"] = 1
        dataset["IsAlone"].loc[dataset["FamilySize"] > 1] = 0
        # 提取每个乘客的称谓，例如，先生、女士 ......
        dataset["Tittle"] = dataset["Name"].str.split(", ", expand=True)[1].str.split( ".",
        expand=True)[0]
        ## 将票价切分为 5 个离散区间
        dataset["FareBins"] = pd.qcut(dataset["Fare"].astype(int), 5)
        # 将年龄切分为 6 个离散区间
        dataset["AgeBins"] = pd.cut(dataset["Age"].astype(int), 6)
```

上面的程序使用 dataset ["SibSp"] + dataset["Parch"] + 1 来计算每个实例的家庭在船上的人数，并且判断是否只有其本人一人在船上；使用字符串分割函数 str.split() 得到每个人的称呼；使用 pd.qcut() 函数将票价特征切分为 5 个等间距的分类特征，年龄切分为 6 个分类特征。进行上面的变换后，需要对称呼进行更详细的处理。首先查看两个数据集称呼的情况，将输出的结果整理为表格，如表 9–2 所示。

```
In[7]:print(train['Tittle'].value_counts()) ## 查看称呼的数量
    print(test['Tittle'].value_counts())  ## 查看称呼的数量
```

表 9–2 称呼统计

训练集的称呼	个 数	测试集的称呼	个 数
Mr	517	Mr	240
Miss	182	Miss	78
Master	40	Mrs	72

续表

训练集的称呼	个　数	测试集的称呼	个　数
Dr	7	Master	21
Rev	6	Col	2
Col	2	Rev	2
Mlle	2	Ms	1
Major	2	Dr	1
Jonkheer	1		
Don	1		
Lady	1		
the　Countess	1		
Capt	1		
Sir	1		
Mme	1		

观察输出结果，可以发现，两个数据集上的称呼数量不仅不一致，而且称呼方式不统一，针对这种情况，将数量小于 10 的称呼用 Other 代替。

```
In[8]:# 整理称谓，找到数量小于 10 的称谓，然后使用 Other 代替
    for dataset in data_pro:
        tittle_names = (dataset["Tittle"].value_counts() > 10)
        dataset["Tittle"] = dataset["Tittle"].apply(lambda x: x if tittle_names.loc[x] ==
        True else "Other")
    print(train["Tittle"].value_counts())
    print("-"*20)
    print(test["Tittle"].value_counts())
    print("-"*20)
Out[8]:
Mr      517
Miss    182
Mrs     125
```

```
Master    40
Other     27
Name: Tittle, dtype: int64
---------------------
Mr       240
Miss      78
Mrs       72
Master    21
Other      7
Name: Tittle, dtype: int64
```

从输出结果可以看出，两个数据集的称呼已经一致，该特征可以建立模型。

接下来将对数据进行重新编码，即对分类数据集使用 LabelEncoder() 进行重新编码。LabelEncoder() 会将类别数据编码为 0 到 n-class — 1 的数组。

```
In[9]:# 编码分类数据
    label = LabelEncoder()
    for dataset in data_pro:
        dataset['Sex_Code'] = label.fit_transform(dataset['Sex'])
        dataset['Embarked_Code'] = label.fit_transform(dataset['Embarked'])
        dataset['Tittle_Code'] = label.fit_transform(dataset['Tittle'])
        dataset['AgeBin_Code'] = label.fit_transform(dataset['AgeBins'])
        dataset['FareBin_Code'] = label.fit_transform(dataset['FareBins'])
```

数据进行重新编码后，开始对模型的建立做准备。定义 2 个字符列表，分别用来保存预测目标变量名和预测自变量变量名，即 Target 和 train_x，并对训练数据集的训练特征数据进行查看。

```
In[10]:# 定于预测目标变量名
    Target = ['Survived']
    ## 定义模型的预测变量名
    train_x = ['Pclass','SibSp', 'Parch', 'FamilySize','IsAlone','Sex_Code',
               'Embarked_Code', 'Tittle_Code','AgeBin_Code', 'FareBin_Code']
    train[train_x].sample(5)
Out[10]:
```

	Pclass	SibSp	Parch	FamilySize	IsAlone	Sex_Code	Embarked_Code	Tittle_Code	AgeBin_Code	FareBin_Code
234	2	0	0	1	1	1	2	2	1	1
131	3	0	0	1	1	1	2	2	1	0
465	3	0	0	1	1	1	2	2	2	0
64	1	0	0	1	1	1	0	2	1	3
100	3	0	0	1	1	0	2	1	2	0

上面查看的数据是用来建立模型经过处理后的部分数据样例。接下来将训练数据切分为训练集和验证集，使用 train_test_split() 函数，将 25% 的数据用于验证。

```
In[11]:## 将训练集切分为训练集和验证集
    traindata_x,valdata_x,traindata_y,valdata_y=train_test_split(train[train_
    x],train[Target],test_size = 0.25,random_state = 1)
```

9.3 决策树模型

经过对数据集的预处理和切分，使用 tree.DecisionTreeClassifier() 建立决策树模型。首先使用默认的参数进行决策树模型的训练，并且输出模型中各个变量的重要性。

```
In[12]:## 使用决策树
    clf = tree.DecisionTreeClassifier(random_state=1)
    clf = clf.fit(traindata_x, traindata_y)
    ## 输出每个特征的重要性
    clf.feature_importances_
```

训练得到的模型用 clf 表示，然后使用 clf.feature_importances_ 属性，输出模型中每个特征的重要程度。输出的结果如表 9-3 所示，从中可以发现对模型预测效果最大的属性是 Sex_Code，占 39.6%，也从某种程度上说明了性别对能否存活有很大的影响。

表 9-3　特征的重要程度

变　量	重要性	变　量	重要性
Pclass	0.1571	Sex_Code	0.396
SibSp	0.0718	Embarked_Code	0.0272
Parch	0.017	Tittle_Code	0.0869

续表

变　量	重要性	变　量	重要性
FamilySize	0.0646	AgeBin_Code	0.094
IsAlone	0.0159	FareBin_Code	0.0693

在得到决策树模型后，使用模型对训练集数据进行预测。使用 metrics.accuracy_score() 函数得到模型预测的准确率，再使用函数 metrics.classification_report() 输出模型对训练集的训练报告。

```
In[13]:## 使用模型对验证集进行预测
       valpre_y = clf.predict(valdata_x)
       ## 查看训练集的效果
       trainpre_y = clf.predict(traindata_x)
       print(metrics.accuracy_score(traindata_y,trainpre_y))
       print(metrics.classification_report(traindata_y,trainpre_y))
Out[13]:
0.9101796407185628
            precision    recall  f1-score   support

       0       0.90      0.96      0.93       421
       1       0.93      0.82      0.87       247

    accuracy                       0.91       668
   macro avg       0.91      0.89      0.90       668
weighted avg       0.91      0.91      0.91       668
```

输出的经度为 0.91，说明模型再训练集上具有很高的预测精度，这个时候要提高警惕，因为很有可能训练得到的模型是过拟合的，过拟合的模型很不稳定，会使测试集和训练集上的预测结果相差很大，为了验证模型是否过拟合，下面使用验证集来查看模型的效果。

```
In[14]:## 查看在验证集预测的效果
       valpre_y = clf.predict(valdata_x)
       print(metrics.accuracy_score(valdata_y,valpre_y))
       print(metrics.classification_report(valdata_y,valpre_y))
Out[14]:
```

```
0.7623318385650224
              precision    recall  f1-score   support

           0       0.76      0.87      0.81       128
           1       0.78      0.62      0.69        95

    accuracy                           0.76       223
   macro avg       0.77      0.75      0.75       223
weighted avg       0.77      0.77      0.76       223
```

输出的结果中精度为 0.76233，而且模型的 f1-score 平均值也只有 0.76，很明显，上面训练的决策树模型对训练数据集过拟合了，也可以使用混淆矩阵可视化来查看模型的预测效果。

```
In[15]:## 输出混淆矩阵
       confm = metrics.confusion_matrix(valdata_y,valpre_y)
       sns.heatmap(confm.T, square=True, annot=True, fmt='d', cbar=False)
       plt.xlabel('true label')
       plt.ylabel('predicted label');
```

上面的程序首先使用 metrics.confusion_matrix(真实类别 , 预测类别) 得到混淆矩阵 confm，接着使用 sns.heatmap() 对 confm 的转置数据 confm.T 绘制可视化热力图。得到的混淆矩阵如图 9-3 所示，从中可以发现有 36 个样例原本是存活了的，但是预测结果却是死亡，17 个样例是死亡了的，却预测为存活的。

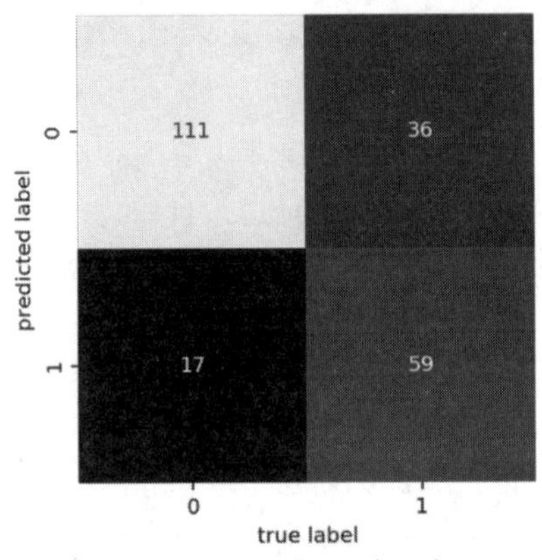

图 9-3　验证集混淆矩阵

混淆矩阵可视化，只是对预测结果进行显示，如果想要查看整个决策树模型的情况，可以使用下面的方式：

```
In[16]:dot_data = StringIO()
       tree.export_graphviz(clf, out_file=dot_data,
                            feature_names=traindata_x.columns,
                            filled=True, rounded=True,special_characters=True)
       graph = pydotplus.graph_from_dot_data(dot_data.getvalue())
       Image(graph.create_png())
```

上面的程序主要用到了 graphviz 和 pydotplus 两个库。首先使用 StringIO() 建立一个文件 dot_data ；接着使用 tree.export_graphviz() 将模型 clf 写入 dot_data，feature_name 参数指定模型的特征名称；继而使用 pydotplus.graph_from_dot_data() 将文件作为图像文件 graph，dot_data.getvalue() 是获得文件中的内容；然后通过 Image(graph.create_png()) 得到决策树的可视化图像，graph.create_png() 表示图像生成 PNG 图像；最后得到的图像结果如图 9-4 所示。

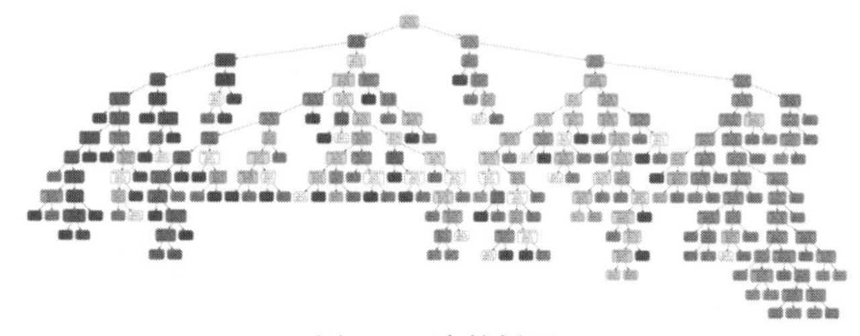

图 9-4　决策树图

图 9-4 是最初的决策树模型 (该模型已经对数据过拟合了)，通过观察模型可以发现，该模型是非常复杂的决策树模型，而且决策树的层数远远超过了 10 层，对该决策树模型的解释非常复杂，通过模型的可视化进一步说明了模型的过拟合问题，需要对模型进行剪枝，精简模型。决策树模型的剪枝方法的使用将在 9.4 节中介绍。

9.4 决策树剪枝

在上一节中得到一个过拟合的决策树模型，本节开始对决策树模型进行剪枝操作，以解决过拟合问题。剪枝操作主要用到了 tree.DecisionTreeClassifier() 中的 max_depth 和 max_leaf_nodes 两个参数，其中 max_depth 指定了决策树的最大深度，这里设置 max_depth=5；max_leaf_nodes 指定了模型的叶子节点的最大数目，这里指定 max_leaf_nodes=20。下面开始训练新的模型。

```
In[17]:## 使用决策树
    clf2=tree.DecisionTreeClassifier(class_weight=None,criterion='gini',max_depth=5,max_features=None,max_leaf_nodes=20,min_samples_leaf=5,min_samples_split=2,random_state=1)
    clf2 = clf2.fit(traindata_x, traindata_y)
```

使用 tree.DecisionTreeClassifier()，指定参数 max_depth=5，max_leaf_nodes=20 后，得到新的模型 clf2，仍然计算模型在训练集和验证集上的预测效果，其中在训练集上的效果如下：

```
In[18]:trainpre_y2 = clf2.predict(traindata_x)  ## 计算在训练集上的表现
    print(metrics.accuracy_score(traindata_y,trainpre_y2))
    print(metrics.classification_report(traindata_y,trainpre_y2))
Out[18]:
0.8577844311377245
              precision    recall  f1-score   support

           0       0.84      0.95      0.89       421
           1       0.90      0.69      0.78       247

    accuracy                           0.86       668
   macro avg       0.87      0.82      0.84       668
weighted avg       0.86      0.86      0.85       668
```

接着计算在验证集上的预测效果，得到的预测结果如下：

```
In[19]:valpre_y2 = clf2.predict(valdata_x)  ## 计算在验证集上的表现
    print(metrics.accuracy_score(valdata_y,valpre_y2))
    print(metrics.classification_report(valdata_y,valpre_y2))
Out[19]:
0.7937219730941704
              precision    recall  f1-score   support
```

```
          0      0.77    0.92    0.84    128
          1      0.86    0.62    0.72    95
avg / total      0.80    0.79    0.79    223
```

可以发现在训练集上的预测精度为 0.857，验证集上的预测精度为 0.7937。和剪枝前模型相比，在训练集上的预测精度减小，但是在验证集上的预测精度却提高了 3% 左右，说明模型的预测效果得到了提升，泛化能力得到增强。可以说模型的剪枝操作，使过拟合问题得到了一定的改善。

在得到新的决策树模型后，为了查看剪枝后模型和剪枝前模型的差异，下面将剪枝后的决策树模型可视化，得到的模型如图 9–5 所示。

```
In[20]:## 可视化新的决策树
       dot_data2 = StringIO()
       tree.export_graphviz(clf2, out_file=dot_data2,
                            feature_names=traindata_x.columns,
                            filled=True, rounded=True,special_characters=True)
       graph2 = pydotplus.graph_from_dot_data(dot_data2.getvalue())
       Image(graph2.create_png(),width=10, height=6, retina=True)
```

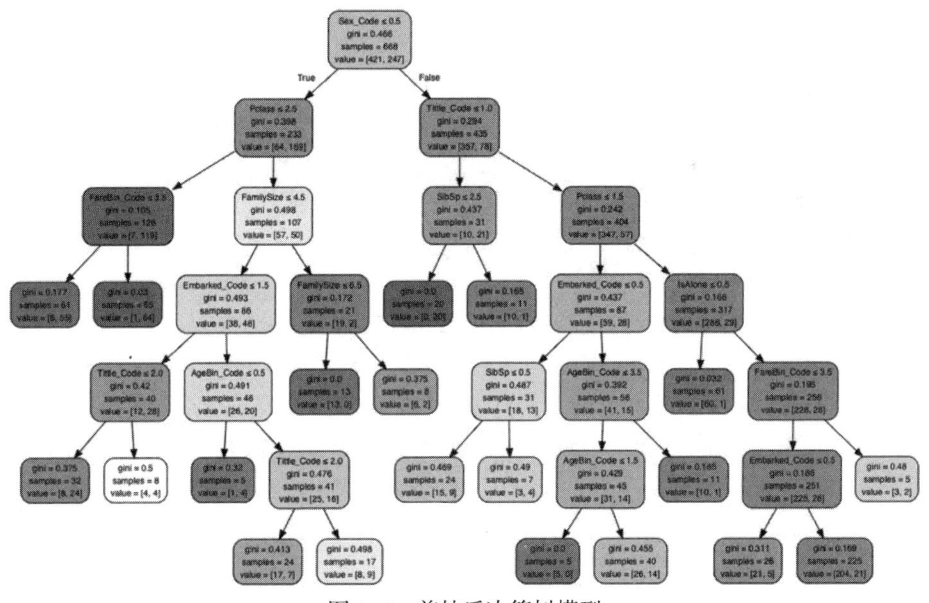

图 9–5　剪枝后决策树模型

在使用相同的决策树模型绘制方法后，得到了剪枝后的决策树模型图像。观察图 9-5 剪枝后决策树模型，发现该模型和未剪枝的模型相比已经大大的简化了，根节点 Sex_Code(性别) 特征，即如果 Sex_Code ≤ 0.5，则到左边的分支查看 Pclass(船票的等级) 特征，否则查看右边分支 Tittle_Code(称呼标签，先生、女士…) 特征。剪枝后的决策树模型比未剪枝的模型更加直观明了，更容易分析和解释。

9.5 随机森林模型

决策树模型只是得到一棵决策树用来预测，如果使用多个决策树来训练，再使用这些决策树预测的结果众数来决定预测的结果，这就是随机森林算法。由于随机森林模型预测不是使用单一的决策树，而是使用所有的决策的投票来分类，所以单个决策树的过拟合问题并不会对最终的预测结果产生影响。

下面使用随机森林对泰坦尼克号数据集进行建模预测，主要使用到 skearn 库中的 RandomForestClassifier() 函数，其参数 oob_score 取值为 True 时，可以输出模型 oob_score 的得分。

```
In[21]:rf = RandomForestClassifier(n_estimators = 500,
                                    max_depth=5, oob_score=True, random_state=1)
       rf.fit(traindata_x,traindata_y)
       print("oob score:", round(rf.oob_score_, 4)*100, "%")
Out[21]:
oob score: 82.78 %
```

上面的模型建立了一个 n_estimators = 500 棵树的随机森林模型，max_depth=5 表示每棵树的最大深度为 5。随机森林的每个决策树是不剪枝的，而且会随机地选择一定数量的特征和样本建立决策树模型，也就是说随机森林中的每个决策树都没有使用训练集中的全部样本和特征，所以随机森林属性 oob_score_ 输出的值为所有决策树中未参与建立模型的样本的得分，在该决策树中得到的准确率的平均值可以作为该随机森林模型的预测准确率。上面使用 500 棵树的随机森林属性 oob score 的值为 82.78%，说明建立的模型 rf 的预测准确率在 82.78% 左右。

计算随机森林模型在训练集和测试集上的预测精度。先计算在训练集上的精度：

```
In[22]:trainpre_y3 = rf.predict(traindata_x) ## 计算在训练集上的表现
       print(metrics.accuracy_score(trainpre_y,trainpre_y3))
       print(metrics.classification_report(traindata_y,trainpre_y3))
Out[22]:
0.9101796407185628
          precision   recall  f1-score   support
        0    0.93      0.94     0.93      450
        1    0.87      0.85     0.86      218
avg / total  0.91      0.91     0.91      668
```

其次计算在验证集上的预测精度。

```
In[23]:valpre_y3 = rf.predict(valdata_x) ## 计算在验证集上的表现
       print(metrics.accuracy_score(valdata_y,valpre_y3))
       print(metrics.classification_report(valdata_y,valpre_y3))
Out[23]:
0.8116591928251121
          precision   recall  f1-score   support
        0    0.79      0.92     0.85      128
        1    0.86      0.66     0.75       95
avg / total  0.82      0.81     0.81      223
```

在训练集上的预测精度 accuracy = 0.91、平均 f1-score = 0.91，在验证集上的 accuracy = 0.8116、平均 f1-score = 0.81，说明模型并没有过拟合，而且比剪枝后的单一决策树模型的准确率更高。查看输出模型在验证集上的混淆矩阵的具体预测情况，其代码如下：

```
In[24]:## 输出混淆矩阵
       confm = metrics.confusion_matrix(valdata_y,valpre_y3)
       sns.heatmap(confm.T, square=True, annot=True, fmt='d', cbar=False)
       plt.xlabel('true label')
       plt.ylabel('predicted label')
```

为了与决策树模型的预测结果进行对比，将随机森林的混淆矩阵进行可视化，结果如图 9-6(b) 所示。将其与图 9-6（a）所示决策树模型的混淆矩阵进行对比，可以发现随机森林在两个类别上得到了更好的预测准确性，说明随机森林模型要好于单一的决策树模型。

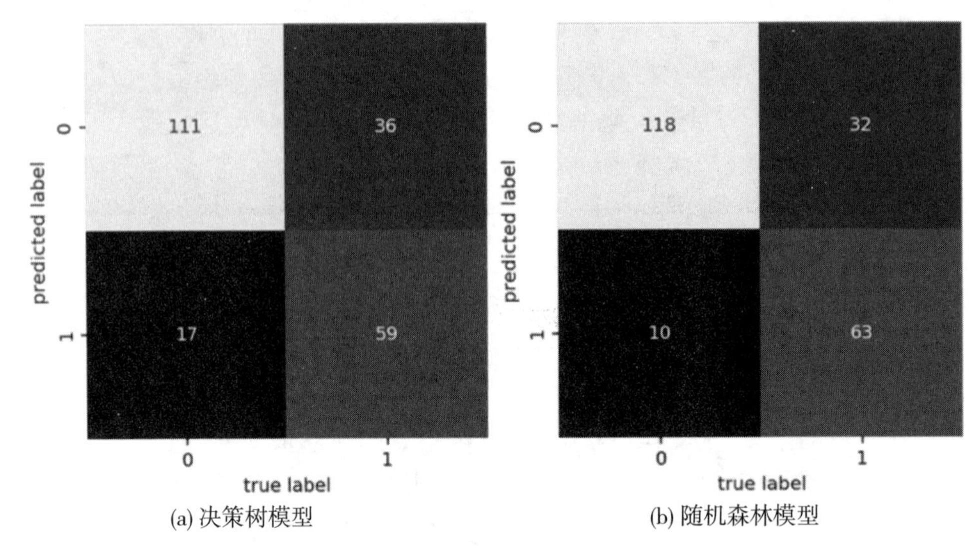

(a) 决策树模型　　(b) 随机森林模型

图 9-6　决策树模型与随机森林模型的对比

在随机森林模型建立的过程中，模型还会给出变量重要性的内在估计，可以使用 rf.feature_importances_ 来得到每个变量的重要性，并绘制出条形图以便于对比。

```
In[25]:## 查看变量的重要情况
    importances=pd.DataFrame({"feature":traindata_x.columns,"importance":rf.
    feature_importances_})
    importances = importances.sort_values("importance",ascending = False)
    importances.plot(kind="barh",figsize=(6,4),x = "feature",y = "importance")
    plt.ylabel(" 特征 ",fontproperties = fonts,size = 12)
    plt.xlabel(" 重要性 ",fontproperties = fonts,size = 12)
    plt.title(" 随机森林 ",fontproperties = fonts)
    plt.show()
```

上面的程序将 "feature" 和 "importance" 生成数据表，并使用 sort_values 对 "importance" 进行排序，绘制出条形图，如图 9-7 所示。

通过图 9-7 可以很方便地查看每个变量的重要性，如果我们建立模型的特征有很多，也可以使用这种方式来提取对模型重要的特征，剔除不重要的特征来提高模型的预测效果。(该模型的特征较少，仅有 10 个，所以不对特征进行剔除操作。)

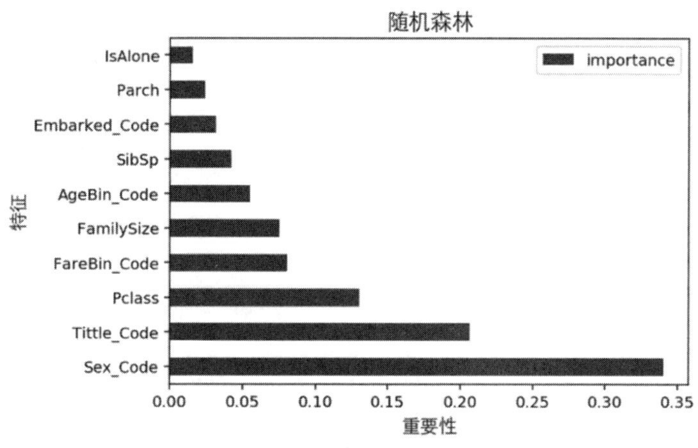

图 9-7　随机森林变量重要性

接下来使用所有的训练数据，采用相同的参数，重新训练模型，然后对测试集进行预测。

```
In[26]:## 使用全部训练数据重新训练随机森林
       rf= RandomForestClassifier(n_estimators = 500, max_depth=5, oob_score= True,
       random_state=1)
       rf.fit(train[train_x],train[Target])
       print("oob score:", round(rf.oob_score_, 4)*100, "%")
Out[26]:
oob score: 83.05 %
```

可以发现使用更多的数据进行训练时，我们的 oob score 得分达到了 83.05%，模型的预测精度又提高了。

```
In[27]:## 对测试集进行预测
       test_y = rf.predict(test[train_x])
       test_y
Out[27]:
array([0, 0, 0, 0, 1, 0, 1, 0, 1, 0, 0, 0, 1, 0, 1, 1, 0, 0, 0, 1, 0, 1,
      1, 0, 1, 0, 1, 0, 0, 0, 0, 0, 1, 1, 0, 0, 1, 1, 0, 0, 0, 0, 0, 1,
      ……
      0, 1, 0, 0, 1, 0, 1, 0, 0, 0, 0, 0, 1, 1, 1, 1, 1, 0, 1, 0, 0, 1])
```

上面的数组输出的是测试集预测结果的部分数据。

如何寻找精度更高的随机森林模型？针对随机森林模型，我们可以通过调整模型中的参数来进行交叉验证，找到拟合效果更好的模型。可以使用 Sklearn 库中 model_selection 模块的 GridSearchCV 函数，对模型的不同参数通过网格搜索进行训练和测试，并结合交叉验证找到更合适的模型参数。程序代码如下：

```
In[28]:## 使用网格搜索，找到更合适的参数
       from sklearn.model_selection import GridSearchCV
       ## 定义模型流程
       rfgs = RandomForestClassifier(oob_score=True, random_state=1)
       ## 定义需要搜索的参数
       n_estimators = [200,500,1000,2000] ## 树的数量
       max_depth = [3,5,8,10,15]  ## 最大深度
       para_grid = [{"n_estimators":n_estimators,
                     "max_depth" : max_depth}]
       ## 应用到数据上
       gs_rf = GridSearchCV(estimator=rfgs,param_grid=para_grid,cv=5,n_jobs=4)
       gs_rf.fit(traindata_x,traindata_y)
```

上面的模型首先定义了随机森林模型 rfgs，然后定义搜索的两个参数组合 para_grid，接着使用 GridSearchCV 来指定模型的类，cv=5 表示使用 5 折交叉验证（cv：交叉验证参数，默认 None，使用 3 折交叉验证），n_jobs=4 表示使用 4 核并行运算，最后使用 gs_rf.fit(traindata_x,traindata_y) 在训练集上对模型进行训练。模型训练结束后，可以使用 grid_scores_ 属性输出不同参数组合下的模型效果。

```
In[29]:## 将输出的所有搜索结果进行处理
       results = pd.DataFrame(gs_rf.cv_results_)
       ## 输出感兴趣的结果
       results2 = results[["mean_test_score","std_test_score","params"]]
       results2
Out[29]:
```

	mean_test_score	std_test_score	params
0	0.820359	0.043851	{'max_depth': 3, 'n_estimators': 200}
1	0.827844	0.043415	{'max_depth': 3, 'n_estimators': 500}
2	0.826347	0.042011	{'max_depth': 3, 'n_estimators': 1000}

3	0.827844	0.041606	{'max_depth': 3, 'n_estimators': 2000}
4	0.829341	0.047137	{'max_depth': 5, 'n_estimators': 200}
5	0.832335	0.047452	{'max_depth': 5, 'n_estimators': 500}
6	0.832335	0.047452	{'max_depth': 5, 'n_estimators': 1000}
7	0.832335	0.047452	{'max_depth': 5, 'n_estimators': 2000}
8	0.818862	0.045577	{'max_depth': 8, 'n_estimators': 200}
9	0.815868	0.049979	{'max_depth': 8, 'n_estimators': 500}
10	0.817365	0.051288	{'max_depth': 8, 'n_estimators': 1000}
11	0.814371	0.048356	{'max_depth': 8, 'n_estimators': 2000}
12	0.806886	0.054608	{'max_depth': 10, 'n_estimators': 200}
13	0.805389	0.055730	{'max_depth': 10, 'n_estimators': 500}
14	0.805389	0.055730	{'max_depth': 10, 'n_estimators': 1000}
15	0.805389	0.051656	{'max_depth': 10, 'n_estimators': 2000}
16	0.800898	0.049793	{'max_depth': 15, 'n_estimators': 200}
17	0.800898	0.050244	{'max_depth': 15, 'n_estimators': 500}
18	0.802395	0.051325	{'max_depth': 15, 'n_estimators': 1000}
19	0.803892	0.052557	{'max_depth': 15, 'n_estimators': 2000}

9.6 AdaBoost模型

AdaBoost 模型的算法和随机森林的相同之处是：单个学习器都可以是决策树模型。但它们在结合模型时的使用方法是不一样的，即 AdaBoost 模型使用的是个体学习器输出的线性组合来表示。接下来针对泰坦尼克号数据集，建立 AdaBoost 模型并评估模型的性能。

```
In[30]:abf = AdaBoostClassifier(n_estimators= 50, ## 学习器的最大估计量
                                learning_rate= 1, ## 学习速率
                                random_state=1234)
       abf.fit(train[train_x],train[Target])
       ## 计算在训练集上的表现
       trainpre_y4 = rf.predict(traindata_x)
       print(metrics.accuracy_score(traindata_y,trainpre_y4))
       print(metrics.classification_report(traindata_y,trainpre_y4))
```

```
Out[30]:
0.8532934131736527
              precision    recall  f1-score   support

           0       0.86      0.91      0.89       421
           1       0.84      0.75      0.79       247

    accuracy                           0.85       668
   macro avg       0.85      0.83      0.84       668
weighted avg       0.85      0.85      0.85       668
```

上面的程序使用 AdaBoostClassifier() 函数来建立模型，指定了其学习器的个数为 50，模型的学习率为 1，并使用 abf.fit() 方法作用于训练数据来训练模型，再计算模型在训练集上的精度，可以发现在训练集上准确率为 0.85。下面再使用训练好的模型计算本模型在验证集上的表现。

```
In[31]:## 计算在验证集上的表现
       valpre_y4 = rf.predict(valdata_x)
       print(metrics.accuracy_score(valdata_y,valpre_y4))
       print(metrics.classification_report(valdata_y,valpre_y4))
Out[31]:
0.8340807174887892
             precision    recall  f1-score   support
          0       0.81      0.94      0.87       128
          1       0.89      0.69      0.78        95
avg / total       0.84      0.83      0.83       223
```

通过上面的结果可以发现，模型在验证集上的精度为 83.4%。这个精度和随机森林算法的精度相当，比决策树模型的精度高。在训练好的 AdaBoost 分类器中，每个基分类器都会有一个预测误差，可以使用 estimator_errors_ 属性得到。下面使用直方图绘制出每个基分类器的学习误差。

```
In[32]:plt.figure(figsize=(12,6))
       plt.bar(np.arange(len(abf.estimator_errors_))+1,abf.estimator_errors_)
       plt.ylim([0,1])
       plt.xlim([0.5,50.5])
```

```
        plt.xlabel(" 每个子分类器 ",FontProperties = fonts)
        plt.ylabel(" 分类器误差 ",FontProperties = fonts)
        plt.title("AdaBoost 分类器 ",FontProperties = fonts)
        plt.show()
```

通过 abf.estimator_errors_ 属性，得到训练好的分类器的每个基分类器的误差，使用 plt.bar() 绘制出直方图，如图 9-8 所示。

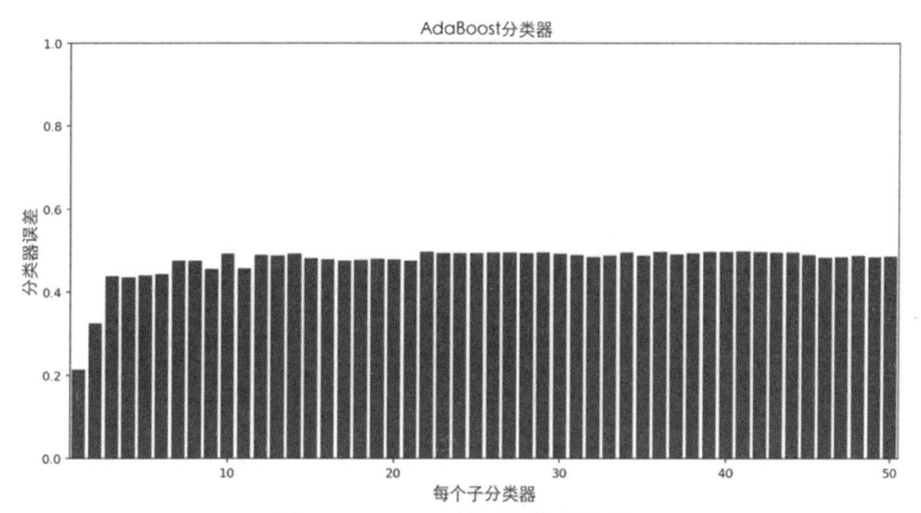

图 9-8　AdaBoost 模型基分类器误差

从图 9-8 中可以发现，大部分的基分类器的误差均大于 0.4，说明它们的预测精度只比随机猜测（0.5）好一些，但是这些分类器通过组合，在验证时能够达到 83% 的预测准确率，说明 AdaBoost 算法模型效果很好。

为了绘制 AdaBoost 分类器在数据中任意 2 个特征下的分类决策面，我们从训练数据中选取 9 对两两特征的组合数据，绘制在每个特征对下的分类决策面图像。代码如下：

```
In[33]:from sklearn import clone
       ## 查看不同特征数据下的分类决策面的情况
       pairs = [('Pclass','SibSp'),('Pclass','Parch'),('Pclass','AgeBin_Code'),
               ('AgeBin_Code','FareBin_Code'),('Embarked_Code','Tittle_Code'),
               ('AgeBin_Code','Tittle_Code'),('AgeBin_Code','Parch'),
               ('FamilySize','Parch'),('FamilySize','Tittle_Code')]
```

```
fig = plt.figure(figsize=(10,8))
for ii,pair in enumerate(pairs):
    X = traindata_x[list(pair)]
    Y = traindata_y
    clf = clone(abf)
    clf.fit(X,Y)
    scores = clf.score(X, Y)
    ## 生成新的网格数据用于预测
    x_min, x_max = X.iloc[:, 0].min() - 0.5, X.iloc[:, 0].max() + 0.5
    y_min, y_max = X.iloc[:, 1].min() - 0.5, X.iloc[:, 1].max() + 0.5
    xx, yy = np.meshgrid(np.arange(x_min, x_max, 0.2),np.arange(y_min, y_max, 0.2))
    ## 预测新数据
    Z = clf.predict(np.c_[xx.ravel(), yy.ravel()])
    Z = Z.reshape(xx.shape)
    plt.subplot(3,3,ii+1)
    ## 绘制分界面
    cs = plt.contourf(xx, yy, Z, cmap=plt.cm.RdYlBu)
    ## 绘制原始数据
    plt.scatter(X.iloc[:,0],X.iloc[:,1],c=Y.iloc[:,0],cmap=plt.cm.RdYlBu)
    plt.xlabel(pair[0])
    plt.ylabel(pair[1])
plt.suptitle("AdaBoost 分类器 ",FontProperties = fonts,va="center", ha="center")
## 调整图像
fig.tight_layout(rect=[0, 0.03, 1, 0.95])
plt.show()
```

上面代码中的 clone 函数可以用相同的参数构造 1 个新的分类器模型，pairs 参数保留了训练数据中的 9 个特征对组合，针对每个特征对，首先使用切片的方式提取训练集 X 和测试集 Y，再使用 clf = clone(abf) 得到模型 adf 参数的克隆模型 clf，然后使用 clf.fit(X,Y) 训练模型。绘制分界面时使用 plt.contourf() 函数，然后使用 plt.scatter() 绘制原始数据的散点图，最后得到的图像如图 9–9 所示。

从图 9–9 中可以看出，在不同的特征组合下，模型的分类决策面是不一样的，有些比较简单，如图 9–9（c）、图 9–9（d）所示；有些比较复杂，如图 9–9（g）、图 9–9（h）、

图 9-9（i）所示。总而言之，通过数据图像可视化能够让大家更方便地理解模型。

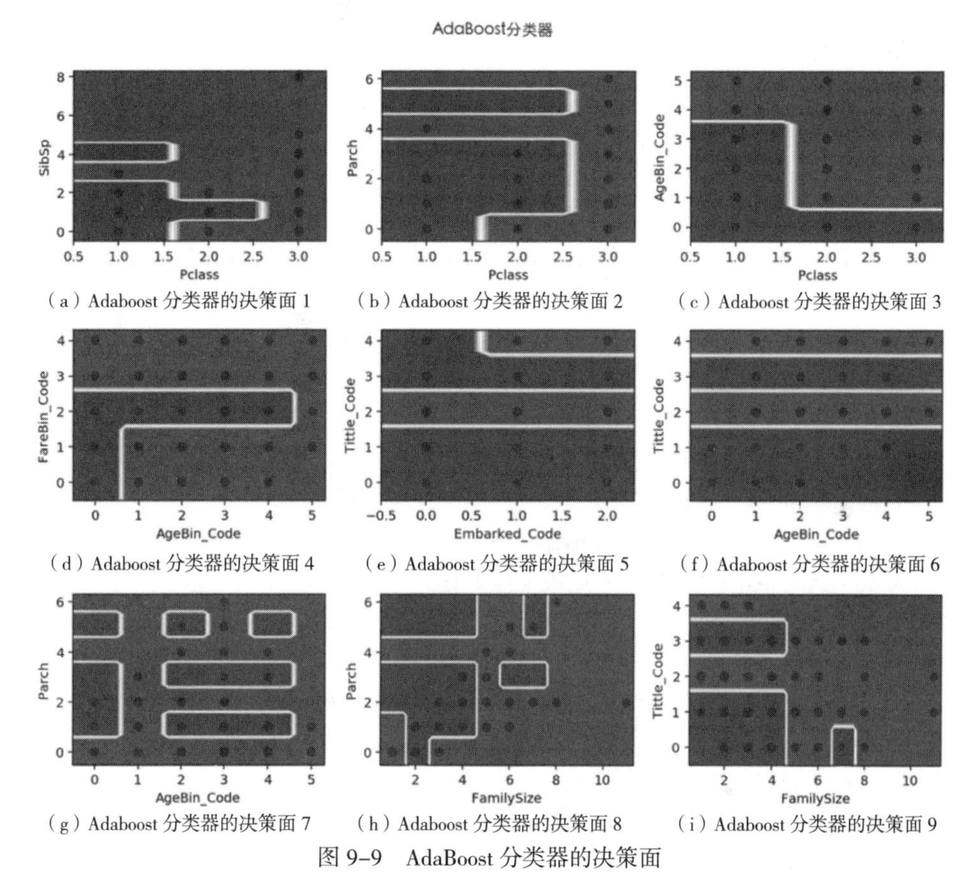

（a）Adaboost 分类器的决策面 1　（b）Adaboost 分类器的决策面 2　（c）Adaboost 分类器的决策面 3

（d）Adaboost 分类器的决策面 4　（e）Adaboost 分类器的决策面 5　（f）Adaboost 分类器的决策面 6

（g）Adaboost 分类器的决策面 7　（h）Adaboost 分类器的决策面 8　（i）Adaboost 分类器的决策面 9

图 9-9　AdaBoost 分类器的决策面

本章小结

本章使用泰坦尼克号数据集，从数据预处理、特征提取开始，介绍了在 Python 中如何使用决策树模型、解决决策树模型过拟合问题以及决策树模型的可视化等。接着介绍了随机森林模型的预测问题，并将数据中特征的重要程度进行可视化，探索如何使用 Python 进行模型参数网格搜索，寻找更合适的模型参数。最后介绍了另一种集成学习方式 AdaBoost 模型，并且介绍了该模型的训练方法和结果解释及模型可视化方面的内容。

参数说明：

（1）train_test_split(*arrays, **options)

数据切分函数主要参数介绍如下。

- test_size：测试集的大小，取值在0到1之间，代表百分比。
- train_size：训练集的大小，取值在0到1之间，代表百分比。
- random_state：生成随机数时的随机数种子，保证求解结果的可重复性。

（2）DecisionTreeClassifier(criterion= 'gini', max_depth=5, max_features = None, max_leaf_nodes =20, min_samples_leaf=5, min_samples_split=2, random_state=1,⋯)

决策树的主要参数介绍如下。

- criterion:衡量特征分裂的分类性能的方法，即特征选择标准。
- max_depth：决策树的最大深度。
- max_features：寻找合适分裂变量时所考虑的特征数量。
- max_leaf_nodes：叶子节点的最大数量。
- min_samples_leaf：叶子节点最少样本数。
- min_samples_split：内部节点再划分所需最小样本数。
- random_state：生成随机数时的随机数种子，保证求解结果的可重复性。

（3）RandomForestClassifier(n_estimators = 500,max_depth=5, max_features='auto', oob_score = True, random_state = 1,⋯)

随机森林的主要参数介绍如下。

- n_estimators：随机森林中树的数量。
- max_depth：每个决策树的最大深度。
- max_features：每棵树的最大特征数量。
- oob_score：是否使用袋外样本来估计泛化精度。
- metric_params：metric的参数。
- random_state：生成随机数时的随机数种子，保证求解结果的可重复性。

（4）AdaBoostClassifier(n_estimators= 50,learning_rate= 1,random_state=1234,⋯)

AdaBoost 分类的主要参数介绍如下。

- n_estimators：提升终止的最大估算量。
- learning_rate：算法的学习速率。
- random_state：生成随机数时的随机数种子，保证求解结果的可重复性。

Chapter

10

第10章

朴素贝叶斯和K近邻分类

扫一扫，看视频

朴素贝叶斯是一种利用先验信息构建分类器的简单方法。它不是单独指某一种固定的算法，而是一系列基于相同原理的算法：所有朴素贝叶斯分类器都假定样本的每个特征与其他特征都不相关，并结合贝叶斯公式和相关数据的分布假设来构建朴素贝叶斯模型，如高斯朴素贝叶斯模型等。

K 近邻是一种基于实例的学习方式，或者是局部近似和将所有计算推迟到分类之后的惰性学习方法。K- 近邻算法是所有机器学习算法中最简单的一种。

本章将主要介绍朴素贝叶斯算法和 K 近邻算法。首先会对两种模型的相关知识进行简单的介绍，针对垃圾邮件数据集进行预处理并对数据进行可视化，继而使用贝叶斯模型对垃圾邮件数据进行分类，然后对数据不平衡问题的解决方法进行讨论，最后使用 K 近邻模型结合数据不平衡处理方式，对信用卡欺诈数据进行建模。

10.1 模型简介

贝叶斯定理提供了推理的一种概率手段，可以预测实例属于某一类的概率。要精确定义贝叶斯理论需要引入一些记号。

先验概率：$P(h)$ 代表 h 拥有的初始概率（在没有训练数据前的初始概率）。$P(h)$ 常被称为先验概率，它反映的是假设 h 是正确的机会的背景知识。如果没有这一先验知识，那么可以简单地将每一候选假设赋予相同的先验概率。

后验概率：$P(h|D)$ 称为后验概率，或在条件 D 下 h 的概率，它反映了在看到训练数据集 D 后成立的置信度。

贝叶斯公式：贝叶斯法则是贝叶斯学习方法的基础，因为它提供了从先验概率 $P(h)$ 以及 $P(D)$ 和 $P(D|h)$ 计算后验概率 $P(h|D)$ 的方法，即贝叶斯公式：

$$P(h|D)=\frac{P(D|h)P(h)}{P(D)}$$

从直观上可以看出，$P(h|D)$ 随着 $P(D|h)$ 和 $P(h)$ 的增长而增长，同时 $P(h|D)$ 随着 $P(D)$ 的增加而减小。

朴素贝叶斯分类法是假定一个属性值在给定类上的影响独立于其他属性，这一假定称为类条件独立性。作出这样的假定是为了简化计算，在此意义下称为“朴素的”。朴素贝叶斯分类算法常应用于文本分类中，而且这样的概率方法是目前所知文本分类算法中最有效的一类。

朴素贝叶斯模型和其他的数据分布假设相结合，可以得到不同的模型。如：假设数据集的一个特征中所有属于某个类别的观测值都符合高斯（正态）分布，则可以定义高斯朴素贝叶斯模型；假设数据服从多项式分布，则可以得到多项式朴素贝叶斯算法，多项式朴素贝叶斯算法在文本分类中可以取得很好的效果；针对服从多元伯努利分布（即多元 0–1 分布）的数据，可以建立伯努利朴素贝叶斯模型。

K 近邻算法是一种基本的分类与回归算法，在以下两种情况下，输入包含特征空间中 k 个最接近的训练样本。

（1）在 k–NN（K Nearest Neighbor, K 近邻算法）分类中，输出的是一个分类族

群。一个对象的分类是由其邻居的“多数表决”确定的。k（k 为正整数，通常较小）个最近邻居中，最常见的分类赋予该对象的类别。若 k = 1，则该对象的类别直接由最近的一个节点赋予。

（2）在 k–NN 回归中，输出的是该对象的实数值，该值是其 k 个最近邻居值的平均值。

本章主要考虑使用 K 近邻算法进行分类。K–NN 是一种基于实例的学习，或者是局部近似，它是将所有计算推迟到分类之后的惰性学习。k– 近邻算法是所有的机器学习算法中较为简单的算法之一，但其缺点是对数据的局部结构非常敏感，如图 10–1 所示。

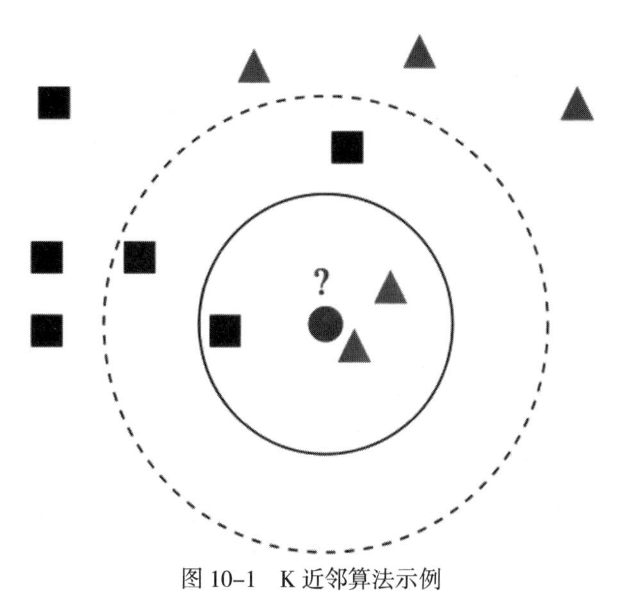

图 10–1　K 近邻算法示例

图中测试样本（圆形）要么归入第一类的方形，要么归入第二类三角形。如果 k=3（实线圆圈），则它被分配给第二类，因为圈内有 2 个三角形，但只有 1 个正方形。如果 k=5（虚线圆圈），则它将被分配到第一类，因为圈内有 3 个正方形，但只有 2 个三角形。

可以看出 K 近邻算法中 K 的选择对最终的分类结果很重要。如果 K 选择的较小，就相当于用较小的邻域中的训练实例进行预测，“学习”的近似误差会减小，但缺点是“学习”的估计误差会增大，预测结果会对近邻的实例点非常敏感。也就是说 K 减小就意味着模型整体会变得复杂，容易发生过拟合。如果 K 值较大，就相当于使用较大的邻域中的训练实例进行预测，优点是可以减少学习的估计误差，但缺点是会增大学习的近似误差，K 值增大意味着模型整体变的简单。

在后面的内容中，结合具体的数据集，使用 Python 来探索朴素贝叶斯模型和 K 近邻模型的建立与使用，首先导入所需要的库。

```
In[1]:import numpy as np
      import pandas as pd
      import matplotlib.pyplot as plt
      from mpl_toolkits.mplot3d import Axes3D
      import seaborn as sns
      %matplotlib inline
      %config InlineBackend.figure_format = "retina"
      from matplotlib.font_manager import FontProperties
      fonts = FontProperties(fname = "/Library/Fonts/ 华文细黑 .ttf",size=14)
      from sklearn import metrics
      from sklearn.model_selection import train_test_split,GridSearchCV
      from wordcloud import WordCloud
      from sklearn.feature_extraction.text import CountVectorizer, TfidfTransformer
      from sklearn.naive_bayes import MultinomialNB,GaussianNB,BernoulliNB
      from sklearn.pipeline import Pipeline
```

其中用 WordCloud 来可视化词云，MultinomialNB、GaussianNB、BernoulliNB 分别是多项式朴素贝叶斯模型、高斯朴素贝叶斯模型和伯努利朴素贝叶斯模型。CountVectorizer, TfidfTransformer 主要用来对文本数据集的 TF – IDF 特征进行提取。Axes3D 用来设置 3 维的坐标系，方便绘制图像。

10.2 垃圾邮件数据预处理

垃圾邮件数据集来自 UCI 的 SMS Spam Collection Data Set，该数据集包含 5574 个文本样例，均为英文邮件数据。数据集网址为 https://archive.ics.uci.edu /ml/datasets/SMS+Spam+Collection，数据集中的邮件有两种类别。接下来探索如何对

数据集进行预处理。首先读取数据集，并查看数据集的前5行数据，以了解大体情况。

```
In[2]:## 读取邮件数据
      spam = pd.read_csv("data/chap10/SMSSpamCollection",sep="\t",header=None)
      spam.columns = ["classification","text"]
      spam.head()
Out[2]:
```

	classification	text
0	ham	Go until jurong point, crazy.. Available only ...
1	ham	Ok lar... Joking wif u oni...
2	spam	Free entry in 2 a wkly comp to win FA Cup fina...
3	ham	U dun say so early hor... U c already then say...
4	ham	Nah I don't think he goes to usf, he lives aro...

在读取文件时，使用pd.read_csv()读取数据。因为文件没用列名，所以header=None，并且每行中的数据是以Tab键来区分类别和内容的，所以分隔符sep="\t"。使用spam.columns属性重新对数据集的列进行命名，方便后面对数据的分析。可以发现该数据集一共有两个属性，一个为classification属性，包含spam和ham两类；一个为text属性，是邮件的文本内容。下面查看每类邮件各有多少个，可以使用pd.value_counts()函数。

```
In[3]:pd.value_counts(spam.classification)
Out[3]:
ham     4825
spam     747
Name: classification, dtype: int64
```

从得到的结果中可以知道ham类邮件有4825个样例，spam类邮件有747个样例。在对数据集进行预处理时，需要对类别classification中的各变量进行重新编码，使用.map方法将ham映射为0，spam映射为1，并将其做成新的列，列名为"label"。

```
In[4]:# 将类别转化为数字
      spam["label"] = spam.classification.map({'ham':0, 'spam':1})
      spam.head()
Out[4]:
```

	classification	text	label
0	ham	Go until jurong point, crazy.. Available only ...	0
1	ham	Ok lar... Joking wif u oni...	0
2	spam	Free entry in 2 a wkly comp to win FA Cup fina...	1
3	ham	U dun say so early hor... U c already then say...	0
4	ham	Nah I don't think he goes to usf, he lives aro...	0

邮件文本可视化

可以发现上面的邮件数据表中，有两种类别，一种是垃圾邮件，一种是正常的邮件。怎样分析两种邮件之间的差异呢？在前面的数据可视化章节中，介绍过使用词云进行可视化文本数据，在这里我们将两种类型的数据集进行词云可视化，然后通过对比词云，来分析两种邮件的差异情况。

```
In[5]:classification = ["ham","spam"]
      plt.figure(figsize=(18,8))
      for ii,cla in enumerate(classification): # 取 classification 中的每个元素并给其增加索
      引 ii
          text = spam.text[spam.classification == cla]
          ## 设置词云参数
          WordC = WordCloud(font_path="/Library/Fonts/Hiragino Sans GB W3.ttc",
                            margin=1,width=1000, height=1000,
                            max_words=200, min_font_size=5,
                            background_color='white',
                            max_font_size=250,)
          WordC.generate_from_text(" ".join(text))
          plt.subplot(1,2,ii+1)
          plt.imshow(WordC)
          plt.title(cla,size = 20)
          plt.axis("off")
      plt.show()
```

因为邮件数据为英文文本，所以在制作词云时不需要进行分词环节，直接使用 .generate_from_text() 函数，即通过文本数据集绘制词云。上面的程序代码中，使用 text = spam.text[spam.classification == cla] 来提取 cla（取值为 ham 或者 spam）类的文本邮件，为了将所有的邮件连接为一个文本，可以使用 " ".join(text)。因为要对两

种邮件分别进行可视化，所以需要使用一层 for 循环分别提取两种类型的数据。在 for 循环中使用 WordC = WordCloud() 定义一个绘制词云的类，最后通过 WordCloud 的 generate_from_text 方法绘制文本的词云，得到图像如图 10-2 所示。

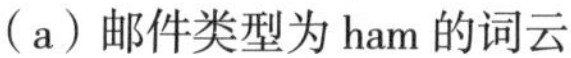
（a）邮件类型为 ham 的词云

（b）邮件类型为 spam 的词云

图 10-2　邮件数据集词云

图 10-2（a）所示是邮件类型为 ham 的词云，可以发现高频词主要为 now、love、OK、time、go、will 等；图 10-2（b）所示是邮件类型为 spam 的词云，可以发现高频词主要为 now、text、free、stop、mobile、call 等。从词云上可以看出两种类型的文本数据的内容差异非常明显。

为建立朴素贝叶斯分类模型做准备，需使用 train_test_split() 函数将数据集切分为训练集和测试集，其中测试集数据占比 25%。

```
In[6]:## 切分数据集
      train_x,test_x,train_y,test_y=train_test_split(spam.text,spam.label,test_size =
                                                     0.25, random_state=0)
```

10.3 贝叶斯模型识别垃圾邮件

针对文本数据集建立分类模型时，最关键的一步是如何从数据集中获取有用的特征。因为模型不会识别文本，对于文本数据分类，用 Tf-idf 特征来分类是比较合适的。TF-IDF 是一种统计方法，用来评估一个词对于一个文件集或一个语料库中的某份文件的重要程度。字词的重要性随着它在文件中出现次数的增加而加强，同时会随着它在语料库中出现次数的增加而减弱。通过大量的实验验证得知，使用 TF-IDF 特征进行数据集的二分类是非常有效的。在下面的模型中，我们使用 TF-IDF 算法选取的特征建立朴素贝叶斯模型。

1. 计算 TF-IDF 特征矩阵

在 Python 中有很多库都可以计算文本数据集的 TF-IDF 特征，如 Sklearn 库。该库的 feature_extraction.text 模块中包含 CountVectorizer 和 TfidfTransformer 函数，可以先用 CountVectorizer 函数建立语料库，然后通过 TfidfTransformer 函数对所建立的语料库用 TF-IDF 特征进行计算。

```
In[7]:## 数据预处理，将英文根据空格将数据切分，计算 TF-IDF
      vectorizer = CountVectorizer(stop_words="english")
      transformer = TfidfTransformer()
      train_tfidf = transformer.fit_transform(vectorizer.fit_transform(train_x))
      train_tfidf.shape
Out[7]:
(4179, 7287)
```

上面的程序首先使用 CountVectorizer() 来处理英文文本，根据空格建立语料库，stop_words="english" 参数是指去除英文常用停用词，然后使用 TfidfTransformer() 建立一个计算 TF-IDF 的类，使用 fit_transform 方法拟合训练数据集 train_x，得到一个含有 7287 个特征的结果。针对训练得到的 transformer 类，可以直接使用 transform() 方法对测试集 test_x 进行处理，得到与训练集特征完全相同的结果，也包含有 7287 个特征。

```
In[8]:test_tfidf = transformer.transform(vectorizer.transform(test_x))
      test_tfidf.shape
Out[8]:
(1393, 7287)
```

2. 拟合朴素贝叶斯模型

在 Scikit-learn 中有 3 种朴素贝叶斯的分类算法：GaussianNB，先验高斯分布的

朴素贝叶斯；MultinomialNB，先验多项式分布的朴素贝叶斯；BernoulliNB，先验伯努利分布的朴素贝叶斯。

在得到 TF-IDF 矩阵之后，即可进行模型的建立。这里分别建立 3 种朴素贝叶斯模型，并对 3 种模型的结果进行对比。

（1）MultinomialNB。

```
In[9]:## 建立 MultinomialNB 就是先验为多项式分布的朴素贝叶斯
      clf_m = MultinomialNB().fit(train_tfidf, train_y)
      pre_ym = clf_m.predict(test_tfidf)
      print(metrics.classification_report(test_y,pre_ym))
Out[9]:
        precision   recall  f1-score   support
        0   0.97     1.00     0.99      1208
        1   1.00     0.82     0.90       185
avg / total   0.98     0.98     0.97      1393
```

上面的程序中，使用 MultinomialNB().fit(train_tfidf, train_y) 对训练数据集进行训练而得到模型 clf_m，然后使用 clf_m.predict() 方法得到测试数据的预测值，再使用 metrics.classification_report(test_y,pre_ym) 评价多项式朴素贝叶斯模型的泛化能力。在上面的输出结果中 f1-score 的平均值为 0.97，其中 0 类的 precision = 0.97，表明在 0 类中有 97% 的数据预测正确；1 类的 precision = 1，表明在 1 类中 100% 的数据预测正确。结合在模型测试集上的预测表现，说明多项式朴素贝叶斯（MultinomialNB）模型非常适合该数据集。

（2）GaussianNB。

```
In[10]:## 建立 GaussianNB 就是先验为高斯分布的朴素贝叶斯
       clf_g = GaussianNB().fit(train_tfidf.toarray(), train_y)
       pre_yg = clf_g.predict(test_tfidf.toarray())
       print(metrics.classification_report(test_y,pre_yg))
Out[10]:
      precision   recall  f1-score   support
       0   0.98     0.88     0.93      1208
       1   0.53     0.91     0.67       185
avg / total   0.92     0.88     0.89      1393
```

上面的程序中使用 GaussianNB().fit(train_tfidf.toarray(), train_y) 对训练数据集进行训练得到模型类 clf_g，然后使用 clf_g.predict() 方法得到测试数据的预测值，接着使用 metrics.classification_report(test_y,pre_yg) 评价高斯朴素贝叶斯模型的泛化能力。在上面的输出结果中，f1-score 的平均值只有 0.89<0.97，其中 0 类的 precision = 0.98，表明在 0 类中有 98% 的数据预测正确，但是在 1 类的 precision = 0.53，表明在 1 类中只有 53% 的数据预测正确。结合在模型测试集上的表现，说明高斯朴素贝叶斯（GaussianNB）模型的效果并没有多项式朴素贝叶斯（MultinomialNB）模型的效果好。相对来说，高斯朴素贝叶斯（GaussianNB）模型不是很适合该数据集。

(3) BernoulliNB。

```
In[11]:## 建立 BernoulliNB 就是先验为伯努利分布的朴素贝叶斯
        clf_b = BernoulliNB().fit(train_tfidf, train_y)
        pre_yb = clf_b.predict(test_tfidf)
        print(metrics.classification_report(test_y,pre_yb))
Out[11]:
          precision   recall  f1-score   support
        0   0.97       1.00     0.99      1208
        1   1.00       0.83     0.91       185
avg / total   0.98       0.98     0.98      1393
```

程序中使用 BernoulliNB().fit(train_tfidf, train_y) 对训练数据集进行训练，得到模型 clf_b，再使用 clf_b.predict() 方法得到测试数据的预测值，最后可以使用 metrics.classification_report(test_y,pre_yb) 来评价高斯朴素贝叶斯模型的泛化能力。

在上面输出的结果中，f1-score 的平均值为 0.98>0.97，其中 0 类的 precision = 0.97 表明在 0 类中 97% 的数据预测正确，1 类的 precision = 1 表明在 1 类中所有的数据预测均正确。结合在模型测试集上的表现，说明伯努利朴素贝叶斯（BernoulliNB）模型的效果和多项式朴素贝叶斯（MultinomialNB）模型的效果相当。所以说伯努利朴素贝叶斯（BernoulliNB）模型也适合该数据集。

针对 3 个模型得到的结果，绘制 ROC 曲线并且计算出 AUC 的值，以观察分析模型的效果，方便对 3 个模型效果进行对比。

```
In[12]:## plot ROC 曲线
        model = [clf_m,clf_g,clf_b]
        modelname = ["MultinomialNB","GaussianNB","BernoulliNB"]
        plt.figure(figsize=(12,12))
```

```
for ii,clf in enumerate(model):
    ## 计算预测概率
    pre_y = clf.predict_proba(test_tfidf.toarray())[:, 1]
    fpr_Nb, tpr_Nb, _ = metrics.roc_curve(test_y, pre_y)
    auc = metrics.auc(fpr_Nb, tpr_Nb)
    plt.subplot(2,2,ii+1)
    plt.plot([0, 1], [0, 1], 'k--')
    plt.plot(fpr_Nb, tpr_Nb,"r",linewidth = 3)
    plt.xlabel(" 假正例率 ",fontproperties = fonts,size = 12)
    plt.ylabel(" 真正例率 ",fontproperties = fonts,size = 12)
    plt.xlim(0, 1)
    plt.ylim(0, 1)
    plt.title(modelname[ii]+" ROC curve")
    plt.text(0.2,0.8,"auc = "+str(round(auc,4)))
plt.show()
```

首先使用 model = [clf_m,clf_g,clf_b] 将训练得到的 3 个模型组成一个列表，在一个 for 循环 "for ii,clf in enumerate(model)：" 中，ii 是 clf 所对应的在 model 中的索引（取值依次为 0，1，2）；clf 为列表 model 中的一个训练好的模型。在绘制 ROC 曲线时，首先要计算横纵坐标的值，即横坐标假正例率 (fpr_Nb)，纵坐标真正例率 (tpr_Nb)，可以使用 metrics.roc_curve(test_y, pre_y) 计算，其中 pre_y 可以通过 clf.predict_proba() 计算预测，取值为第 1 类的概率值。在绘制 ROC 曲线时，通常伴随着 AUC 取值的计算，可以使用 auc = metrics.auc(fpr_Nb, tpr_Nb) 计算，其中 metrics.auc() 的两个参数分别为横坐标假正例率 (fpr_Nb) 和纵坐标真正例率 (tpr_Nb)。计算好坐标值后即可通过 plt.plot() 绘制 ROC 曲线，得到的 ROC 曲线如图 10-3 所示。

从图 10-3（a）~ 图 10-3（c）可以看出 ROC 曲线的走势情况，对应的 AUC 取值分别为 0.9896、0.8928、0.9977，说明使用伯努利贝叶斯模型 (BernoulliNB)，即先验伯努利分布的朴素贝叶斯模型预测效果最好，而使用 GaussianNB 先验高斯分布朴素贝叶斯模型预测效果最差。

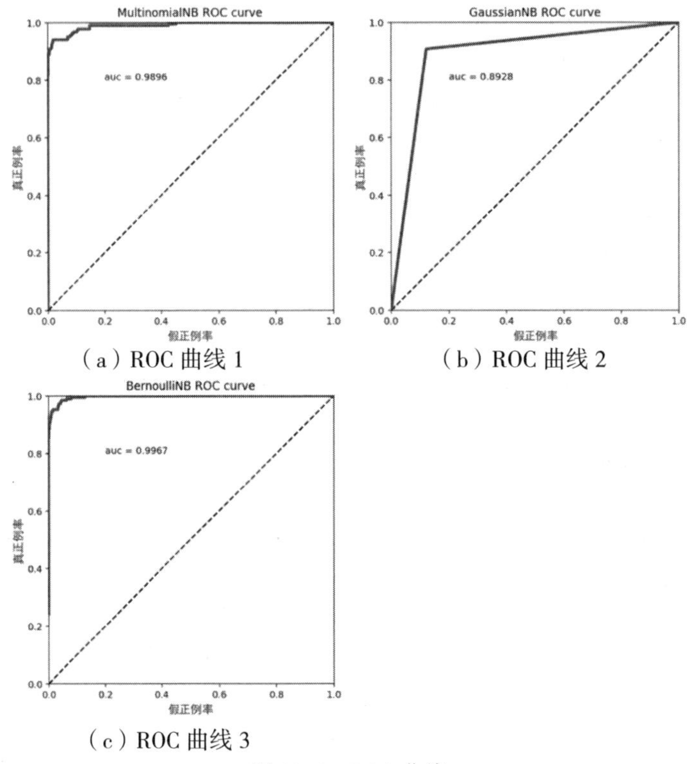

（a）ROC 曲线 1　（b）ROC 曲线 2　（c）ROC 曲线 3

图 10-3　ROC 曲线

3. 模型调优

建立模型时使用不同的参数，以辨别朴素贝叶斯模型的预测效果。通过改变 3 个不同步骤的参数，分析其对模型效果的影响。参数如表 10-1 所示。

表 10-1　影响模型效果的参数

构建预料库时	ngram_range	构建词袋时使用词的数量
计算 TF-IDF 时	use_idf	是否使用词频
朴素贝叶斯模型	alpha	模型的正则化约束参数

```
In[13]:## 对建模过程进行封装
        spam_clf = Pipeline([('vect', CountVectorizer(stop_words="english")),
                             ('tfidf', TfidfTransformer()),
```

```
                ('clf', MultinomialNB()),
                ])
    ## 定义网格搜索的参数
    alpha = [0.01,0.1,1,10,100]
    para_grid = {'vect__ngram_range': [(1, 1), (1, 2)],
                 'tfidf__use_idf': (True, False),
                 'clf__alpha': alpha,}
    ## 使用 3 折交叉验证进行搜索
    gs_spam_clf = GridSearchCV(spam_clf,para_grid,cv=3,n_jobs=4)
    gs_spam_clf.fit(train_x, train_y)
    ## 得到最好的参数组合
    gs_spam_clf.best_params_
Out[13]:
{'clf__alpha': 0.1, 'tfidf__use_idf': True, 'vect__ngram_range': (1, 2)}
```

上面的程序可以分为 3 个步骤：

（1）使用 Pipeline() 定义模型，从特征提取到模型的建立。('vect', CountVectorizer(stop_words="english") 为准备语料库；('tfidf', TfidfTransformer()) 为计算 Tf－idf 特征；('clf', MultinomialNB()) 为建立多项式朴素贝叶斯分类器。

（2）定义搜索参数网格。'vect__ngram_range': [(1, 1), (1, 2)] 为构建语料库时，词袋参数为 (1, 1) 或者 (1, 2)；'tfidf__use_idf': (True, False) 为特征提取时是否使用词频；'clf__alpha': alpha 为建立贝叶斯模型时正则化参数 alpha 的取值。

（3）使用 GridSearchCV() 训练模型，训练时使用 3 折交叉验证。模型训练结束后，使用 GridSearchCV() 的 best_params_ 属性，输出最优模型所使用的参数。

从输出结果中可以看出，最优模型使用的参数为 alpha=0.1、use_idf=True、ngram_range'=(1,2)。针对得到的参数可以对模型做进一步的优化。

10.4 基于异常值检测的垃圾邮件查找

针对垃圾邮件的处理通常使用贝叶斯分类器，属于有监督学习。那么是否可以使用无监督的方法来查找垃圾邮件呢？答案是肯定的。由于正常情况下垃圾邮件在所有信件中占比很少(该数据集垃圾邮件占比约13.5%)，能够认为垃圾邮件是整个数据集中的异常值，可以使用异常值检测的方法找出垃圾邮件。

异常值检测是对不匹配预期模式或数据集中其他的项目、事件或观测值的识别。如在银行欺诈的识别、网络攻击的识别等，这些欺诈和攻击事件都可以看作正常事件集合中的异常值、孤立点等。针对垃圾邮件问题，垃圾邮件是所有邮件数据集中的异常值，基于这样的想法就可以使用异常值识别的非监督方式进行检测，找出垃圾邮件。

在 Python 中，使用 Python Outlier Detection (PyOD) 库可以进行异常值的检测，该库提供了多种异常值检测的方法，如主成分分析方法，使用实例到特征向量超平面的加权投影距离总和作为异常值离群值分数；基于 K －近邻聚类的方法找到数据中的异常值；Isolation Forest(孤立森林)方法，类似随机森林，通过多个树模型来找到数据集中的异常值，对高维数据具有很好的效果。在后面的示例中，将会使用处理好的垃圾邮件数据集，结合 PyOD 库进行异常值的检测，以找到垃圾邮件数据，这里主要介绍主成分分析的方法和孤立森林方法。

10.4.1 PCA 异常值检测

通过 PCA 方法进行异常值检测，可以使用 models.pca.PCA() 函数来完成。该函数可以通过参数 n_selected_components 指定主成分个数；contamination 参数指定在数据集中异常值所占的比例，其取值范围为 0 ~ 0.5。使用 models.pca.PCA() 的程序如下：

```
In[15]:# PCA: Principal Component Analysis（主成分分析）
       from pyod.models import pca
       pcaod = pca.PCA(n_selected_components = 100, #用于计算异常值得分的主成分个数
                contamination = 0.135 ,## 数据异常值比例，default = 0.1
                random_state = 123)
       ## 对训练集进行训练
       pcaod.fit(train_tfidf)
Out[15]:
PCA(contamination=0.135, copy=True,iterated_power='auto', n_components=None,
 n_selected_components=100, random_state=123, standardization=True,
 svd_solver='auto', tol=0.0, weighted=True, whiten=False)
In[16]:## 对测试集进行测试，找到异常值，1 代表异常值 .
```

```
        pcaod_pre = pcaod.predict(test_tfidf)
        print(metrics.classification_report(test_y,pcaod_pre))
```

该段代码先对训练集进行训练，然后使用测试集进行预测，再使用 pcaod.predict() 方法得到预测结果，其中预测值为 0 代表不是异常值，预测值为 1 表示为异常值。因为该数据集中已经对垃圾邮件进行了标注，所以可以使用 metrics.classification_report() 分析模型对异常值进行识别效果判断，输出结果如下：

```
Out[16]:
           precision    recall  f1-score   support
        0     0.90       0.90      0.90      1208
        1     0.33       0.32      0.33       185
avg / total     0.82       0.82      0.82      1393
```

从输出结果中可以发现，90%的正常邮件预测正确，但是异常值（垃圾邮件）的正确识别率只有 33%，说明使用主成分分析的方式来查找异常值的效果并不是很好。下面使用 pcaod.predict_proba() 方法来输出每个测试集属于异常值的概率，同时绘制 ROC 曲线，查看模型的效果。

```
In[17]:## plot ROC 曲线
        pre_y = pcaod.predict_proba(test_tfidf)[:, 1]
        fpr_Nb, tpr_Nb, _ = metrics.roc_curve(test_y, pre_y)
        auc = metrics.auc(fpr_Nb, tpr_Nb)
        plt.figure(figsize=(6,5))
        plt.plot([0, 1], [0, 1], 'k--')
        plt.plot(fpr_Nb, tpr_Nb,"r",linewidth = 3)
        plt.xlabel('False positive rate')
        plt.ylabel('True positive rate')
        plt.xlim(0, 1)
        plt.ylim(0, 1)
        plt.title('PCA Outlier detection ROC curve')
        plt.text(0.2,0.8,"auc = "+str(round(auc,4)),fontsize=12)
        plt.show()
```

上面的程序使用 metrics.roc_curve() 函数计算 ROC 曲线的横纵坐标数据，使用 metrics.auc() 函数计算 AUC 值，最后得到的图像结果如图 10-4（a）所示，可以发现其 AUC 取值为 0.78。

通过 PCA 方法识别异常值的 AUC = 0.78，这就表明通过非监督方法识别垃圾邮件是有效的。异常值识别方法还有很多，下面介绍如何使用孤立森林来检测异常值(检测出垃圾邮件)。

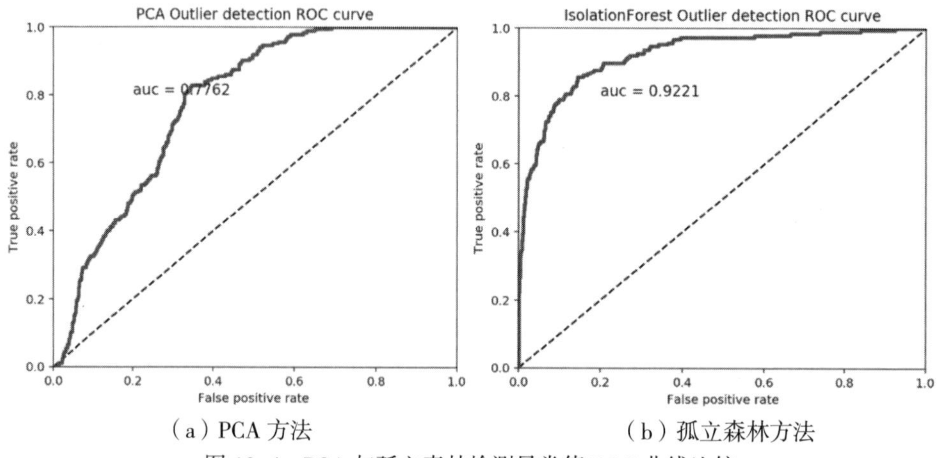

(a) PCA 方法　　(b) 孤立森林方法

图 10-4　PCA 与孤立森林检测异常值 ROC 曲线比较

10.4.2 Isolation Forest 异常值检测

孤立森林和随机森林在思想上很像，都是通过很多决策树来组合成森林，不同的是孤立森林是一种无监督识别异常值的方法，而随机森林是一种有监督的学习方法。使用 Pyod 库可以很方便地使用孤立森林方法建立异常值的识别模型。

```
In[18]:## IsolationForest 异常值检测器
from pyod.models import iforest
ifood = iforest.IForest(n_estimators = 5000, ## The number of base estimators in the ensemble.
                        max_samples = 1000,
                        contamination = 0.135 ,## 数据异常值比例，default = 0.1
                        max_features = 500,
                        n_jobs  = 4,
                        random_state = 123)
## 对训练集进行训练
ifood.fit(train_tfidf)
Out[18]:
```

```
IForest(bootstrap=False, contamination=0.135, max_features=500,
   max_samples=1000, n_estimators=5000, n_jobs=4, random_state=123,
verbose=0)
In[19]:## 对测试集进行测试，找到异常值，1 代表异常值 .
        ifood_pre = ifood.predict(test_tfidf)
        print(metrics.classification_report(test_y,ifood_pre))
```

以上代码中使用 models.iforest.IForest() 定义孤立随机森林模型，其中 n_estimators = 5000 表示该孤立森林模型是由 5000 个基础的估计器组成的，max_samples = 1000 和 max_features = 500，表示每个估计器最多使用 1000 个样本和 500 个特征，contamination = 0.135 表示数据集中约有 13.5% 的异常值。模型定义完成后通过 ifood.fit(train_tfidf) 在训练集上训练模型，然后使用 ifood.predict(test_tfidf) 预测测试集上的每个样例是否为异常值。

同样的，可以使用 classification_report() 评价孤立森林异常值的识别能力。输出结果如下：

```
Out[19]:
           precision    recall  f1-score   support
        0      0.94      0.97      0.95      1208
        1      0.72      0.59      0.65       185
avg / total      0.91      0.92      0.91      1393
```

从输出的结果可以看出，对于正常的邮件，模型识别的准确率达到 94%，而异常值识别的准确率达到 72%，模型识别异常值的能力大大提高。下面绘制 ROC 曲线，结果如图 10-4（b）所示。

```
In[20]:## plot ROC 曲线
        pre_y = ifood.predict_proba(test_tfidf)[:, 1]
        fpr_Nb, tpr_Nb, _ = metrics.roc_curve(test_y, pre_y)
        auc = metrics.auc(fpr_Nb, tpr_Nb)
        plt.figure(figsize=(6,5))
        plt.plot([0, 1], [0, 1], 'k--')
        plt.plot(fpr_Nb, tpr_Nb,"r",linewidth = 3)
        plt.xlabel('False positive rate')
        plt.ylabel('True positive rate')
        plt.xlim(0, 1)
```

```
plt.ylim(0, 1)
plt.title('IsolationForest Outlier detection ROC curve')
plt.text(0.2,0.8,"auc = "+str(round(auc,4)),fontsize=12)
plt.show()
```

从图 10–4 可以看出，通过 PCA 方法识别异常值 AUC = 0.776，而通过孤立森林识别异常值 AUC = 0.922，说明通过无监督的方法来识别数据集的异常值是有效的，尤其针对没有标签的数据集，可以使用无监督的学习方式识别数据集的异常值（离群点、孤立点）。

10.5 数据不平衡问题的处理

多数时候，我们使用的数据集是不完美的，会出现各种各样的问题，尤其针对分类问题时，可能会出现类不平衡的情况。如上面的垃圾邮件分类，两种邮件数据量差别很大，再如在欺诈监测数据集中，包含的欺诈样本往往并没有那么多，在处理这类数据集的分类时，需要对数据集的类不平衡问题进行处理。解决数据不平衡问题常用的方法如下。

（1）过抽样：针对稀有类元组进行复制，如原始训练集中包含 100 个正元组，1000 个负元组，针对正元组进行复制达到 1000 个正元组。

（2）欠抽样：随机删除数量多的元组，如原始训练集中包含 100 个正元组，1000 个负元组，针对负元组进行随机删除，保留 100 个负元组。

（3）阈值移动：该方法不涉及抽样，而是根据输出值返回决策分类，如朴素贝叶斯方法，可以通过调整判别正负类的阈值来调整分类结果。如原始结果输出概率 >0.5，则分类为 1，可以将阈值 0.5 提高到 0.6，只有当预测概率 >0.6 时，才判定类别为 1。

（4）组合技术：组合技术可以是组合多个分类器的结果。

前 3 种方法都不涉及到对分类模型的改变，其中过抽样和欠抽样只改变了训练集中数据元组的分布；阈值移动只影响对新数据分类时模型如何做出决策。在使用抽样技术平衡数据时，也会存在多种变型，它们可能因为不同的增加或者减少数据

算法而存在差异。如 SMOTE 算法使用过抽样的方式平衡数据，当原始训练集中包含 100 个正元组，1000 个负元组时，算法会把靠近给定正元组的部分生成新的数据并添加到训练集中。

基于 Python 的 imblearn 是专门用来处理数据不平衡的问题的库，该库中的一些处理方法如表 10-2 所示。

表 10-2　imblearn 库处理数据不平衡的方法

过抽样 imblearn.over_sampling	ADASYN	使用 ADASYN 方法过抽样
	RandomOverSampler	使用随机方式过抽样
	SMOTE	使用 SMOTE 方法过抽样
欠抽样 imblearn.under_sampling	NearMiss	使用 NearMiss 方法欠抽样
	RandomUnderSampler	使用随机方式欠抽样
过抽样和欠抽样 imblearn.combine	SMOTEENN	过抽样使用 SMOTE 方法，欠抽样使用 ENN 方法
	SMOTRETomek	过抽样使用 SMOTE 方法，欠抽样使用 Tomek 方法
欠抽样组合多个分类器 imblearn.ensenble	BalanceCascade	使用欠抽样将数据集切分为多份，供多个分类器使用

在下文的示例中，将会结合 K 近邻算法和不同的数据平衡方法对信用卡数据集的分类进行预测，并对结果进行对比分析。

10.6 K近邻分类

信用卡数据集 default of credit card clients.xls 是一个典型的类不平衡数据集，可以使用 imblearn 库中的各种抽样算法对数据集进行平衡，并结合 K 近邻算法进行建立分类模型，再对预测结果进行比较。在建立对比模型之前，需要加载几个模块。

```
In[21]:from sklearn.decomposition import PCA
       from sklearn.neighbors import KNeighborsClassifier
```

```
        from sklearn.preprocessing import StandardScaler
        from imblearn.over_sampling import SMOTE
        from imblearn.under_sampling import NearMiss
        from imblearn.combine import SMOTEENN
        from imblearn.ensemble import BalanceCascade
```

导入 PCA 模块用来对数据进行降维；KNeighborsClassifier 用来建立 K 近邻模型；StandardScaler 用来对数据进行标准化处理；SMOTE 可通过抽样方法解决数据不平衡问题；NearMiss 通过欠抽样方法处理数据的不平衡问题；SMOTEENN 同时使用过抽样和欠抽样方法处理数据的不平衡问题；BalanceCascade 用组合方法处理数据的不平衡问题。

```
In[22]:## 读取数据集
        credit = pd.read_excel("data/chap10/default of credit card clients.xls")
        credit.head(5)
Out[23]:
```

	ID	X1	X2	X3	X4	X5	X6	X7	X8	X9	...	X15	X16	X17	X18	X19	X20	X21	X22	X23	Y
0	1	20000	2	2	1	24	2	2	-1	-1	...	0	0	0	0	689	0	0	0	0	1
1	2	120000	2	2	2	26	-1	2	0	0	...	3272	3455	3261	0	1000	1000	1000	0	2000	1
2	3	90000	2	2	2	34	0	0	0	0	...	14331	14948	15549	1518	1500	1000	1000	1000	5000	0
3	4	50000	2	2	1	37	0	0	0	0	...	28314	28959	29547	2000	2019	1200	1100	1069	1000	0
4	5	50000	1	2	1	57	-1	0	-1	0	...	20940	19146	19131	2000	36681	10000	9000	689	679	0

5 rows × 25 columns

该数据集一共包含 25 列，其中 23 列为数据集的特征（X1 ~ X23），列变量 Y 为类别标签。因数据的各个特征的量纲不一致，所以要先对数据集使用 StandardScaler() 进行标准化处理。

数据标准化：

```
In[24]:## 数据标准化
        creditX = StandardScaler().fit_transform(credit.drop(["ID","Y"],axis = 1))
```

StandardScaler() 的 fit_transform 方法可对原始数据剔除变量 ID 和类别 Y 后的数据进行标准化处理，得到新的数据集 creditX。为了进一步分析数据之间的关系，对标准化后的数据绘制相关系数热力图，分析数据之间的相关性。

```
In[25]:## 对标准化后的 23 个变量数据进行相关系数可视化
        datacor = np.corrcoef(creditX,rowvar=0)
        x = credit.drop(["ID","Y"],axis = 1)
```

```
datacor = pd.DataFrame(data=datacor,columns=x.columns,index=x.columns)
## 热力图可视化相关系数
plt.figure(figsize=(10,10))
ax = sns.heatmap(datacor,square=True,
                 linewidths=.5,cmap="YlGnBu",
                 cbar_kws={"fraction":0.046, "pad":0.03})
ax.set_title(" 标准化后变量相关性 ",fontproperties = fonts)
plt.show()
```

上面的程序使用了 sns.heatmap() 绘制热力图，得到的相关系数热力图如图 10-5 所示。

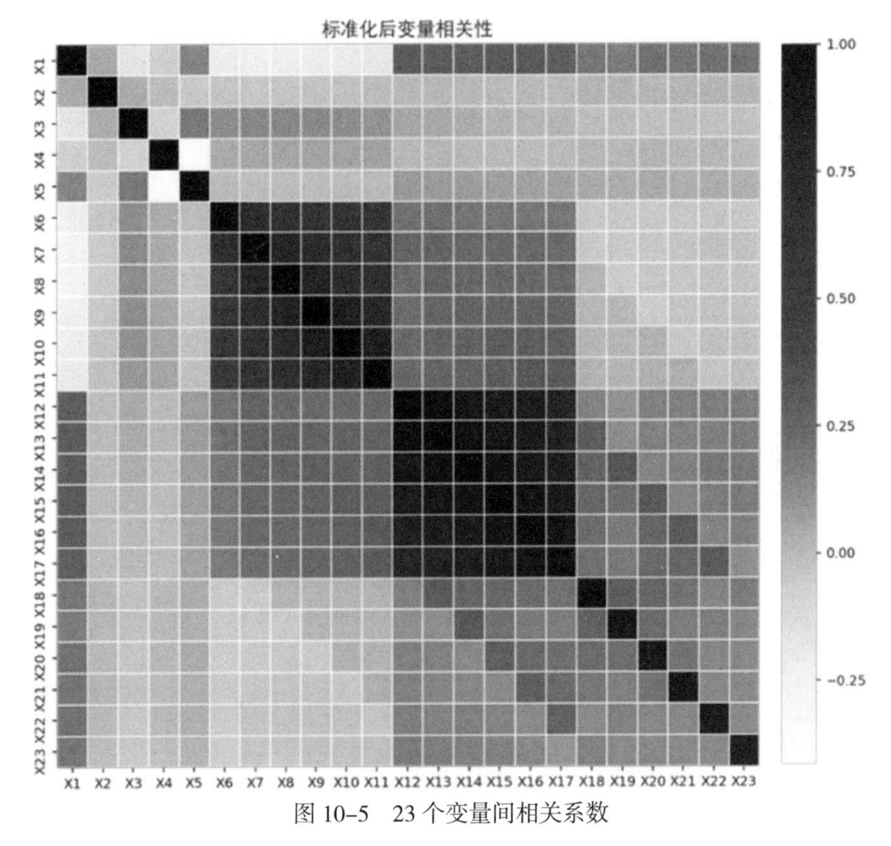

图 10-5　23 个变量间相关系数

从输出的热力图可以看出，图中有非常显眼的颜色较深的部分，表明该数据集的变量之间存在明显的局部线性相关性，如变量 x6 ~ x11、x12 ~ x17 之间。对该数据集如若直接使用原始数据建模，可能会影响模型的稳定性，针对该问题，可使用主成分分析对数据进行降维处理，提取其主要成分用于模型的建立。

主成分降维：

```
In[26]:## 对数据进行主成分分析提取主成分
       pca = PCA(n_components=15)
       credit_pca = pca.fit_transform(creditX)
       ## 前 15 个主成分的累计贡献率为 95%
       print(np.sum(pca.explained_variance_ratio_))
       np.round(pca.explained_variance_ratio_,6)
Out[26]:
  0.9570022822560614
  array([0.284482, 0.178188, 0.067433, 0.064012, 0.044576, 0.041617,
         0.03946 , 0.038592, 0.03788 , 0.03404 , 0.03186 , 0.029688,
         0.024824, 0.0228  , 0.01755 ])
```

使用 PCA() 的 fit_transform 方法对标准化后的数据集进行降维，并选取了前 15 个主成分，保留原始数据中 95.7% 的信息量。进行主成分分析降维后，15 个主成分之间没有线性关系，可以使用热力图进行验证。

```
In[27]:## 对 15 个主成分进行相关系数可视化
       datacor = np.corrcoef(credit_pca,rowvar=0)
       name = ["Pca_"+str((ii)) for ii in np.arange(1,16)]
       datacor = pd.DataFrame(data=datacor,columns=name,index=name)
       ## 热力图可视化相关系数
       plt.figure(figsize=(12,12))
       ax = sns.heatmap(datacor,square=True,annot=True,fmt = ".2f",
                        linewidths=2,cmap="YlGnBu",
                        cbar_kws={"fraction":0.046, "pad":0.03})
       ax.set_title("15 个主成分相关性 ",fontproperties = fonts)
       plt.show()
```

运行上述可视化程序后，得到如图 10-6 所示的图像。从中可以看出各个主成分之间的相关系数等于 0，说明各个主成分之间完全没有线性相关的情况，特征之间的共线性问题也得到了解决。

pd.value_counts() 函数可查看类别变量中每个类有多少样例。

```
In[28]:pd.value_counts(credit.Y)
Out[28]:
   0   23364
   1    6636
   Name: Y, dtype: int64
```

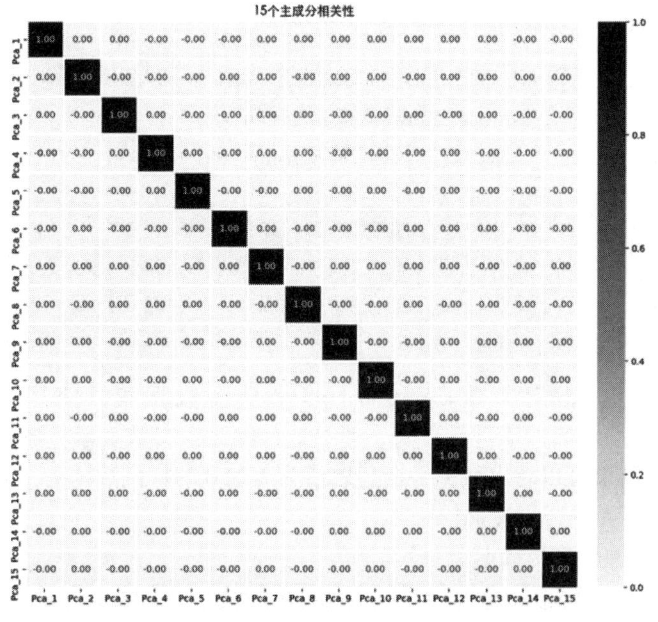

图 10-6　15 个主成分间相关系数

从输出结果中可以发现，取值为 0 的样例有 23364 个，取值为 1 的样例有 6636 个，2 类数据的样本量相差约 4 倍，说明数据集具有严重的类别不平衡问题。在处理类别不平衡问题时，只能在训练集上进行处理，不能在测试集上进行类别不平衡处理，所以需先对数据集进行切分。将 30000 个样例的 20% 作为测试集，使用 train_test_split 进行数据切分。

```
In[29]:## 切分数据集
       cp_train_x,cp_test_x,cp_train_y,cp_test_y=train_test_split(credit_pca,credit.
       Y,test_size = 0.2, random_state=0)
       pd.value_counts(cp_train_y)
```

```
Out[29]:
  0   18661
  1    5339
  Name: Y, dtype: int64
```

使用 pd.value_counts(cp_train_y) 对切分后数据集输出可以发现，训练集中有 18661 个类别为 0 的实例，5339 个取值为 1 的实例。

下面对训练数据集使用各种方法进行处理。

SMOTE 过抽样平衡数据：

```
In[30]:## 对降维后的主成分数据训练集进行数据平衡
       sm = SMOTE(random_state=42,k_neighbors=5)
       train_xs,train_ys = sm.fit_sample(cp_train_x,cp_train_y)
       pd.value_counts(train_ys)
Out[30]:
  1   18661
  0   18661
  dtype: int64
```

使用 SMOTE() 指定参数 k_neighbors=5 来平衡数据集，使用 SMOTE 的 fit_sample() 方法对训练数据集进行平衡，其中 k_neighbors 参数表示生成新数据集使用的近邻数。从结果可以看出数据平衡后取值为 1 和 0 的样例数均为 18661 个，对原来实例较少的一类进行了过抽样。

NearMis 欠抽样平衡数据：

```
In[31]:## 欠抽样
       Nm = NearMiss(random_state = 42,ratio="auto")
       train_xNm,train_yNm = Nm.fit_sample(cp_train_x,cp_train_y)
       pd.value_counts(train_yNm)
Out[31]:
  1   5339
  0   5339
  dtype: int64
```

上面的程序中使用 NearMiss() 平衡数据集，并使用 NearMiss 的 fit_sample() 方法对训练数据集进行平衡，参数 ratio="auto" 表示自动根据数据集设置抽样比例，从结果可以看出数据平衡后取值为 1 和 0 的样例数均为 5339 个，对原来实例较多的

一类进行了欠抽样。

SMOTEENN 平衡数据：

```
In[32]:## 欠抽样和过抽样同时进行
       SE = SMOTEENN(random_state = 42,ratio="auto")
       train_xSE,train_ySE = SE.fit_sample(cp_train_x,cp_train_y)
       pd.value_counts(train_ySE)
Out[32]:
1   14109
0    9591
dtype: int64
```

上面的程序中使用 SMOTEENN() 平衡数据集，即过抽样和欠抽样同时进行，再使用 SMOTEENN 的 fit_sample() 方法对训练数据集进行平衡，参数 ratio="auto" 表示自动根据数据集设置抽样比例。从结果可以看出数据平衡后取值为 1 的实例有 14109 个，取值为 0 类的样例数为 9591 个，对原来实例较多的一类进行了欠抽样，实例较少的一类进行了过抽样。

BalanceCascade 平衡数据：

```
In[33]:BC = BalanceCascade(random_state = 42,ratio="auto")
       train_xBC,train_yBC = BC.fit_sample(cp_train_x,cp_train_y)
       print(train_xBC.shape)
       pd.value_counts(train_yBC[0,:])
Out[33]:
  (4, 10678, 15)
  1   5339
  0   5339
  dtype: int64
```

上面的程序中使用 BalanceCascade() 平衡数据集，然后使用 BalanceCascade 的 fit_sample() 方法对训练数据集进行平衡。从结果可以看出该方法通过欠采样的方式将数据重新切分为 4 个新的数据子集，每个子集平均取值为 1 的实例和取值为 0 的样例数均为 5339 个。

SMOTE ＋ K 近邻模型：

```
In[34]:## 使用 K 近邻建模
       kcl = KNeighborsClassifier(n_neighbors=9)
```

```
        kcl.fit(train_xs,train_ys)
```

使用 KNeighborsClassifier() 得到 K 近邻模型 kcl，参数 n_neighbors=9 表示使用 9 个近邻来决定新样例的类别。在使用 kcl.fit(train_xs,train_ys) 训练模型时 ,train_xs,train_ys 分别为经过 SMOTE 方法过抽样后的数据，下面使用 kcl 模型的 predict() 方法对测试集进行预测，并输出模型的混淆矩阵和精度 accuracy 得分。

```
In[35]:kcl_pre = kcl.predict(cp_test_x)
       metrics.confusion_matrix(cp_test_y,kcl_pre)
Out[35]:
  array([[3173, 1530],
  [ 460,  837]])
In[36]:metrics.accuracy_score(cp_test_y,kcl_pre)
Out[36]:
  0.6683333333333333
In[37]:print(metrics.classification_report(cp_test_y,kcl_pre))
Out[37]:
       precision   recall  f1-score  support
       0   0.87      0.67     0.76     4703
       1   0.35      0.65     0.46     1297
avg / total   0.76     0.67     0.70     6000
```

从上面的结果可以看出模型的准确率为 66.8%，而且 f1-score 均值为 70%，并且类别为 0 的 precision 取值高达 87%，而取值为 1 的 precision 取值只有 35%。

NearMiss + K 近邻模型：

```
In[38]:kcl.fit(train_xNm,train_yNm)
       kcl_pre_Nm = kcl.predict(cp_test_x)
       metrics.confusion_matrix(cp_test_y,kcl_pre_Nm)
Out[38]:
  array([[2775, 1928],
  [ 460,  837]])
In[39]:metrics.accuracy_score(cp_test_y,kcl_pre_Nm)
Out[39]:
       0.602
In[40]:print(metrics.classification_report(cp_test_y,kcl_pre_Nm))
```

```
Out[40]:
        precision   recall  f1-score  support
     0    0.86      0.59     0.70     4703
     1    0.30      0.65     0.41     1297
avg / total  0.74     0.60     0.64     6000
```

上面的程序使用 kcl.fit(train_xNm,train_yNm) 训练模型时，train_xNm,train_yNm 分别是经过 NearMiss 方法欠抽样后的数据，再使用 kcl 模型的 predict() 方法对测试集进行预测，并输出模型的混淆矩阵和精度 accuracy 得分。

从上面的结果中可以发现模型的准确率为 60.8%，f1-score 均值为 64%，并且类别为 0 的 precision 取值高达 86%，而取值为 1 的 precision 取值只有 30%，表明 NearMiss 平衡后的模型没有 SMOTE 平衡后的模型效果好。

SMOTEENN + K 近邻模型：

```
In[41]:kcl.fit(train_xSE,train_ySE)
       kcl_pre_SE = kcl.predict(cp_test_x)
       metrics.confusion_matrix(cp_test_y,kcl_pre_SE)
Out[41]:
   array([[2706, 1997],
   [ 337,  960]])
In[42]:metrics.accuracy_score(cp_test_y,kcl_pre_SE)
Out[42]:
   0.611
In[44]:print(metrics.classification_report(cp_test_y,kcl_pre_SE))
Out[43]:
     precision   recall  f1-score  support
     0   0.89     0.58     0.70    4703
     1   0.32     0.74     0.45    1297
avg / total   0.77    0.61    0.65   6000
```

上面的程序使用 kcl.fit(train_xSE,train_ySE) 训练模型时，train_xSE 和 train_ySE 分别为经过 SMOTEENN 方法过抽样和欠抽样后的数据，使用 kcl 模型的 predict() 方法对测试集进行预测，再输出模型的混淆矩阵和精度 accuracy 得分。

从上面的结果中可以发现模型的准确率为 61.1%，而且 f1-score 均值为 65%，并且类别为 0 的 precision 取值高达 89%(3 种方式中最高），而取值为 1 的 precision

取值只有 32%；可以看出 SMOTEENN 方法平衡后的模型与 NearMiss 方法平衡后的模型效果相当，都没有 SMOTE 方法平衡后的模型效果好。

下面将对 SMOTE 算法中的 k_neighbors 和 KNeighborsClassifier 算法中的 n_neighbors 2 个参数进行调整，并分析 2 个参数给模型精度带来的影响。

```
In[44]:number = 20  ## 找到不同的 stoms 参数和 knn 参数的最优效果
       k_neighbors = np.arange(1,number)
       n_neighbors = np.arange(1,number)
       kk,nn = np.meshgrid(k_neighbors,n_neighbors)
       kki = kk.flatten()
       nni = nn.flatten()
       scoresi = np.random.random(kki.shape)
       for ii in range(len(kki)):
           ## 平衡数据
           sm = SMOTE(random_state=42,k_neighbors=kki[ii])
           train_xs,train_ys = sm.fit_sample(cp_train_x,cp_train_y)
           kcl = KNeighborsClassifier(n_neighbors=nni[ii])
           kcl.fit(train_xs,train_ys)
           ## 计算 score
           kcl_pre = kcl.predict(cp_test_x)
           scoresi[ii] = metrics.accuracy_score(cp_test_y,kcl_pre)
       max(scoresi)
Out[44]:
  0.7423333333333333
```

上面的程序先使用 kk,nn = np.meshgrid(k_neighbors,n_neighbors) 生成 2 个参数的网格数据，使用 .flatten() 方法将数据展开，用 1 层 for 循环分别计算了 2 个参数从 1 变化到 19 的所有组合中 KNN 算法的预测效果。从输出的结果中可以发现，在测试集上得到的最大的精度为 0.7423。接下来在三维空间中绘制参数变化下的模型精度变化趋势。

```
In[45]:scores = scoresi.reshape(kk.shape)
       ## 可视化查看模型效果
       fig = plt.figure(figsize = (12,8))
       ax = fig.add_subplot(111,projection="3d")
```

```
## 绘制曲面图 cmap: 颜色 ,alpha: 透明度
ax.plot_surface(kk, nn, scores,alpha= 0.8,cmap=plt.cm.rainbow)
ax.set_xlabel("Smote 参数 k_neighbors",fontproperties = fonts)
ax.set_ylabel("KNN 参数 n_neighbors",fontproperties = fonts)
ax.set_title("KNN 分类算法 ",fontproperties = fonts,size = 16)
ax.view_init(25,35)
plt.show()
```

运行上面的程序，得到的图像如图 10-7 所示。程序先使用 scoresi.reshape(kk.shape) 方法将计算出的预测精度转化为网格数据的形式；再使用 ax = fig.add_subplot(111, projection="3d") 定义三维坐标系图像；然后在 3D 坐标系下使用 ax.plot_surface(x,y,z) 绘制三维曲面图形，指定 X、Y、Z 轴的数据分别为 kk, nn, scores ；最后通过 ax.view_init(25,35) 设置图像的观察视角。

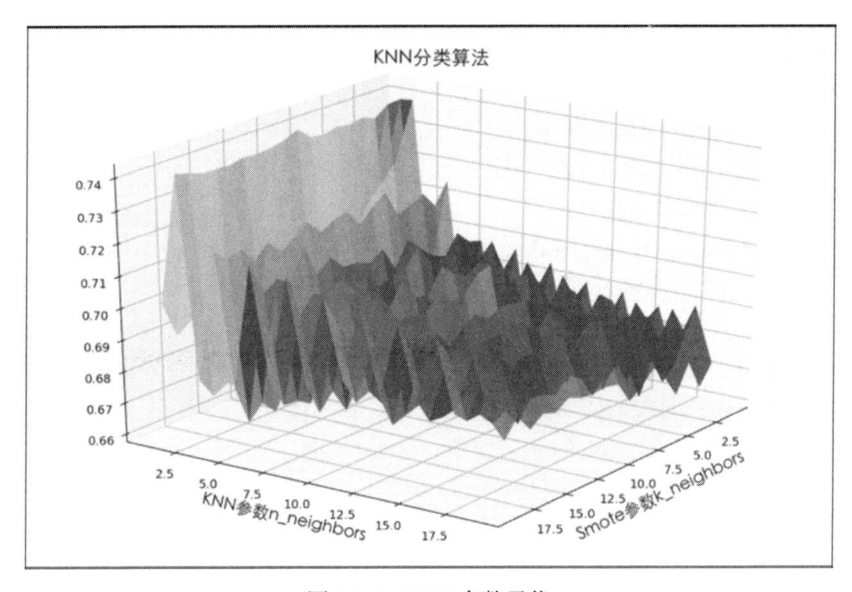

图 10-7　KNN 参数寻优

从图 10-7 可知，KNN 近邻数对模型的效果影响较大，而且 KNN 算法使用近邻数在 3 左右的模型预测效果较好，而 SMOTE 抽样算法使用的近邻数越大模型的准确率越高。

本章小结

本章使用两个数据集分别介绍朴素贝叶斯模型和 KNN 模型的使用。针对垃圾邮件的识别，使用了词云来描述不同类型的邮件数据，建立了 3 种不同先验数据分布的朴素贝叶斯模型，并对结果进行了对比。

在介绍使用无监督的方式寻找垃圾邮件数据时，认为异常数据即为垃圾邮件，并使用了基于主成分分析的方法和孤立森林两种方式用来检测异常值。

在信用卡欺诈数据集中，针对分类数据的类不平衡的问题进行了讨论，提出了 4 种解决方法，并使用不同的方式和 KNN 模型结合起来进行讨论。

参数说明：

（1）BernoulliNB(alpha=1.0, …)

先验为伯努利分布的朴素贝叶斯模型的主要参数介绍如下。

alpha ：平滑参数。

（2）GaussianNB(priors=None)

先验为高斯分布的朴素贝叶斯模型的主要参数介绍如下。

priors ：每类的先验概率。

（3）MultinomialNB(alpha=1.0, fit_prior=True, class_prior=None)

先验为多项式分布的朴素贝叶斯模型的主要参数介绍如下。

- alpha：平滑参数。
- fit_prior：是否学习类的先验概率。
- class_prior：每类的先验概率。

（4）iforest.IForest(n_estimators = 5000, max_samples = 1000,contamination = 0.135 , max_features = 500,n_jobs = 4,random_state = 123)

孤立森林的主要参数介绍如下。

- n_estimators：基础异常值识别器的数量。
- max_samples：每个异常值识别器使用的最大样本量。
- contamination：异常值所占的百分比，取值在0到0.5之间。
- max_features：每个异常值识别器使用的最大特征数量。
- n_jobs：并行计算使用的CPU核心数量。
- random_state：生成随机数时的随机数种子，保证求解结果的可重复性。

（5）KNeighborsClassifier(n_neighbors=5, metric='minkowski',⋯)

K 近邻分类的主要参数介绍如下。

- n_neighbors:判断类别时近邻的数量。
- metric：度量近邻时所使用的距离度量方式。

Chapter

11

第11章

支持向量机和神经网络

扫一扫，看视频

支持向量机模型和神经网络是较难理解的复杂模型，在机器学习、模式识别、计算机视觉等方面有着重要的应用。本章不拘泥于复杂模型的数学公式推导，主要结合 Python 下的 Sklearn 库，使用具体的数据集，详细讲解模型的建立、预测、分析、可视化等内容。

本章首先介绍支持向量机和全连接神经网络的基本内容；然后介绍如何使用具体的数据集建立支持向量机模型及其结果的可视化等内容；最后介绍全连接神经网络在 Python 中的使用技巧，为下一章介绍深度学习的卷积神经网络等内容做铺垫。

11.1 模型简介

支持向量机常被简称为SVM，在机器学习中是监督式学习模型，常用于分类与回归分析。给定一组训练实例，每个训练实例被标记为属于两个类别中的一类，SVM训练算法创建一个空间分隔面，将新的实例分配给两个类别之一的模型，使其成为非概率二元线性分类器。SVM模型是将实例表示为空间中的点，这样映射就使得单独类别的实例被尽可能宽的间隔明显分开。然后将新的实例映射到同一空间，并基于它们所落在的一侧来预测所属类别。

支持向量机学习的基本思想是求解能够正确划分数据集，并且几何间隔最大的分离超平面。对于线性可分的训练数据而言，线性可分离超平面有无穷多个，但是几何间隔最大的分离超平面是唯一的。间隔最大化的直观解释是：对训练数据集找到几何间隔最大的超平面，这就意味着以充分大的确信度对训练数据进行分类。也就是说，不仅要将正负实例分开，还要保证离超平面最近的点也有足够大的确信度将它们分开。只有这样的超平面才会对未知数据集有更好的分类预测能力。

核技巧：对于不能使用线性平面进行很好分类的数据集，需要求解非线性支持向量机。这时就要用到核技巧，利用最大边界超平面来创建非线性分类器。所得到的算法在形式上需要把点积转换成非线性核函数，允许算法在变换后的特征空间中拟合最大间隔超平面。该变换可以是非线性的，而变换空间是高维的。虽然分类器是变换后的特征空间中的超平面，但它在原始输入空间中可以是非线性的，并且更高维的特征空间增加了支持向量机的泛化误差，只要给定足够多的样本，算法仍能表现良好。

如图11-1所示，实线为模型所需要找到的最佳划分超平面，两边虚线相连接的样本点称为建立模型的支持向量。在决定超平面时只有支持向量起作用，而其他实例点并不起作用。如果移动支持向量，将改变所求的解，但如果在最大间隔的边界以外移动其他实例点，甚至去掉这些点，模型的最佳划分超平面都不会改变。正是因为只有支持向量才对模型的分类有效，所以这种分类模型被称为支持向量机。一般支持向量的数目很少。

人工神经网络简称神经网络，在机器学习和认知科学领域是一种模仿生物神经网络（动物的中枢神经系统，特别是大脑）的结构和功能的数学模型或计算模型，用于对函数进行估计或近似。神经网络由大量的人工神经元联结进行计算。大多数情况下人工神经网络能在外界信息的基础上改变内部结构，是一种自适应系统。

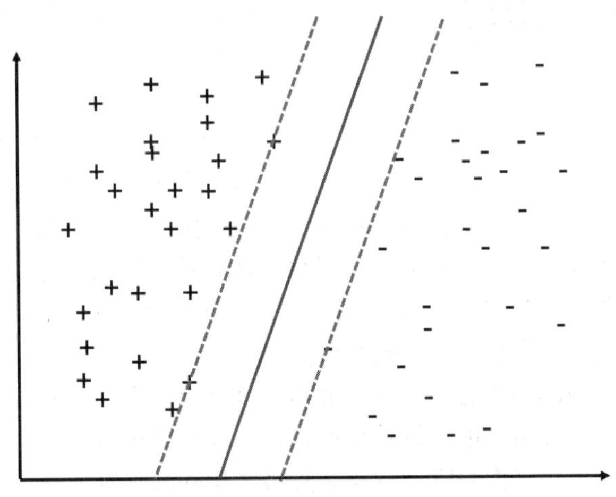

图 11-1　支持向量与最大间隔

适合使用神经网络进行学习的问题主要有以下几个特征。

- 实例是用很多“属性–值”对来表示的，输入的数据可以是任何实数。
- 目标函数的输出值可以是离散值、实数值或者由若干个实数属性或离散属性组成的向量。
- 训练数据可能包含错误，神经网络算法对数据集中的错误有很好的健壮性。
- 可以容忍长时间的训练，神经网络算法的训练时间一般比较长。
- 需要快速求解出目标函数值，神经网络算法的训练时间较长，但一旦模型训练完成后，对后续实例的预测计算非常快。
- 人类能否理解学到的目标函数不重要，神经网络方法学习得到的权值经常是人类难以解释的。

典型的神经网络包括以下 3 个部分。

- 结构：结构指定了网络中的变量和它们的拓扑关系。例如，神经网络中的变量可以是神经元连接的权重和神经元的激励值。
- 激励函数：大部分神经网络模型具有一个短时间尺度的动力学规则，来定义神经元如何根据其他神经元的活动来改变自己的激励值。一般激励函数依赖于网络中的权重（即该网络的参数）。

- 学习规则：学习规则指定了网络中的权重如何随着时间推进而调整。这一般被看作是一种长时间尺度的动力学规则。一般情况下，学习规则依赖于神经元的激励值。它也可能依赖于监督者提供的目标值和当前权重的值。例如，用于手写识别的一个神经网络，有一组输入神经元，输入神经元会被输入图像的数据所激发。在激励值被加权并通过一个函数后，这些神经元的激励值被传递到其他神经元，这个过程不断重复，直到输出神经元被激发。最后，输出神经元的激励值决定了识别出来的是哪个字母。

全连接神经是一种连接方式较为简单的神经网络，主要由输入层、隐藏层和输出层构成，其网络结构如图 11-2 所示。

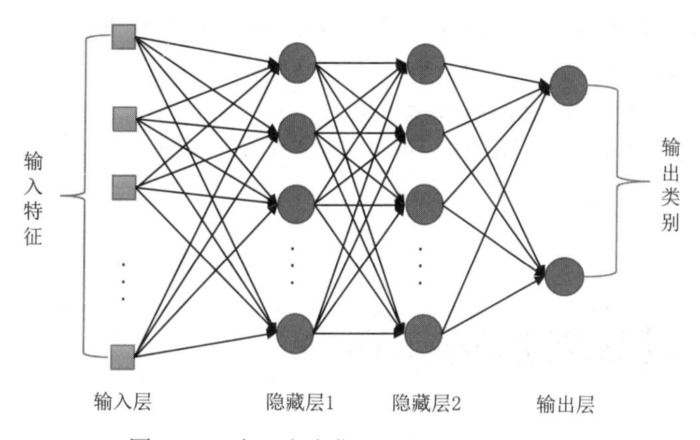

图 11-2　有 2 个隐藏层的全连接神经网络

在全连接神经网络结构中，输入层神经元的个数等于输入数据的特征个数，如常见的鸢尾花数据集有 4 个特征，相对应神经网络的输入层也有 4 个神经元。隐藏层的数量可以有 1 个也可以有多个，而且每个隐藏层神经元的个数可以有多个，各个隐藏层之间神经元的个数可以相同也可以不同，输出层神经元的个数等于数据的类别数目，如鸢尾花数据集的类别有 3 类，则相对应的神经网络输出层有 3 个神经元。

经过上面的简单介绍，相信读者已经对支持向量机和神经网络有了一定的认识。在后面的章节中将介绍如何使用 Python 进行模型的建立和使用，以及对模型结果的可视化。这里先加载所需要的库和函数。

```
In[1]:import numpy as np
      import pandas as pd
```

```
import matplotlib.pyplot as plt
import seaborn as sns
%matplotlib inline
%config InlineBackend.figure_format = "retina"
from matplotlib.font_manager import FontProperties
fonts = FontProperties(fname = "/Library/Fonts/ 华文细黑 .ttf",size=14)
from sklearn import metrics
from sklearn.model_selection import train_test_split,GridSearchCV
from sklearn.neural_network import MLPClassifier
from sklearn.datasets import load_breast_cancer,load_digits
from sklearn.preprocessing import StandardScaler
from sklearn.pipeline import Pipeline
```

上面所导入的函数中 MLPClassifier 用于全连接神经网络的建立，load_breast_cancer, load_digits 用于加载相应的数据集。

11.2 肺癌数据可视化

肺癌数据集是 Sklearn 库自带的数据集，该数据集一共有 569 个样例，30 个特征。可以使用 Sklearn 库中 datasets 模块的 load_breast_cancer 函数直接读取该数据集。

```
In[2]:## 读取数据
    bcaner = load_breast_cancer()
    bcanerX = bcaner.data
    bcanerX.shape
Out[2]:
(569, 30)
In[3]:## 查看数据的类别标签，一共有两类数据
    bcanerY = bcaner.target
    np.unique(bcanerY)
```

```
Out[3]:
array([0, 1])
```

上面的程序中使用 load_breast_cancer() 函数加载的是一个数据字典 bcaner，其中数据集可以使用 bcaner.data 获取，数据的类别可以使用 bcaner.target 获取，在获得 bcanerY 后使用 np.unique() 函数查看数据的取值，发现只有 0 和 1 两个取值，即该数据集为二分类数据集。

在获取数据集后，可以使用 pd.DataFrame() 函数将数组转换为数据表，然后使用 describe() 方法查看每个特征的描述。

```
In[4]:## 查看数据的均值最大值、最小值等情况
      bcanerdf = pd.DataFrame(data=bcanerX,columns=bcaner.feature_names)
      bcanerdf.describe()
Out[4]:
```

	mean radius	mean texture	mean perimeter	mean area	mean smoothness	mean compactness	mean concavity	mean concave points	mean symmetry	dim
count	569.000000	569.000000	569.000000	569.000000	569.000000	569.000000	569.000000	569.000000	569.000000	569.0
mean	14.127292	19.289649	91.969033	654.889104	0.096360	0.104341	0.088799	0.048919	0.181162	0.0
std	3.524049	4.301036	24.298981	351.914129	0.014064	0.052813	0.079720	0.038803	0.027414	0.0
min	6.981000	9.710000	43.790000	143.500000	0.052630	0.019380	0.000000	0.000000	0.106000	0.0
25%	11.700000	16.170000	75.170000	420.300000	0.086370	0.064920	0.029560	0.020310	0.161900	0.0
50%	13.370000	18.840000	86.240000	551.100000	0.095870	0.092630	0.061540	0.033500	0.179200	0.0
75%	15.780000	21.800000	104.100000	782.700000	0.105300	0.130400	0.130700	0.074000	0.195700	0.0
max	28.110000	39.280000	188.500000	2501.000000	0.163400	0.345400	0.426800	0.201200	0.304000	0.0

8 rows × 30 columns

该数据表中一共有 30 个特征，使用表格只能观察数据的部分信息，所以对数据的全面了解还有一定的局限性，下面针对这种情况，使用直方图来绘制出每个特征在不同类别取值的情况下数据的分布。

```
In[5]:## 得到每个特征的直方图
      plt.figure(figsize=(15,12))
      for ii,name in zip(range(len(bcaner.feature_names)), bcaner.feature_names):
          plt.subplot(5,6,ii+1)
          plt.hist(bcanerX[bcanerY[:] == 0,ii],25,color="green",alpha = 0.5)
          plt.hist(bcanerX[bcanerY[:] == 1,ii],25,color="red",alpha = 0.5)
          plt.title(name)
      plt.subplots_adjust(bottom = 0.01,top = 1)
```

```
plt.show()
```

上面的程序使用了一个 for 循环，分别绘制每个特征在不同类别取值下的直方图，绘制直方图时使用 plt.hist() 函数，绘制图像时分别使用绿色和红色来指定类别为 0 和 1 的图像，最后使用 plt.subplots_adjust() 函数来调整子图之间的间距和位置，得到的图像如图 11-3 所示。

通过观察图像，发现有些变量在不同的类别取值有很强的辨别能力，如特征 mean radius、mean concave points、wore perimeter 等，但是还有一些特征的取值没有辨别能力，如特征 mean fractal dimension、smoothness error、texture error 等；查看每个特征的分布情况，可以发现有些数据的分布是有偏的，有些数据的分布接近正态分布等。这些信息对后面的模型建立都有指导性的作用。

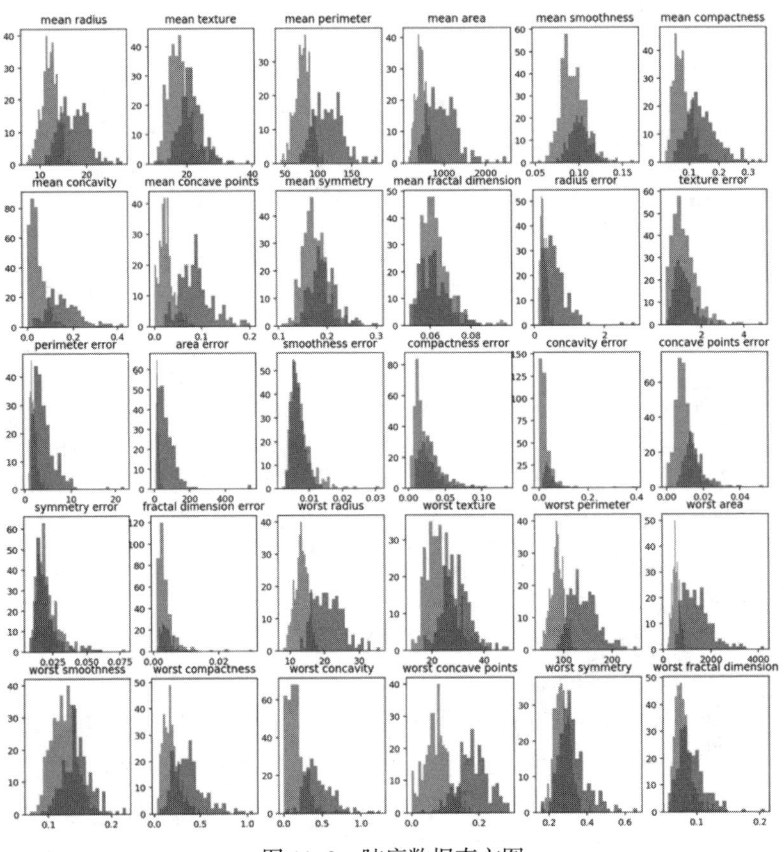

图 11-3　肺癌数据直方图

11.3 支持向量机模型

使用支持向量机建模，可以使用 Sklearn 库中的 svm 模块的 SVC、LinearSVC 等，前者 SVC 可以建立非线性核的支持向量机模型，找到非线性的最佳超平面，而 LinearSVC 则是构建线性核的支持向量机模型，可以找到线性的最佳超平面。下面针对肺癌数据集使用支持向量机进行分类。

```
In[6]:from sklearn.svm import SVC,LinearSVC
      from sklearn.decomposition import PCA
```

通过直方图的 X 轴取值可以发现，不同的特征在取值尺度上有很大的差异，所以需要先对每个特征进行标准化操作，将数据都转化到同一尺度，这样能够得到泛化能力更好的模型，数据标准化处理可以使用 StandardScaler()。

```
In[7]:## 数据标准化
      scale = StandardScaler(with_mean=True,with_std=True)
      bcanerXS = scale.fit_transform(bcanerX)
      ## 使用 PCA 将数据降维到 2 维空间
      bcanerX_pca = PCA(n_components=2).fit_transform(bcanerXS)
      train_x,test_x,train_y,test_y = train_test_split(bcanerX_pca, bcanerY, test_size =
                                                       0.25, random_state = 2)
```

在上面的程序中，首先对数据集进行标准化操作，然后使用 PCA(n_components=2) 将原始的 30 个特征降维到只保留两个特征。进行该操作主要是为了方便在二维平面上查看支持向量机的判别平面，加深对模型真实效果的理解。最后使用 train_test_split 将数据集切分为训练集和测试集，其中 25% 的数据作为测试集。接下来建立线性支持向量机模型。

1. 线性支持向量机

```
In[8]:## 建立线性 SVM 模型
      Lsvm = LinearSVC(penalty = "l2",C=1.0,## 惩罚范数和参数
                       random_state= 1)
```

```
        Lsvm.fit(train_x,train_y)  ## 训练模型
        ## 对测试集进行预测
        pre_y = Lsvm.predict(test_x)
        ## 计算 acc 和混淆矩阵
        metrics.accuracy_score(test_y,pre_y)
Out[8]:
0.9300699300699301
In[9]:metrics.confusion_matrix(test_y,pre_y)
Out[9]:
 array([[52,  4],
     [ 6, 81]])
```

上面的程序首先使用 LinearSVC() 建立线性支持向量机，即找到线性划分超平面，其中的参数 penalty = "l2" 代表在建立模型时使用 L2 范数进行约束，在得到模型 Lsvm 后，使用 fit(train_x,train_y) 方法针对训练数据来对模型进行训练，模型训练完成后，使用 predict(test_x) 方法，对测试集进行训练，最后使用 metrics.accuracy_score() 计算出模型的准确率为 0.93，并且从 metrics.confusion_matrix() 计算出的混淆矩阵可以发现，在测试集中一共用 10 个样例预测错误。

在使用线性支持向量机建立模型后，为了观察模型在测试集的预测效果和线性的分界线，可以在测试集上将模型结果进行可视化，观察线性支持向量机的线性超平面的情况。

```
In[10]:## 将 SVM 的判别图像在二维空间中绘制出来
        x = np.linspace(min(test_x[:,0])-0.5,max(test_x[:,0])+0.5,500)
        y = np.linspace(min(test_x[:,1])-0.5,max(test_x[:,1])+0.5,500)
        xx,yy = np.meshgrid(x,y)
        pre_xy = Lsvm.predict(np.c_[xx.ravel(), yy.ravel()])
        pre_xy = pre_xy.reshape(xx.shape)
        ## 绘制图像
        plt.figure(figsize=(10,6))
        plt.contourf(xx,yy,pre_xy,alpha = 0.4,cmap = plt.cm.rainbow)
        plt.scatter(test_x[:,0],test_x[:,1],c = test_y,cmap=plt.cm.coolwarm)
        plt.xlabel(" 主成分 1",FontProperties = fonts)
        plt.ylabel(" 主成分 2",FontProperties = fonts)
```

```
    plt.title(" 线性 SVM",FontProperties = fonts,size = 16)
```

上面的程序针对测试集的取值范围生成新的网格数据用于预测，然后使用 plt.contourf() 函数绘制出线性模型在空间中的分界线，最后使用 plt.scatter() 将测试集的位置绘制到图像上，得到的图像如图 11-4 所示。

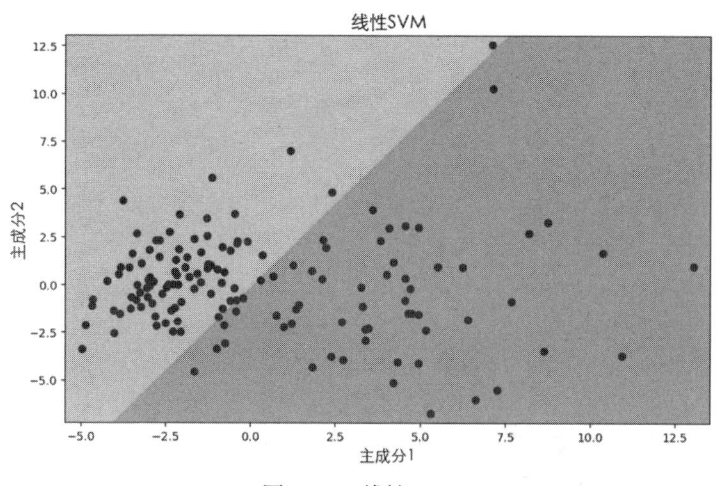

图 11-4 线性 SVM

从图 11-4 中可以清晰地看到，二维平面被 1 条直线切分为 2 部分，其中大部分的测试点分类正确，只用几个样本点分类错误，而且离数据中心最远的 2 个样本点也分类正确（可以认为最上方的 2 个点为支持向量），2 类数据的密集程度也不同，支持向量主要集中在超平面附近。

2. 非线性核支持向量机

下面使用 SVC 建模建立非线性核支持向量机模型（使用 rbf 核），并与线性模型进行对比。

```
In[11]:## 建立非线性 SVM 模型，使用 rbf 核
    rbfsvm = SVC(kernel  = "rbf",gamma=0.05, ## RBF 核和对应的参数
                 random_state= 1,degree = 3)
    ## 训练模型
    rbfsvm.fit(train_x,train_y)
    ## 对测试集进行预测
```

```
        pre_y = rbfsvm.predict(test_x)
        ## 计算 acc 和混淆矩阵
        metrics.accuracy_score(test_y,pre_y)
Out[11]:
0.9300699300699301
In[12]:metrics.confusion_matrix(test_y,pre_y)
Out[12]:
array([[51,  5],
       [ 5, 82]])
```

上面的程序使用 kernel = "rbf" 来指定使用的非线性核为 rbf 核，gamma=0.05 表示 rbf 核相对应的参数为 0.05，degree = 3 表示模型的幂次方等于 3 次；在得到模型 rbfsvm 后，使用 fit(train_x,train_y) 方法对模型进行训练；模型训练完成后，使用 predict(test_x) 方法对测试集进行预测；最后使用 metrics.accuracy_score() 计算出模型的准确率为 0.93。从 metrics.confusion_matrix() 计算出的混淆矩阵可以看出，在测试集中共有 10 个样例预测错误，和线性支持向量机模型预测错误的数量一致。

在建立 rbf 核支持向量机模型后，为了观察模型在测试集上的预测效果和线性的分界线，同样可以在测试集上将模型进行可视化。与绘制图 11-4 的程序很相似，都是使用了 plt.contourf() 函数和 plt.scatter() 函数。得到的图像如图 11-5 所示。

```
In[13]:## 将 SVM 的判别图像在二维空间中绘制出来
        pre_xy = rbfsvm.predict(np.c_[xx.ravel(), yy.ravel()])
        pre_xy = pre_xy.reshape(xx.shape)
        ## 绘制图像
        plt.figure(figsize=(10,6))
        plt.contourf(xx,yy,pre_xy,alpha = 0.4,cmap = plt.cm.rainbow)
        plt.scatter(test_x[:,0],test_x[:,1],c = test_y,cmap=plt.cm.coolwarm)
        plt.xlabel(" 主成分 1",FontProperties = fonts)
        plt.ylabel(" 主成分 2",FontProperties = fonts)
        plt.title("rbf 核 SVM",FontProperties = fonts,size = 16)
```

从图 11-5 中可以清晰地看到，二维平面被 1 条曲线切分为 2 部分，红色的点被曲线从平面中圈出，其中大部分的测试点分类正确。与线性模型的图像对比，可以发现分类错误的数据点不完全一致，原先正确分类的数据分类错误，如最上方的 2 个点（这时最上方的 2 个点已经不是模型的支持向量了）。

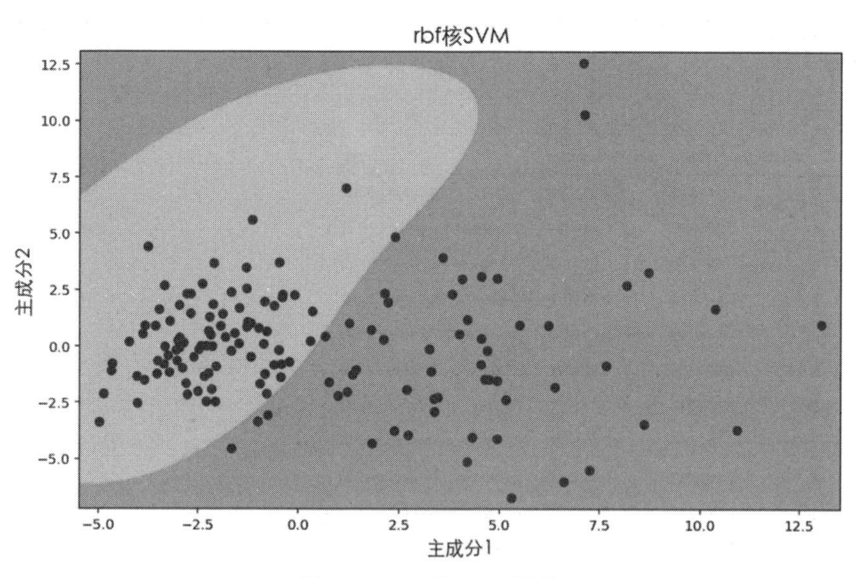

图 11-5　rbf 核 SVM 模型

上面使用 rbf 核建立的模型不一定是最优的模型，可以通过改变建立模型的相关参数，如 gamma 和 degree 来寻找预测效果更好的模型。下面使用 GridSearchCV 对参数网格进行搜索。

```
In[14]:## 定义模型
       rbfsvm2 = SVC(kernel  = "rbf", ## RBF 核
                     random_state= 1)
       ## 定义网格搜索的参数
       degrees = [2,3,4,5]
       gammas=[0.05,0.5,5]
       para_grid = {"gamma": gammas,"degree":degrees}
       gs_rbfsvm = GridSearchCV(rbfsvm2,para_grid,n_jobs=4)
       gs_rbfsvm.fit(train_x,train_y)
       ## 将输出的所有搜索结果进行处理
       results = pd.DataFrame(gs_rf.cv_results_)
       ## 输出感兴趣的结果
       results2 = results[["mean_test_score","std_test_score","params"]]
       results2
```

上面的程序针对不同的参数进行了网格搜索，并通过 grid_scores_ 属性输出所有的模型结果如下：

Out[14]:

	mean_test_score	std_test_score	params
0	0.941315	0.011970	{'degree': 2, 'gamma': 0.05}
1	0.955399	0.018484	{'degree': 2, 'gamma': 0.5}
2	0.927230	0.027173	{'degree': 2, 'gamma': 5}
3	0.941315	0.011970	{'degree': 3, 'gamma': 0.05}
4	0.955399	0.018484	{'degree': 3, 'gamma': 0.5}
5	0.927230	0.027173	{'degree': 3, 'gamma': 5}
6	0.941315	0.011970	{'degree': 4, 'gamma': 0.05}
7	0.955399	0.018484	{'degree': 4, 'gamma': 0.5}
8	0.927230	0.027173	{'degree': 4, 'gamma': 5}
9	0.941315	0.011970	{'degree': 5, 'gamma': 0.05}
10	0.955399	0.018484	{'degree': 5, 'gamma': 0.5}
11	0.927230	0.027173	{'degree': 5, 'gamma': 5}

从输出的结果中可以发现精度最高的模型的精度为0.9554>0.9413>0.927，这时参数 gamma 均等于 0.5，degree 可以等于 2、3、4，说明两个参数中，对模型精度影响最大的是参数 gamma（实际情况中 degree 参数影响的是多项式核，这里使用 degree 参数，是为了更方便对比参数选择的效果）。而且通过调整建立模型的相关参数，可以得到泛化能力更好的模型。

11.4 全连接神经网络

上一节是针对降维后的肺癌数据使用支持向量机建模并可视化。本节将会探索使用全连接神经网络对肺癌数据建模并对模型可视化的过程。

在建立全连接神经网络模型之前，先对常用的激活函数进行简单的介绍。

ReLU 函数为$f\left(x\right)=\max\left(0,x\right)$。该函数的优点为：在输入正数的时候，不存在梯度饱和问题；计算速度相对于其他类型激活函数要快很多，因为 ReLU 函数只有线性关系，所以不管是前向传播还是反向传播，都比 sigmoid 和 tanh 要快很多。

sigmoid 函数为$f\left(x\right)=\dfrac{1}{1+\mathrm{e}^{-x}}$，也叫 logistic 函数，其输出是在 (0,1) 这个开区间内，该函数也是很常用的激活函数之一。但是存在一些缺陷：当输入稍微远离了坐标原点，函数的梯度就变得很小，几乎为零。在神经网络反向传播的过程中，都是通过微分的链式法则来计算各个权重 w 的微分。当反向传播经过了 sigmoid 函数，这个链条上的微分就很小了，经过多个 sigmoid 函数后，会导致权重 w 对损失函数几乎没有影响，这样不利于权重的优化，这个问题叫做梯度饱和；函数输出不是以 0 为中心的，这样会使权重更新效率降低。

tanh 函数公式为 $\tanh\left(x\right)=\dfrac{\mathrm{e}^{x}-\mathrm{e}^{-x}}{\mathrm{e}^{x}+\mathrm{e}^{-x}}$，是双曲正切函数，tanh 函数和 sigmoid 函数的曲线是比较相近的，这两个函数在输入很大或是很小值的时候，输出都几乎平滑，梯度很小，不利于权重更新。不同的是输出区间，tanh 的输出区间是在 (-1,1) 之间，而且整个函数是以 0 为中心的，这个特点比 sigmoid 的要好很多。

下面使用 Python 分别将这 3 个函数在坐标系中的图像绘制出来（在绘制激活函数时主要用到了 Numpy 库和 Matplotlib 库），如图 11-6 所示。

```
In[15]:## 激活函数图示
       x = np.linspace(-6,6,50)
       ruley = [max(0,i) for i in x]
       sigy = 1 / (1 + np.exp(-x))
       tanh = (np.exp(x) - np.exp(-x)) / (np.exp(x) + np.exp(-x))
       ## 绘制图像
       plt.figure(figsize=(12,4))
       plt.subplot(1,3,1)
       plt.plot(x,ruley,"r-",lw = 2)
       plt.grid()
       plt.title("ReLU Actvation function")
       plt.subplot(1,3,2)
       plt.plot(x,sigy,"r-",lw = 2)
       plt.grid()
       plt.title("Sigmoid Activation function")
       plt.subplot(1,3,3)
       plt.plot(x,tanh,"r-",lw = 2)
```

```
plt.grid()
plt.title("tanh Activation function")
plt.show()
```

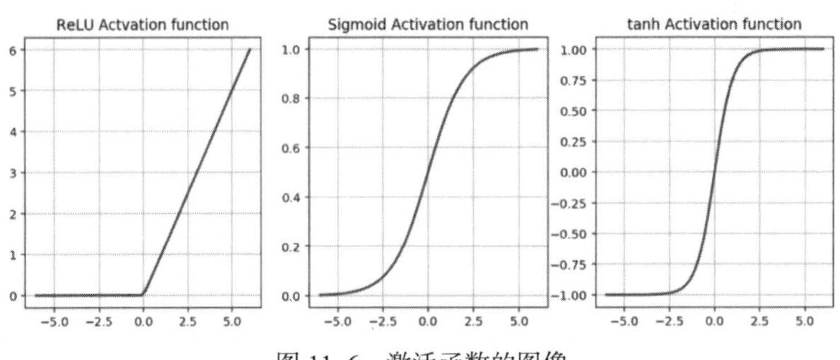

图 11-6　激活函数的图像

在全连接神经网络模型的建立过程中，首先对数据进行预处理，即对原始数据进行标准化处理，并且对数据集进行切分，25%的数据用于测试。

```
In[16]:## 数据标准化
        scale = StandardScaler(with_mean=True,with_std=True)
        bcanerXS = scale.fit_transform(bcanerX)
        train_x,test_x,train_y,test_y = train_test_split(bcanerXS,bcanerY,test_size =
                                                         0.25, random_state = 2)
```

全连接神经网络可以只有一个隐藏层，这时称为单隐藏层全连接神经网络；也可以具有多个隐藏层 (>1)，称为多隐藏层全连接神经网络。

（1）单隐藏层全连接神经网络。

全连接神经网络可以使用 Sklearn 库 neural_network 模块的 MLPClassifier 建立模型：

```
In[17]:## 定义模型参数
        MLP1 = MLPClassifier(hidden_layer_sizes=(10,), # 第一隐藏层有 10 个神经元
                             activation = "relu", ## 隐藏层激活函数
                             alpha = 0.0001, ## 正则化 L2 惩罚的参数
                             solver = "adam", ## 求解方法
                             learning_rate = "adaptive",## 学习权重更新的速率
                             max_iter = 20, ## 最大迭代次数
                             random_state = 40,verbose = True)
```

```
## 训练模型
MLP1.fit(train_x,train_y)
```

使用 MLPClassifier() 定义全连接神经网络，其中 hidden_layer_sizes=(10,) 表示第一层隐藏层神经元个数为 10，其中元组中第 i 个元素表示第 i 个隐藏层神经元的数量，因为参数 (10,) 只有 1 个元素，所以建立的模型是单隐藏层全连接神经网络。activation = "relu" 表示使用 ReLU 函数作为神经元的激活函数；alpha = 0.0001 代表使用正则化约束是 L2 范数的系数；learning_rate = "adaptive" 表示学习权重的更新方法使用自适应方法；max_iter = 20 表示该模型的最大迭代次数为 20 次，random_state = 40 是模型初始化的随机数，指定此参数，模型结果可以复现；verbose = True 表示显示模型的计算过程。上面程序输出结果为：

```
Out[17]:
Iteration 1, loss = 1.01919803
Iteration 2, loss = 0.96378115
Iteration 3, loss = 0.91202536
Iteration 4, loss = 0.86267977
…
Iteration 16, loss = 0.48648117
Iteration 17, loss = 0.46880562
Iteration 18, loss = 0.45216917
Iteration 19, loss = 0.43704713
Iteration 20, loss = 0.42306263
```

可见模型经过 20 次迭代后，损失函数的取值从原始的 1.019 收敛到 0.42306。

```
In[18]:MLP1.score(test_x,test_y)
Out[18]:
0.8671328671328671
```

使用 score() 方法对测试数据进行测试，输出准确率 accuracy 的结果为 0.867，说明模型在迭代训练 20 次后即达到了 0.867 的精度，这个效果和支持向量机模型的预测效果很接近。

神经元使用不同的激活函数时，模型的训练过程和收敛速度都会有很大的不同，下面针对激活函数 Rule 和 logisic 两种情况进行分析，检查不同迭代次数下模型的收敛情况和预测的精度。

```
In[19]:## 分析迭代次数和激活函数对模型预测精度的影响
```

```
iters = np.arange(20,410,20)
activations = ["relu","logistic"]
plt.figure(figsize=(16,6))
for k,activation in enumerate(activations):
    acc = []
    plt.subplot(1,2,k+1)
    ## 定义模型参数
    for ii in iters:
        MLPi = MLPClassifier(hidden_layer_sizes=(10,),
                             activation = activation, ## 隐藏层激活函数
                             alpha = 0.0001, ## 正则化 L2 惩罚的参数
                             solver = "adam", ## 求解方法
                             learning_rate = "adaptive",## 学习权重更新的速率
                             max_iter = ii, ## 最大迭代次数
                             random_state = 40,verbose = False)
        ## 计算 acc
        acc.append(MLPi.fit(train_x,train_y).score(test_x,test_y))
    ## 输出最大 acc
    print("When activation is "+activation+"the max acc:",np.max(acc))
    ## 绘制图像
    plt.plot(iters,acc,"r-o")
    plt.grid()
    plt.xlabel(" 迭代次数 ",FontProperties = fonts)
    plt.ylabel("Accuracy score",FontProperties = fonts)
    plt.title(" 激活函数 "+activation,FontProperties = fonts,size = 16)
    plt.ylim(0.85,1)
plt.show()
Out[19]:
When activation is reluthe max acc: 0.965034965034965
When activation is logisticthe max acc: 0.986013986013986
```

上面的程序是通过两层 for 循环分别对模型迭代次数、激活函数类型来完成模型的建立。在第一层循环中，针对激活函数类型进行循环，并且计算每种激活函数

下的全连接神经网络在不同迭代次数的预测精度，模型的精度保存在列表 acc 中，然后绘制曲线图。得到的图像如图 11-7 所示。

从图 11-7 可以看出，精度最高的迭代次数在 280 次左右，模型的精度在 250 次之后结果趋于稳定；ReLU 激活（函数修正线性单元）收敛的速度很快，在 50 次迭代后模型就达到 0.94 的精度，但是精度最高只有 0.965；logistic（sigmoid）激活函数收敛的速度较慢，迭代曲线提升很平缓，但是模型精度高，最大精度值为 0.986。从某种程度上可以说明，针对这个只有 10 个隐藏神经元的单隐藏层全连接神经网络模型，logistic（sigmoid）激活函数效果更好。

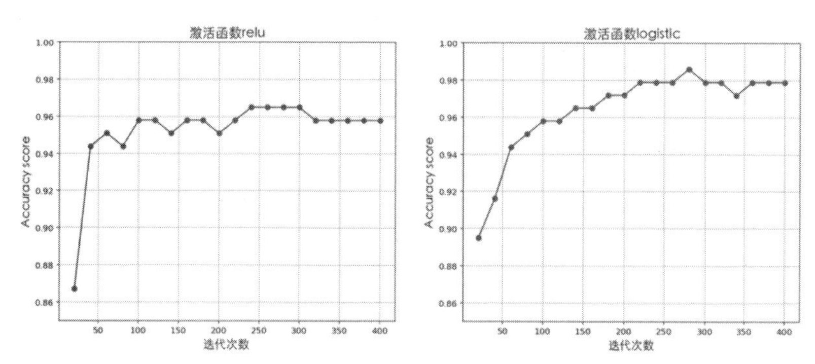

图 11-7　激活函数和迭代次数的关系

另一种观察模型收敛效果的方法是绘制模型的损失函数曲线。下面绘制以 logistic 激活函数为损失函数、隐藏层神经元个数为 10 的神经网络模型的损失函数的变化曲线。

```
In[20]:## 定义模型参数
       MLP1 = MLPClassifier(hidden_layer_sizes=(10,),
                            activation = "logistic", ## 隐藏层激活函数
                            alpha = 0.0001, ## 正则化 L2 惩罚的参数
                            solver = "adam", ## 求解方法
                            learning_rate = "adaptive",## 学习权重更新的速率
                            max_iter = 800, ## 最大迭代次数
                            tol = 1e-8, ## 当两次 loss<tol 时，模型终止
                            random_state = 40,verbose = False)
       ## 训练模型
       MLP1.fit(train_x,train_y)
```

```
## 绘制迭代次数和 loss 之间的关系
plt.figure(figsize=(12,6))
plt.plot(np.arange(1,MLP1.n_iter_+1),MLP1.loss_curve_,"r--",lw = 2)
plt.grid()
plt.xlabel(" 迭代次数 ",FontProperties = fonts)
plt.ylabel(" 损失函数取值 ",FontProperties = fonts)
plt.title(" 全连接神经网络损失函数曲线 ",FontProperties = fonts,size = 16)
plt.show()
```

训练好的模型 MLP1 中，含有一个 loss_curve_ 属性，该属性可以输出每次迭代后损失函数的取值，这样可以方便损失函数图像的绘制。在上面的程序中，共迭代了 800 次。为了保证模型迭代 800 次，设置 tol = 1e-8，防止模型提前终止收敛。最后使用 plt.plot() 函数绘制模型的收敛状况，如图 11-8 所示。

从图 11-8 可以很方便地看出函数的变化趋势，首先在迭代的前 100 次，迅速的下降，然后缓慢的收敛，在迭代次数达到 400 次之后，函数的变化量很小。使用该图像可以判断模型最后是否平稳，该图表明模型最后趋于平稳。

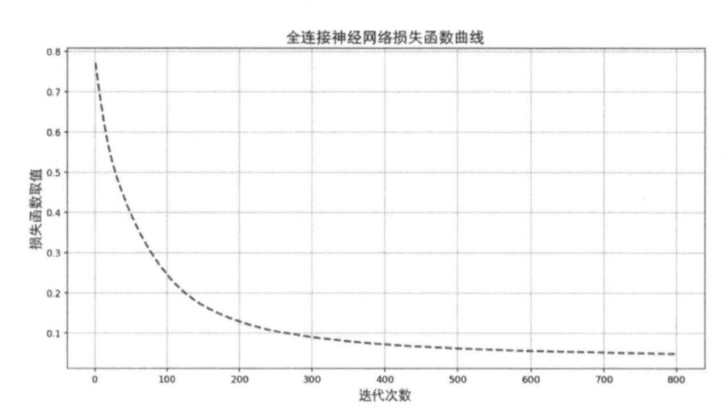

图 11-8　损失函数变化情况

在训练好模型后，可以使用 MLP1.coefs_ 方法输出每个神经元的权重，其中 MLP1.coefs_[0] 输出的结果为输入层到第一隐藏层的权重，MLP1.coefs_[1] 输出的结果为隐藏层到输出层的权重，可以查看权重矩阵的大小。

```
In[21]:print(" 输入层到第一隐藏层的 weight shape:", MLP1.coefs_[0].shape)
       print(" 第一隐藏层到输出层的 weight shape:", MLP1.coefs_[1].shape)
Out[21]:
```

```
输入层到第一隐藏层的 weight shape: (30, 10)
第一隐藏层到输出层的 weight shape: (10, 1)
```

输入层到第一隐藏层权重矩阵的维度等于 30×10，30 为数据特征的数量，10 为第一隐藏层神经元的个数；第一隐藏层到输出层权重矩阵的维度等于 10×1，10 为第一隐藏层神经元的个数，1 为输出隐藏层神经元的个数。

可以使用 MLP1.intercepts_ 方法输出每个神经元的偏置，intercepts_[0] 输出隐藏层神经元的权重，MLP1.intercepts_[1] 输出输出层神经元的权重。

```
In[22]:## 列表中的第 i 个元素表示与层 i + 1 层对应的偏置向量。
       ## 隐藏层偏置向量，10×1；10 代表每个神经元的偏置
       print(" 第一隐藏层 basic shanpe:",MLP1.intercepts_[0].shape)
       ## 隐藏层偏置向量，1×1；1 代表 1 个输出神经元的偏置
       print(" 输出层 basic shanpe:",MLP1.intercepts_[1].shape)
Out[22]:
第一隐藏层 basic shanpe: (10,)
输出层 basic shanpe: (1,)
```

上述知道了网络中神经元权重的数量，为了全面地查看网络权重和偏置的情况，可以使用热力图将权重大小进行可视化。下面的代码首先使用 np.vstack() 函数将权重矩阵和偏置矩阵连接起来，然后使用 sns.heatmap() 函数绘制热力图，得到的热力图如图 11-9 所示。

```
In[23]:## 查看输入层到第一隐藏层的系数热力图（含有 intercept 的热力图）
       mat = np.vstack((MLP1.intercepts_[0],MLP1.coefs_[0]))
       plt.figure(figsize = (10,12))  ## 绘制图像
       sns.heatmap(mat ,annot=True,fmt = "0.3f")
       xticks = ["neuron "+str(i+1) for i in range(MLP1.coefs_[0].shape[1])]
       plt.xticks(np.arange(mat.shape[1])+0.5,xticks,rotation=45)
       yticks = ["intercept"]+["Feature "+str(i+1) for i in range(mat.shape[0])]
       plt.yticks(np.arange(mat.shape[0])+0.5,yticks,rotation=0)
       plt.title("MLP input layer to hidden layer weight&bias")
       plt.show()
```

通过热力图可以方便地查看输入特征到每个神经元的权重大小，帮助我们更充分地理解神经网络。从图中可以发现权重的取值大致在 -1 ~ 1 之间，而且各个特征和第一个神经元之间的权重大部分是正值；各个特征和第 2、3 个神经元之间的

权重大部分是负值。可以在一定程度上说明，第一个神经元获取输入特征的正方向的影响，第二、三个神经元获取输入特征的负方向的影响。

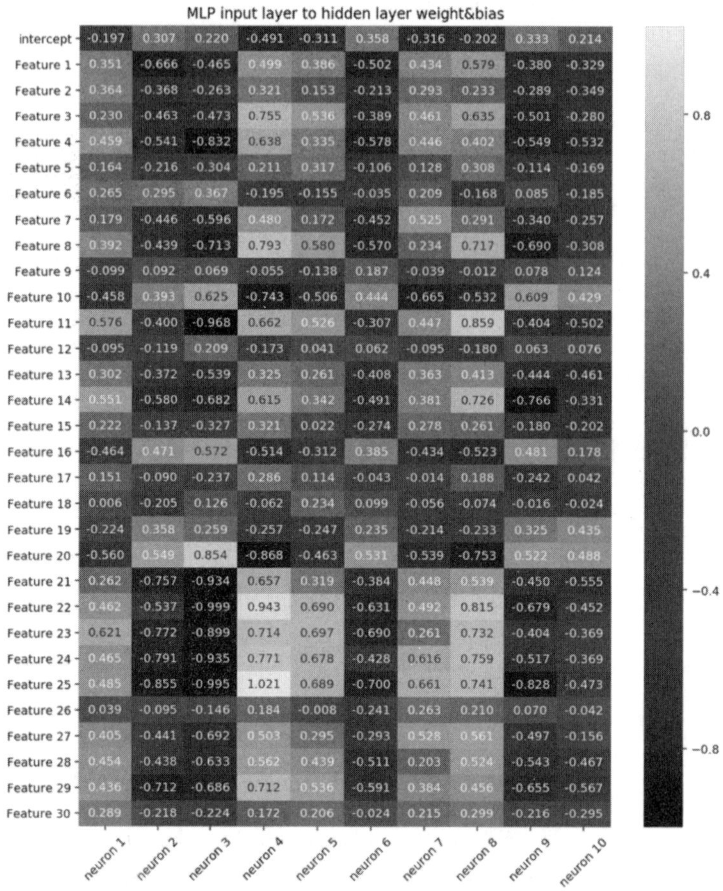

MLP input layer to hidden layer weight&bias

	neuron 1	neuron 2	neuron 3	neuron 4	neuron 5	neuron 6	neuron 7	neuron 8	neuron 9	neuron 10
intercept	-0.197	0.307	0.220	-0.491	-0.311	0.358	-0.316	-0.202	0.333	0.214
Feature 1	0.351	-0.666	-0.465	0.499	0.386	-0.502	0.434	0.579	-0.380	-0.329
Feature 2	0.364	-0.368	-0.263	0.321	0.153	-0.213	0.293	0.233	-0.289	-0.349
Feature 3	0.230	-0.463	-0.473	0.755	0.536	-0.389	0.461	0.635	-0.501	-0.280
Feature 4	0.459	-0.541	-0.832	0.638	0.335	-0.578	0.446	0.402	-0.549	-0.532
Feature 5	0.164	-0.216	-0.304	0.211	0.317	-0.106	0.128	0.308	-0.114	-0.169
Feature 6	0.265	0.295	0.367	-0.195	-0.155	-0.035	0.209	-0.168	0.085	-0.185
Feature 7	0.179	-0.446	-0.596	0.480	0.172	-0.452	0.525	0.291	-0.340	-0.257
Feature 8	0.392	-0.439	-0.713	0.793	0.580	-0.570	0.234	0.717	-0.690	-0.308
Feature 9	-0.099	0.092	0.069	-0.055	-0.138	0.187	-0.039	-0.012	0.078	0.124
Feature 10	-0.458	0.393	0.625	-0.743	-0.506	0.444	-0.665	-0.532	0.609	0.429
Feature 11	0.576	-0.400	-0.968	0.662	0.526	-0.307	0.447	0.859	-0.404	-0.502
Feature 12	-0.095	-0.119	0.209	-0.173	0.041	0.062	-0.095	-0.180	0.063	0.076
Feature 13	0.302	-0.372	-0.539	0.325	0.261	-0.408	0.363	0.413	-0.444	-0.461
Feature 14	0.551	-0.580	-0.682	0.615	0.342	-0.491	0.381	0.726	-0.766	-0.331
Feature 15	0.222	-0.137	-0.327	0.321	0.022	-0.274	0.278	0.261	-0.180	-0.202
Feature 16	-0.464	0.471	0.572	-0.514	-0.312	0.385	-0.434	-0.523	0.481	0.178
Feature 17	0.151	-0.090	-0.237	0.286	0.114	-0.043	-0.014	0.188	-0.242	0.042
Feature 18	0.006	-0.205	0.126	-0.062	0.234	0.099	-0.056	-0.074	-0.016	-0.024
Feature 19	-0.224	0.358	0.259	-0.257	-0.247	0.235	-0.214	-0.233	0.325	0.435
Feature 20	-0.560	0.549	0.854	-0.868	-0.463	0.531	-0.539	-0.753	0.522	0.488
Feature 21	0.262	-0.757	-0.934	0.657	0.319	-0.384	0.448	0.539	-0.450	-0.555
Feature 22	0.462	-0.537	-0.999	0.943	0.690	-0.631	0.492	0.815	-0.679	-0.452
Feature 23	0.621	-0.772	-0.899	0.714	0.697	-0.690	0.261	0.732	-0.404	-0.369
Feature 24	0.465	-0.791	-0.935	0.771	0.678	-0.428	0.616	0.759	-0.517	-0.369
Feature 25	0.485	-0.855	-0.995	1.021	0.689	-0.700	0.661	0.741	-0.828	-0.473
Feature 26	0.039	-0.095	-0.146	0.184	-0.008	-0.241	0.263	0.210	0.070	-0.042
Feature 27	0.405	-0.441	-0.692	0.503	0.295	-0.293	0.528	0.561	-0.497	-0.156
Feature 28	0.454	-0.438	-0.633	0.562	0.439	-0.511	0.203	0.524	-0.543	-0.467
Feature 29	0.436	-0.712	-0.686	0.712	0.536	-0.591	0.384	0.456	-0.655	-0.567
Feature 30	0.289	-0.218	-0.224	0.172	0.206	-0.024	0.215	0.299	-0.216	-0.295

0.8
0.4
0.0
−0.4
−0.8

图 11-9　神经元权重热力图

（2）多隐藏层全连接神经网络。

上面讨论的神经网络只有一个隐藏层，全连接神经网络允许多个隐藏层，而且各个隐藏层神经元的数量不一定要相等，接下来针对手写字体数据集建立多隐藏层神经网络模型。首先通过 TensorFlow 库来读取手写字体数据集 MNIST，并使用 tf.keras.datasets.mnist.load_data() 读取数据集，会通过网络自动下载数据集。下载的数据集被分成两部分：60000 个实例的训练数据集（x_train, y_train）和 10000 个

实例的测试数据集（x_test, y_test）。训练数据集的图片数据保存在 mnist.train.images 中，训练数据集的标签保存在 mnist.train.labels 中。

```
In[24]:import tensorflow as tf
       (x_train, y_train), (x_test, y_test) = tf.keras.datasets.mnist.load_data()
       ## 该数据图像大小为 28*28
       print(" 训练集数据尺寸：",x_train.shape)
       print(" 测试集数据尺寸：",x_test.shape)
       print(" 训练集标签尺寸：",y_train.shape)
       print(" 测试集标签尺寸：",y_test.shape)
Out[24]:
       训练集数据尺寸： (60000, 28, 28)
       测试集数据尺寸： (10000, 28, 28)
       训练集标签尺寸： (60000,)
       测试集标签尺寸： (10000,)
```

接下来将其中的几个图像绘制出来，用来查看数据的情况。

```
In[25]:## 查看其中的一些图像数据
       plt.figure(figsize=(12,6))
       for ii in range(18):
           imi = x_train[ii,:]
           plt.subplot(3,6,ii+1)
           plt.imshow(imi,cmap = plt.cm.gray)
           plt.axis("off")
       plt.show()
```

上面的程序绘制了 18 张手写字体数据的图像，得到的图像如图 11-10 所示。

图 11-10　手写字体样例

接下来使用训练数据集建立多隐藏层全连接神经网络，并且输出模型在测试数据集上的预测效果。下面的程序使用 hidden_layer_sizes=(30,30,30) 表明该神经网络模型有 3 个隐藏层，并且每个隐藏层的隐藏神经元的个数均为 30 个；activation = "relu" 表明神经元的激活函数为 Relu 函数。最后将得到的模型使用 MLP_Mn.fit() 方法分别对训练数据进行模型拟合，再使用 MLP_Mn.predict() 方法对测试集进行预测，得到预测结果 MLP_pre。

```
In[26]:## 训练全连接神经网络，定义模型参数
       MLP_Mn = MLPClassifier(hidden_layer_sizes=(30,30,30),
                              activation = "relu", ## 隐藏层激活函数
                              alpha = 0.0001, ## 正则化 L2 惩罚的参数
                              solver = "adam", ## 求解方法
                              learning_rate = "adaptive",## 学习权重更新的速率
                              random_state = 4,verbose = False)
       ## 训练模型
       MLP_Mn.fit(x_train.reshape((60000,-1)),y_train)
       ## 对测试集进行预测
       MLP_pre = MLP_Mn.predict(x_test.reshape((10000,-1)))
```

在得到预测结果后，为了分析模型的效果，首先计算混淆矩阵，并将其可视化。下面程序首先使用 metrics.confusion_matrix() 计算得到混淆矩阵 confm，然后通过 confm = confm / np.sum(confm,axis=0) 计算出每类预测结果的准确率，最后使用 sns.heatmap() 绘制混淆矩阵图。得到的混淆矩阵图如图 11-11 所示。

```
In[27]:## 混淆矩阵可视化
       plt.figure(figsize=(8,8))
       confm = metrics.confusion_matrix(y_test,MLP_pre)
       confm = confm / np.sum(confm,axis=0)
       sns.heatmap(confm.T, square=True,annot=True,fmt = ".3f",
                   linewidths=.5,cmap=plt.cm.rainbow,
                   cbar_kws={"fraction":0.046, "pad":0.03})
       plt.xlabel('True label')
       plt.ylabel('Predicted label')
```

从混淆矩阵的结果中可以发现模型的预测效果非常好。分析得到混淆矩阵图后，通过 metrics.classification_report() 函数和 metrics.accuracy_score() 函数输出模型的精度。

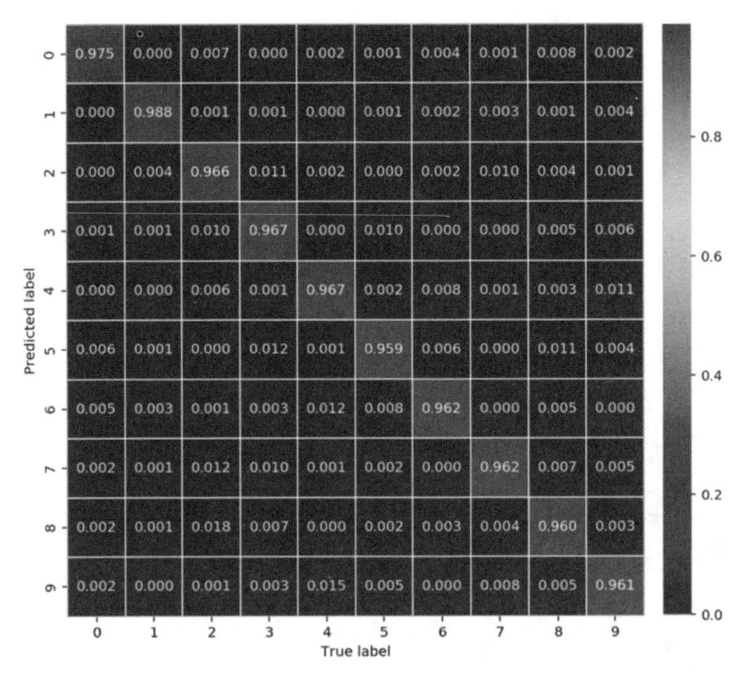

图 11-11　手写字体数据混淆矩阵图

```
In[28]:print(metrics.classification_report(y_test,MLP_pre))
       print(metrics.accuracy_score(y_test,MLP_pre))
Out[28]:
        precision   recall  f1-score   support
      0    0.97      0.98     0.97      980
      1    0.98      0.99     0.99      1135
      2    0.98      0.95     0.96      1032
      3    0.95      0.95     0.95      1010
      4    0.97      0.96     0.96      982
      5    0.96      0.95     0.96      892
      6    0.97      0.96     0.97      958
      7    0.96      0.97     0.96      1028
      8    0.94      0.95     0.95      974
      9    0.96      0.95     0.95      1009
```

```
avg / total    0.96      0.96      0.96    10000
0.9516
```

从输出结果中，可以发现该模型的准确率为95.16%，使用该模型对手写数字分类效果很好。

本章小结

本章主要介绍了对支持向量机和全连接神经网络使用Python进行建模、分析和应用。用肺癌数据集来探索线性核支持向量机和rbf核非线性支持向量机的使用及结果可视化，接着使用肺癌数据集探索单隐藏层全连接神经网络的使用，并对模型收敛过程、权重的取值进行了可视化分析，最后使用手写字体数据集探索多隐藏层全连接神经网络的建立和模型预测及模型精度分析。全连接神经网络，是人工神经网络中一种较为简单的网络，本章介绍的全连接神经网络是为后续深度学习做准备。

参数说明：

（1）LinearSVC(penalty = "l2",C=1.0,random_state= 1)

线性支持向量机分类的主要参数介绍如下。

- penalty：指定惩罚范数。
- C：惩罚范数的参数。
- random_state：生成随机数时的随机数种子，保证求解结果的可重复性。

（2）SVC(kernel = "rbf",gamma=0.05,random_state= 1,…)

支持向量机分类的主要参数介绍如下。

- kernel：指定所使用的核，可以为'linear'、'poly'、'rbf'、'sigmoid'、'precomputed' 中的一个。
- gamma：kernel的参数。
- random_state：生成随机数时的随机数种子，保证求解结果的可重复性。

（3）MLPClassifier(hidden_layer_sizes=(100,), activation='relu', solver='adam', alpha=0.0001, batch_size='auto', max_iter=200, random_state=None, tol=0.0001, verbose=False,early_stopping=False, validation_fraction=0.1, …)

全连接神经网络分类的主要参数介绍如下。

- hidden_layer_sizes：对应指定隐藏层神经元的数量。
- activation：神经元的激活函数。
- solver：求解的优化算法。
- alpha：L2范数惩罚参数。
- batch_size：随机优化时每个batch的大小。
- max_iter：优化算法最大迭代次数。
- random_state：生成随机数时的随机数种子，保证求解结果的可重复性。
- verbose：是否输出迭代过程。
- early_stopping：是否在优化提升很小的时候提前停止算法。
- validation_fraction：如果需要提前停止迭代，计算精度的验证集百分比。

Chapter

12

第12章

深度学习入门

2016 年，以深度学习方法开发的围棋程序 AlphaGo 在比赛中多次击败人类顶尖选手，引起了业界广泛的关注。自此，深度学习“忽如一夜春风来”，迅速走红。深度学习应用广泛，如在计算机视觉、自然语言识别等领域发挥了重要作用。因此，深度学习常常被看作是通向真正人工智能的重要一步，许多机构对深度学习的实际应用抱有浓厚的兴趣。

本章主要以卷积神经网络为例，探索如何使用TensorFlow、Keras框架来构建深度学习模型。首先介绍深度学习相关的基础知识，以及卷积和池化，接着介绍如何使用 CNN 卷积神经网络进行人脸识别，最后介绍人脸检测和图像去噪方面的应用。

12.1 深度学习介绍

深度学习（Deep Learning）是机器学习的分支，是一种试图通过其他简单的表示来表达复杂的表示，对表示进行高层抽象的算法。深度学习可以让计算机通过较简单的概念构建复杂的概念。观测值（如一幅图像）可以使用很多种方式来表示，如每个像素值构成的向量，或者更抽象地表示成一系列边、轮廓、特定形状指定的区域等。而且有时使用某些特定的表示方法，更容易从实例中学习任务（例如，人脸识别、面部表情识别、语音识别等）。深度学习的好处之一就是，可以用非监督式或半监督式的特征学习和分层特征提取等高效算法来替代手工获取特征。

如何表示学习的深度呢？目前主要有两种测量模型深度的模式，一种是基于评估框架所需执行的顺序指令的数目，可以认为是描述每个给定输入后，计算模型输出的流程图的最长路径。另一种是在深度概率模型中使用的方法，不是将计算图的深度视为模型深度，而是将描述概念如何彼此相关的图的深度视为模型的深度。

深度神经网络是一种具备至少一个隐层的神经网络。与浅层神经网络类似，深度神经网络也能够为复杂非线性系统提供建模，而且多出的层为模型提供了更高的抽象层次，因而提高了模型的预测能力。网络通常都是前馈神经网络，但也有语言建模等方面的研究将其拓展到递归神经网络。

至今已有多种深度学习框架，如深度神经网络、卷积神经网络、深度置信网络和递归神经网络等，它们已被广泛地应用在计算机视觉、语音识别、自然语言处理、音频识别与生物信息学等领域，并获取了极好的效果。其中卷积深度神经网络（Convolutional Neural Networks, CNN）在计算机视觉领域得到了成功的应用。

自然图像有很多统计属性对转换是不变的。例如，狗的图片即使向右边移了几个像素，仍然会保持狗的图像。CNN 通过在图像多个位置共享参考这一特性，使相同的特征在输入不同的位置上进行计算。这就意味着无论狗的图像出现在第 i 列或第 i + 1 列，都可以通过相同的探测器找到狗。常用的卷积神经网络的结构如图 12-1 所示。

在图 12-1 所示结构中，输入的图像大小为 32 × 32。然后使用大小为 5 × 5 的卷积核对原始图像数据进行卷积操作，得到新的图像特征。接着就是池化操作（采样层），该操作通常使用 2×2 的核进行最大值池化或者平均值池化。通常卷积层和池化层会多次交替操作。在对原始的图像数据提取到具有判别能力的特征后，可以使用全连接层对图像进行神经网络的训练（类似于全连接神经网络从隐藏层开始的结构），在构建分类器时可以使用 softmax 层作为分类层。实际上，softmax 函数是对有限项离散概率分布的梯度对数归一化，可以将任意 k 维向量进行压缩，使得每一个元素的范围都在 (0,1) 之间，并且所有元素之和为 1。

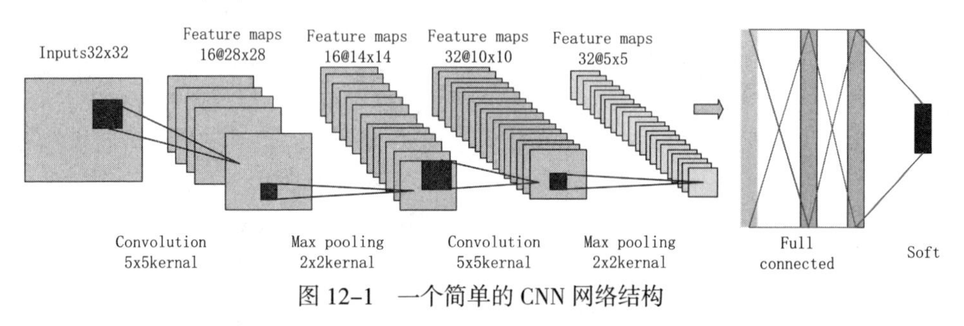

图 12-1　一个简单的 CNN 网络结构

下面结合 TensorFlow 库来探索使用卷积神经网络模型进行人脸图像识别。

```
In[1]:import numpy as np
      import matplotlib.pyplot as plt
      %matplotlib inline
      %config InlineBackend.figure_format = "retina"
      from matplotlib.font_manager import FontProperties
      fonts = FontProperties(fname = "/Library/Fonts/华文细黑.ttf",size=14)
      import seaborn as sns
      from skimage.io import imread
      from skimage.color import rgb2gray
      from sklearn.model_selection import train_test_split
      from sklearn.preprocessing import OneHotEncoder
      from sklearn import metrics
      import tensorflow as tf
```

目前可以进行深度学习的框架有很多，如 Caffe、Pytorch、Keras 等，都可以进行深度学习模型的构建。在本章中主要使用 TensorFlow、Keras 进行卷积神经网络的构建。

12.2 卷积和池化

在卷积神经网络中有两个非常重要的操作步骤，那就是卷积和池化，下面将详细介绍这两个操作是如何通过tensorflow实现的，注意我们将会使用2.0版以后的tensorflow用于演示。

扫一扫，看视频

1. 卷积

卷积是对两个实值函数的一种数学运算，在卷积运算中，通常使用卷积核将输入数据进行卷积运算得到输出作为特征映射。相应的运算图示如图12-2所示。

输入

1	2	3	4
5	6	7	8
9	10	11	12

卷积核

2	4
3	1

1*2+2*4+5*3+6*1=31	2*2+3*4+6*3+7*1=41	3*2+4*4+7*3+8*1=51
5*2+6*4+9*3+10*1=71	6*2+7*4+10*3+11*1=81	

图 12–2　卷积运算过程

图12-2是一个2维卷积的例子，卷积运算主要通过稀疏交互、参数共享、等变表示三种方式来改进机器学习系统。

下面我们借助tensorflow库来实现对图像的卷积变换，在得到卷积后的结果，并将结果可视化。首先使用skimage库中的imread函数读取图片，并使用rgb2gray将RGB图像转化为灰度图像，得到的图像如图12-3所示。

```
In[2]:im = imread("data/chap12/ 莱娜 .tiff")
    imgray = rgb2gray(im)
    plt.figure(figsize=(6,6))
    plt.imshow(imgray,cmap=plt.cm.gray)
    plt.axis("off")
    plt.show()
Out[2]:
    (512, 512)
```

图 12–3　灰度图像 (512 × 512)

图12-3是用于进行展示卷积运算的具体图像，尺寸为512×512。在tensorfower进行卷积运算，可以使用tf.keras.layers.Conv2D()函数，该函数的具体使用方式和参数的意思如下：

tf.keras.layers.Conv2D(filters, strides, padding, data_format, dilation_rate, activation,...)

tf.keras.layers.Conv2D()是一个二维卷积函数,会针对给定四维输入张量(图片数据)和filters(卷积核)张量，计算得到一个二维卷积输出，其中：

如果该层是深度网络中的第一层，需要使用input_shape参数来指定一个输入的数据尺寸，例如，input_shape =（128，128，3），表示对于data_format =“ channels_last”（颜色通道在最后一个纬度）的128x128的RGB图片。

filters: 一个整数，表示需要输出的通道数量,既输出特征映射的数量；

stirdes: 一个包含2个整数的元组或列表，指定沿高度和宽度的卷积步幅。可以是单个整数，以为所有空间尺寸指定相同的值；

padding:可以是”SAME”或者”VALID”。参数’SAME’，表示对原始输入像素进行填充，卷积后映射的2D图像与原图大小相等，填充是指在原图像素值矩阵周围填充0像素点，”VALID”不进行填充,假设原图为32×32的图像，卷积核大小为5×5，卷积后映射图像大小为28×28。

data_format：字符串，取值可以是channels_last（默认值）或channels_first中的一个，表示输入中尺寸的顺序，channels_last对应于形状为（batch，height，width，channels）的输入，而channels_first对应于形状为（batch，channels， height，width）；

dilation_rate：一个包含2个整数的元组或列表，指定用于空洞卷积的空洞率。可以是一个整数，为所有空间维度指定相同的值；

activation:指定激活函数。

在对主要的参数进行了解后，下面开始使用该函数对图像进行卷积运算。下面代码首先使用tf.convert_to_tensor()函数将图像数据imgray，转化为一个张量，并指定数据类型为np.float32，然后将图片转化为输入的形式使用tf.reshape函数，接着定义一个卷积核，使用tf.keras.initializers.constant()函数定义一个常数卷积核，该卷积核可以对图像的边缘进行提取，最后定义卷积运算使用tf.keras.layers.Conv2D()函数，得到卷机运势对象res，其中会使用kernel_initializer=ker参数，将卷积核初始化为我们前面定义的卷机核。在执行对输入的数据使用卷积操作时，使用conv_im1 = res(input_im)语句，就可以获得针对输入图像input_im的卷机结果conv_im1。从我们的输出结果中，可见运行后卷积后图像的大小仍为512×512，因为卷积时，参数padding = “SAME”。

```
In[3]:## 整理卷积输入
    imgray = tf.convert_to_tensor(imgray,dtype=np.float32)
    im_height, im_width = imgray.shape
    input_im = tf.reshape(imgray, [1,im_height, im_width, 1],
                          name="image")
    ## 整理卷积核 , 边缘检测 [[-1, -1, -1],[-1, 8, -1],[-1, -1, -1]]
    ker = tf.keras.initializers.constant([[-1,-1,-1],[-1,8,-1],[-1,-1,-1]])
    # kernel = tf.reshape(ker, [3, 3,], name='kernel')
    ## 卷积运算 , 输出卷积后的图像
    res = tf.keras.layers.Conv2D(filters=1,kernel_size=[3,3],strides=1,
                                 padding = "SAME",
                                 input_shape=(im_height, im_width,1),
                                 kernel_initializer=ker)
    ## 进行运算
```

```
    conv_im1 = res(input_im)
    print(" 卷积后图像大小 :",conv_im1.shape)
    ## 查看卷积后的图像
    plot_im = tf.keras.backend.reshape(conv_im1,(im_height, im_width))
    plt.figure(figsize=(6,6))
    plt.imshow(plot_im,cmap=plt.cm.gray)
    plt.axis("off")
    plt.show()
Out[3]:
    卷积后图像大小 : (1, 512, 512, 1)
```

图 12–4　灰度图像的卷积结果 (512 × 512)

卷积后的图像为图12-4，该图像经过卷积后，图像的边缘更加明显，所使用的卷积核具有提取图像边缘的能力。

如果想要对RGB图像进行卷积，在参数的设置上会有些变化，因为RGB图像有三个通道，所以卷积操作中的参数input_shape=(im_height, im_width,im_channels)，其中参数im_channels＝3，下面查看具体的实例，读取举例使用的RGB图像，如图12-5所示。

```
In[5]:im = imread("data/chap12/ 莱娜 .tiff")
```

```
plt.figure(figsize=(6,6))
plt.imshow(im)
plt.axis("off")
plt.show()
```

图 12-5 RGB 图像 (512 × 512 × 3)

对RGB图像进行卷积的操作的程序如下：

```
In[6]:## 整理卷积输入 ,RGB 图像为 3 通道
  im = tf.convert_to_tensor(im ,dtype=np.float32)
  im_height,im_width,im_channels= im.shape
  input_im = tf.reshape(im, [1,im_height, im_width, im_channels])
  ## 整理卷积核 , 卷积核大小为 3*3*3 并且输出为 2 通道
  ker = tf.keras.initializers.constant(
    [[[[-1, -1, -1],[-1, 8, -1],[-1, -1, -1]],
     [[-1, -1, -1],[-1, 8, -1],[-1, -1, -1]],
     [[-1, -1, -1],[-1, 8, -1],[-1, -1, -1]]],
    [[[-1, -1, -1],[-1, 8, -1],[-1, -1, -1]],
```

```
            [[-1, -1, -1],[-1, 8, -1],[-1, -1, -1]],
            [[-1, -1, -1],[-1, 8, -1],[-1, -1, -1]]]])
    ## 卷积运算，输出卷积后的图像
        res = tf.keras.layers.Conv2D(filters=2,kernel_size=(3,3),strides=2,
                        padding = "VALID",
                        input_shape=(im_height, im_width,im_channels),
                        kernel_initializer=ker)
        ## 进行运算
        conv_im2 = res(input_im)
        print(" 卷积后图像大小 :",conv_im2.shape)
    Out[6]:
        卷积后输出结果大小 : (1, 255, 255, 2)
```

针对RGB图像的卷积操作，tf.keras.layers.Conv2D函数的参数input_shape=(im_height, im_width,im_channels)其中im_height＝512、im_width＝512、im_channels＝3，指定了我们输入的图像时RGB图像，且图像大小为512*512，并且有3个通道。而参数filters=2表示我们进行卷机操作后，会输出两个特征映射。kernel_size=(3,3)表示在进行卷积操作时使用3×3的卷积核,在进行卷积操作时，仍然使用指定的初始化卷积核进行操作，既使用参数kernel_initializer=ker，而且padding = “VALID”，说明卷积时不对原图进行填充，strides=2说明在图像的宽和高尺度上卷积移动的步长为2个像素，所以最终卷积后的结果为(1, 255, 255, 2)，即输出两张255*255大小的图像。下面对输出的图像可视化。

```
    In[7]:## 查看卷积后的图像
        plt.figure(figsize=(8,4))
        plt.subplot(1,2,1)
        plt.imshow(conv_im2[0][:,:,0],cmap=plt.cm.gray)
        plt.axis("off")
        plt.subplot(1,2,2)
        plt.imshow(conv_im2[0][:,:,1],cmap=plt.cm.gray)
        plt.axis("off")
        plt.show()
```

上面的程序使用conv_im2[0][:,:,0]来提取第一个卷积核所映射的卷积结果，使用conv_im2[0][:,:,1]来提取第二个卷积核所映射的卷积结果，并将结果可视化为图12-6所示。

从可视化的结果可以看出，两个不同的卷积核在数据不同方面进行的数据特征的提取，突出了原始数据的不同特征。

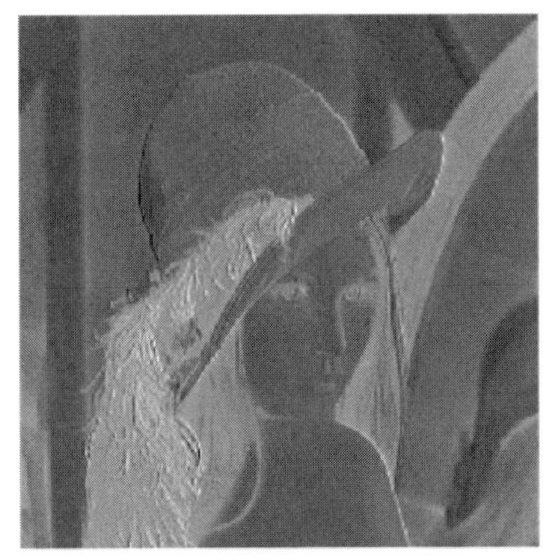

图 12-6　RGB 图像卷积结果 (255×255，2 张)

2. 池化

池化操作(采样操作)的一个重要的目的就是对卷积后得到的特征进行进一步处理，通常池化层还能起到对数据进一步浓缩效果，缓解内存压力，即选取一定大小区域，将该区域用一个代表元素表示。具体的池化有两种，取平均值（mean）池化和取最大值（max）池化。这两种方式的示意图如图12-7所示。

输入

1	2	3	4
5	6	7	8
9	10	11	12
13	14	15	16

输入

1	2	3	4
5	6	7	8
9	10	11	12
13	14	15	16

最大值池化

6	8
14	16

平均值池化

3.5	5.5
11.5	

图 12-7　最大值池化和平均值池化

在tensorflow中可以使用tf.keras.layers.MaxPool2D()进行最大值池化，tf.keras.layers.AveragePooling2D()进行平均值池化，它们的参数意义相同，下面对tf.keras.layers.MaxPool2D()进行介绍。

tf.keras.layers.MaxPool2D(pool_size, strides, padding, data_format='NHWC')

对输入取最大值池化：

pool_size：一个包含2个整数的元组或列表,用于指定池化核的尺寸；

strides, padding和卷积操作相应的参数意义相同。

首先针对RGB图像卷积的输出结果conv_im2进行最大值池化操作。在tf.keras.layers.MaxPool2D()中，pool_size=(2,2)说明对图像的宽和高两个维度进行最大值池化，核的大小为2×2的矩阵，strides=1表示每次池化的步长为1个像素点。最后得到池化后的结果维度为(1, 254, 254, 2)。

```
In[8]:# pool_size 就是 kernel 大小，横向纵向是 2
      max_pool = tf.keras.layers.MaxPool2D(pool_size=(2,2),strides=1, padding
="VALID")
    ## 进行运算
    max_pool_val = max_pool(conv_im2)
    print(" 池化后输出结果大小 :",max_pool_val.shape)Out[8]:
Out[8]:
    池化后输出结果大小 : (1, 254, 254, 2)
```

查看池化后的图像，发现最大值池化操作将图像进行了模糊，图像如图12-8所示。

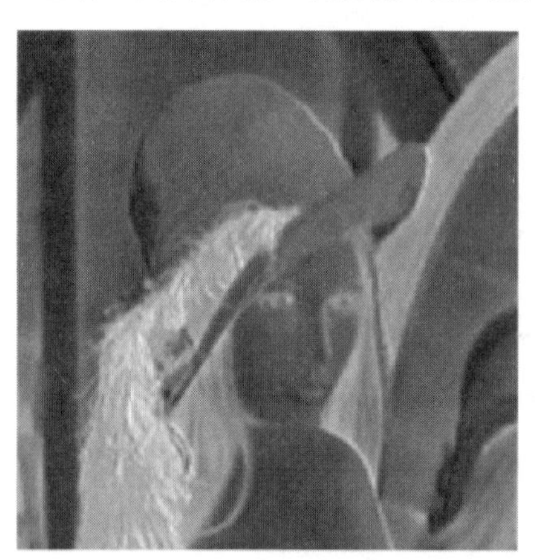

图 12-8　最大值池化后的结果

```
In[9]:## 查看池化后的图像
```

```
plt.figure(figsize=(8,4))
plt.subplot(1,2,1)
plt.imshow(max_pool_val[0][:,:,0],cmap=plt.cm.gray)
plt.axis("off")
plt.subplot(1,2,2)
plt.imshow(max_pool_val[0][:,:,1],cmap=plt.cm.gray)
plt.axis("off")
plt.show()
```

对RGB图像卷积的输出结果conv_im2进行平均值池化。在tf.keras.layers.AveragePooling2D中，pool_size=(3,3)说明对图像的宽和高两个维度进行最大值池化，核的大小为3×3的矩阵，strides=2表示每次池化的步长为2个像素点。最后得到池化后的结果维度为(1, 127, 127, 2)。

```
In[10]:
## 平均值池化
avg_pool = tf.keras.layers.AveragePooling2D(
  pool_size=(3,3),strides=2,padding="VALID")
avg_pool_val = avg_pool(conv_im2)
print(" 池化后输出结果大小 :",avg_pool_val.shape)
Out[10]:
池化后输出结果大小 : (1, 127, 127, 2)
```

查看池化后的图像如图12-9所示，在平均值池化后，图像的像素点得到了进一步的压缩，所以图像变的更加模糊。

```
In[11]:
plt.figure(figsize=(8,4))
plt.subplot(1,2,1)
plt.imshow(avg_pool_val[0][:,:,0],cmap=plt.cm.gray)
plt.axis("off")
plt.subplot(1,2,2)
plt.imshow(avg_pool_val[0][:,:,1],cmap=plt.cm.gray)
plt.axis("off")
plt.show()
```

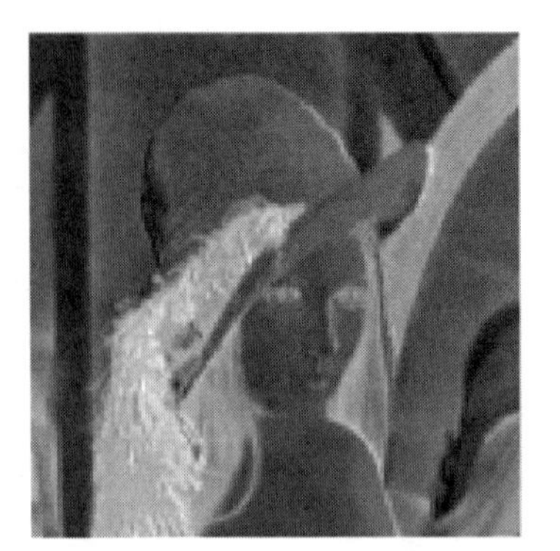

图 12-9　平均值池化后的结果

12.3 CNN人脸识别

扫一扫，看视频

卷积神经网络在图像处理中取得了很好的效果，本小节使用tensorflow库构建卷积神经网络模型对人脸图像进行识别。读取图像时使用scipy库的loadmat函数，因为原始数据集为Matlab的.mat文件。MIT_face_data.mat包含10类人脸的3D图像，每类约324张图像，每张图像的大小为32×32，在读取数据后将其中的部分图像可视化出来，以供查看。

1.CNN 模型建立前的准备

```
In[12]:## 读取数据
    from scipy.io import loadmat
    data = loadmat("data/chap12/MIT_face_data.mat")
    ## 查看其中的部分人脸图像
    indexs = np.random.choice(np.arange(3000),32)
    plt.figure(figsize=(8,4))
    for ii,index in enumerate(indexs):
        plt.subplot(4,8,ii+1)
        plt.imshow(data["MIT_face"][index,:].reshape(32,32),
                cmap = plt.cm.gray)
```

```
    plt.axis("off")
plt.subplots_adjust(hspace= 0.01,wspace=0.01)
plt.show()
```

上面的程序中np.random.choice()函数随机的从3000个数据中抽取32个，查看图像时查看选中的32张图像，data[“MIT_face”]是提取保存人脸数据的矩阵，并对其中的样例进行维度变换，转化为32×32维，用来可视化，得到的可视化图像结果如图12-10所示。

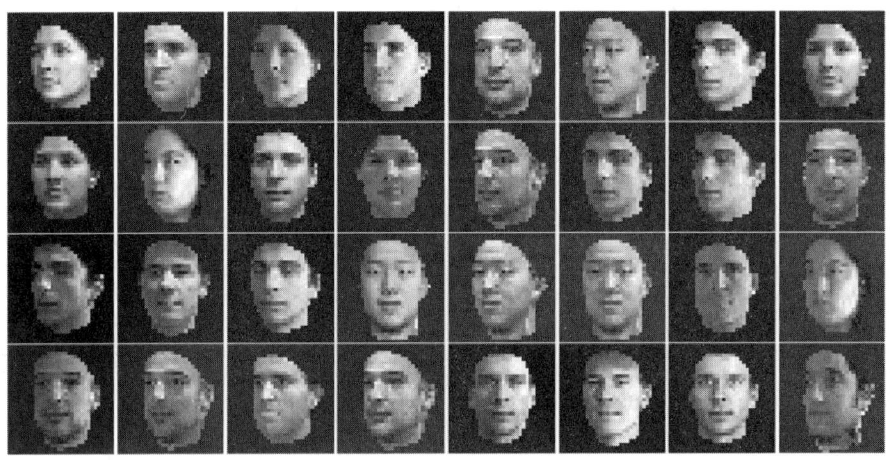

图 12-10 数据集中部分图像

将数据集切分为训练集和测试集，其中25%的数据进行测试，并且对数据的类别label的取值减去1，这样标签的取值既转换为了0～9之间，同时将labels标签转化为一个列向量。

```
In[13]:## 切分训练集和测试集
    MIT_face = data["MIT_face"]
    labels = data["labels"].reshape((-1,1)) - 1
    train_x,test_x,train_y,test_y = train_test_split(MIT_face,labels,
                                                     test_size = 0.25,
                                                     random_state = 1)
    ## 将数据转化为图像的形式
    train_x = train_x.reshape((-1,32,32,1))
    test_x = test_x.reshape((-1,32,32,1))
    train_x.shape
Out[13]:
    (2430, 32, 32, 1)
```

```
In[14]:
    test_y.shape
Out[14]:
    (810, 1)
```

从数据切分和类标签的结果可以看出，其中2430个样本作为训练集，810个样本作为测试集。

2.CNN 模型框架

针对上述数据集，本节建立的卷积神经网络模型的框架如图12-11所示：

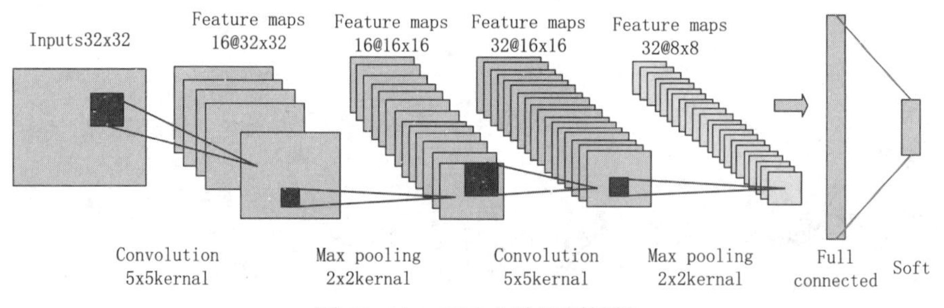

图 12-11 CNN 人脸识别框架

图12-11是对MIT数据集进行识别的CNN网络结构，一共包括两个卷积层（Convolution），卷积核大小为5×5；2个池化层(Pooling)，池化大小为2×2，步长为2；一个全连接层(Full connected)和一个softmax分类层，上面的框架运行时，针对每一个32×32大小的图像，首先使用5×5大小的卷积核进行卷积，得到一个16个大小为32×32的特征映射(Frature map)，然后针对特征映射进行最大值池化，得到16个16×16的特征映射，在进行第二层卷积时，使用卷积核大小为5×5，输出32个16×16的特征映射；然后进行第二次最大值池化操作，得到的32个8×8的特征映射，最后连接一层全连接层和softmax层进行分类。

3. 框架准备工作

在搭建多层卷积神经网络前，因为我们使用的是tensorflow 2.0版本，所以可以利用其中的keras模块快速对网络进行定义和训练。我们首先从tensorflow 2.0中导入一些需要使用到的层，程序如下所示

```
In[15]:
from tensorflow.keras.layers import Conv2D,MaxPool2D,Dense,Flatten,Dropout
from tensorflow.keras.optimizers import Adam
from tensorflow.keras.losses import SparseCategoricalCrossentropy
```

```
from tensorflow.keras import Sequential
```

上面导入的层中，他们的功能和作用总结如下：

Conv2D：定义一个2维卷积操作；

MaxPool2D：定义一个2维最大值池化操作；

Dense：定义一个全联接层操作；

Flatten：定义一个特征映射展开维一个向量的操作；

Dropout：定义一个Dropout层，主要用于防止过拟合；

Adam：一个优化器，用于训练定义好的网络；

SparseCategoricalCrossentropy：使用的稀疏类交叉熵损失函数，作用于没有经过稀疏编码的类别标签；

Sequential：可以将网络中的多个层连接为一个网络整体。

4. 卷积神经网络的搭建和训练

在导入了一些必须的层之后，接下来我们就可以使用Sequential定义我们的网络结构，在网络结构中通过add方法为网络依次添加所需要的层，定义上述卷积神经网络的程序如下所示：

```
In[16]:## 初始化网络
    model = Sequential()
    ## 添加第一个卷积层 32*32*1 ->32*32*16
    model.add(Conv2D(filters=16,kernel_size=5,padding="SAME",strides=1,
              activation="relu",input_shape = (32,32,1)))
    ## 添加第一个池化层 32*32*16 ->16*16*16
    model.add(MaxPool2D(pool_size=2,strides=2))
    ## 添加第二个卷积层 16*16*16 ->16*16*32
    model.add(Conv2D(filters=32,kernel_size=5,padding="SAME",strides=1,
              activation="relu"))
    ## 添加第二个池化层 16*16*32 ->8*8*32
    model.add(MaxPool2D(pool_size=2,strides=2))
    ## 将特征映射展开 8*8*32 个元素的向量
    model.add(Flatten())
    ## 添加一个全联接层 输出 512 维特征
    model.add(Dense(512,activation = "relu"))
    ## 添加一个防止过拟合的 Dropout 层
    model.add(Dropout(0.5))
```

```
## 添加一个分类层，使用 10 个神经元的 softmax 层
model.add(Dense(10,activation="softmax"))
model.summary()
```

在上面的程序中通过model = Sequential()语句，来初始化我们需要搭建的卷积神经网络model，接着通过model.add()方法，依次为网络添加所需要的层，分别是：卷积层（Conv2D）、最大值池化层（MaxPool2D）、卷积层（Conv2D）、最大值池化层（MaxPool2D）、特征映射展开层（Flatten）、全联接层（Dense）和Dropout层。最后程序会通过model.summary()语句输出我们整个网络的结构情况，输出结果如下所示：

```
Out[16]:
Model: "sequential"
Layer (type)              Output Shape            Param #
=================================================================
conv2d_2 (Conv2D)          (None, 32, 32, 16)        416
max_pooling2d_1 (MaxPooling2 (None, 16, 16, 16)        0
conv2d_3 (Conv2D)          (None, 16, 16, 32)        12832
max_pooling2d_2 (MaxPooling2 (None, 8, 8, 32)         0
flatten (Flatten)          (None, 2048)              0
dense (Dense)              (None, 512)               1049088
dropout (Dropout)          (None, 512)               0
dense_1 (Dense)            (None, 10)                5130
=================================================================
Total params: 1,067,466
Trainable params: 1,067,466
Non-trainable params: 0
```

在输出结果中包涵了每个层的类型、输出特征映射的尺寸和需要训练的参数数量，从结果中可以发现一共需要优化1067466个参数。

在网络定义好之后，需要通过model.compile()对模型进行编译，定义网络的优化算法、损失函数的计算方式和用来度量效果的方法，之后即可以通过model.fit()使用数据集对网络进行训练，程序如下所示：

```
In[17]:## 对我们的模型进行编译和训练
    model.compile(optimizer=Adam(),
            loss=SparseCategoricalCrossentropy(from_logits=True),
            metrics=['accuracy'])
```

```
history = model.fit(train_x, train_y, epochs=10,batch_size = 64,
                    validation_data=(test_x, test_y))
```

在上面的程序中，model.compile()中，参数optimizer用于指定所使用的优化算法，参数loss指定使用的损失函数，参数metrics=[‘accuracy’]定义使用精度来评价模型的训练效果。在model.fit()语句中，前两个参数train_x、train_y分别时训练数据集的数据和标签，参数epochs=10表示网络需要使用训练集训练10轮，参数batch_size用于指定每个batch使用的样本数量，参数validation_data用于指定训练时使用的验证数据集的数据和标签。模型训练后输出结果如下所示：

```
Out[17]:
Train on 2430 samples, validate on 810 samples
Epoch 1/10
2430/2430 [==============================] – 4s 2ms/sample – loss: 2.1722
– accuracy: 0.3342 – val_loss: 1.8363 – val_accuracy: 0.7765
…
Epoch 10/10
2430/2430 [==============================] – 3s 1ms/sample – loss: 1.4614
– accuracy: 1.0000 – val_loss: 1.4612 – val_accuracy: 1.0000
```

可以发现，在第一轮训练中在验证集上的精度为0.7765，到第10轮训练时在验证集上的精度为1。下面我们可以使用matplotlib库将在训练过程中训练集上和验证集上的损失函数和预测精度的变化情况，程序如下所示：

```
In[18]:## 训练过程可视化
    plt.figure(figsize=(14,5))
    plt.subplot(1,2,1)
    plt.plot(history.epoch,history.history["loss"],"rs-",label = "Train")
    plt.plot(history.epoch,history.history["val_loss"],"b*-",label = "Val")
    plt.xticks(history.epoch,history.epoch)
    plt.grid("on")
    plt.legend()
    plt.xlabel("Epoch")
    plt.ylabel("Loss")
    plt.subplot(1,2,2)
    plt.plot(history.epoch,history.history["accuracy"],"rs-",label = "Train")
    plt.plot(history.epoch,history.history["val_accuracy"],"b*-",label = "Val")
```

```
    plt.xticks(history.epoch,history.epoch)
    plt.grid("on")
    plt.legend()
    plt.xlabel("Epoch")
    plt.ylabel("Accuracy")
    plt.show()
```

上面程序运行后可得到如下图12-12所示的图像。从图像中可以发现后几个Epoch的损失函数保持稳定，并且精度保持在100%。

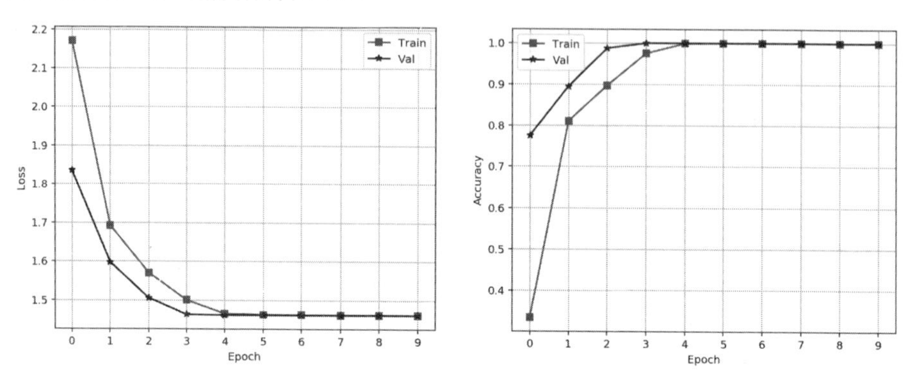

图 12-12　卷积网络的损失和精度的变化情况

在我们的网络训练结束之后，下面真对测试机进行预测，并将预测的结果使用混淆矩阵进行可视化，程序如下：

```
In[19]:## 计算预测的类别
    pre_y = np.argmax(model.predict(test_x), 1)
    ## 预测集的混淆矩阵
    confm = metrics.confusion_matrix(test_y,pre_y)
    plt.figure(figsize=(8,7))
    sns.heatmap(confm.T, square=True, annot=True,
            fmt='d', cbar=False,linewidths=.5,
            cmap="YlGnBu")
    plt.xlabel('True label',size = 14)
    plt.ylabel('Predicted label',size = 14)
    plt.show()
```

运行程序后，可得到如图12-13所示的混淆矩阵热力图，从图像中我们可以发现在测试

集上的预测精度为100%。

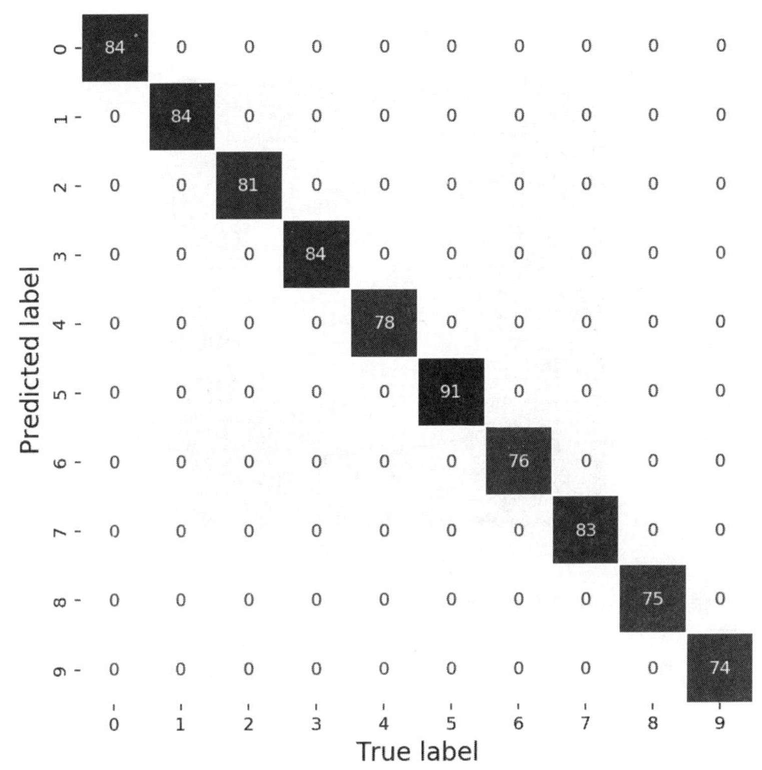

图 12-13　测试集上的混淆矩阵热力图

5. 卷积神经网络的隐藏层特征可视化

到此，一个完整的使用卷积神经网络进行人脸图像识别的过程已经全部完成。为了观察卷积和池化操作的特征提取结果，将特征训练的过程进行可视化。首先查看图像样本的可视化，其原始图像样本如图12-14所示。

```
In[20]:## 将原始图像可视化
    sample1 = train_x[0:1,:]
    plt.figure(figsize=(5,5))
    plt.imshow(sample1.reshape(32,32),cmap=plt.cm.gray)
    plt.axis("off")
    plt.suptitle(" 原始图像 ",fontproperties = fonts,size = 16)
```

```
plt.show()
```

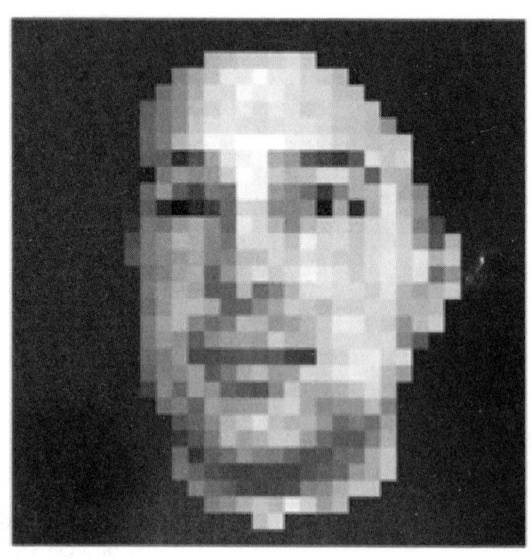

图 12-14 原始图像

在获取一张图像经过网络卷积层和池化层厚输出的特征映射结果之前，需要定一个中间层特征提取模型，我们首先需要获得感兴趣层的输出对型，即layer.output，然后通过tf.keras.models.Model()函数指定起输入和输出，即可定义改中间特征提取模型activation_model，然后使用activation_model.predict()方法对输入进行预测，即可获得对应层的输出。在下面的程序中，我们定义获取训练后的模型中，前4个层的输出，即卷积层、池化层、卷积层和池化层的输出，获取一整图像前4层输出的程序如下所示。从输出的结果列表activations的长度为4，则表明输入图像的前4个隐藏层的输出已经正确获得。

```
In[21]:## 定义需要输出中间的层特征所在的层
    layer_outputs = [layer.output for layer in model.layers[:4]]
    ## 获取模型中前 4 层的输出的模型操作
    activation_model = tf.keras.models.Model(inputs=model.input, outputs=layer_outputs)
    # 将模型操作用于预测需要获取特征的图像
    activations = activation_model.predict(train_x[0:1,:])
    len(activations) # 输出的 activations 列表中包涵每个需要层的输出
Out[21]: 4
```

接下来将进行一次卷积和一次池化操作后的图像特征进行可视化：

```
In[22]:## 查看其中的一个特征
```

```
## 可视化其中一个样本的 feature map
sample1 = activations[1][0]
plt.figure(figsize=(10,2.5))
for ii in range(sample1.shape[2]):
    plt.subplot(2,8,ii+1)
    plt.imshow(sample1[:,:,ii],cmap=plt.cm.rainbow)
    plt.axis("off")
plt.subplots_adjust(wspace = 0.1,hspace = 0.1)
plt.suptitle("1 次卷积+ 1 次池化 ",fontproperties = fonts,size = 16)
plt.show()
```

得到的特征结果如图12-15所示。

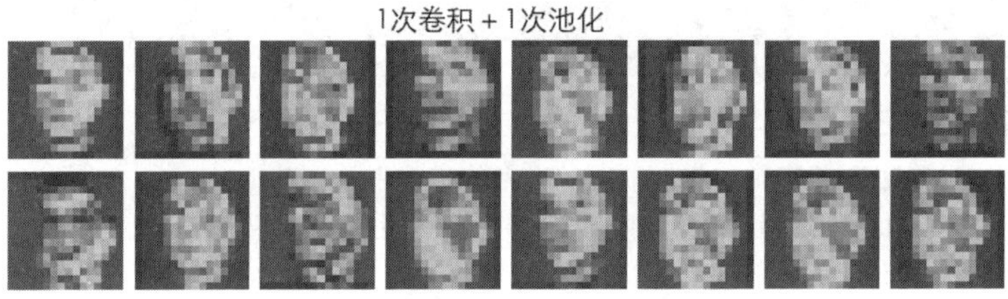

图 12-15　1 次卷积+ 1 次池化后特征映射

从图12-15中可以发现，很多映射保留了人脸的轮廓图像。

为了和图12-15的效果进行对比，将进行2次卷积操作和2次池化的特征映射进行可视化，得到的结果图像如图12-16所示。

```
In[23]:## 可视化其中一个样本的 feature map
    sample1 = activations[3][0]
    plt.figure(figsize=(10,5))
    for ii in range(sample1.shape[2]):
        plt.subplot(4,8,ii+1)
        plt.imshow(sample1[:,:,ii],cmap=plt.cm.rainbow)
        plt.axis("off")
    plt.subplots_adjust(wspace = 0.1,hspace = 0.1)
    plt.suptitle("2 次卷积+ 2 次池化 ",fontproperties = fonts,size = 16)
    plt.show()
```

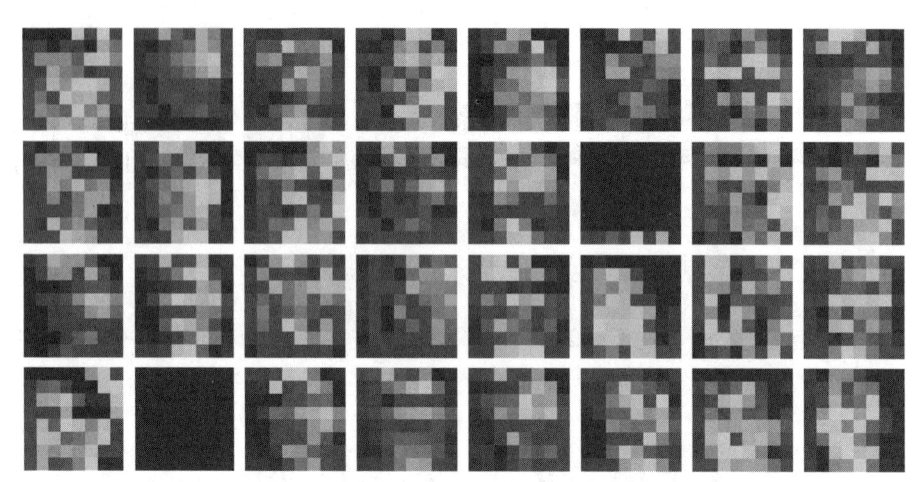

图 12-16　2 次卷积＋ 2 次池化后特征映射

可以发现进行2次卷积和池化后出现的个多的是更小的细节特征。

在经过模型的训练之后，我们可以发现在测试集上的预测精度为100%，这说明了该模型对该数据集预测的非常准确，接下来我们想要分析测试集在经过全联接层的输出后，特征在空间中的分布情况。因为经过全联接层后，每个样本的特征会转化为一个512维的向量，所以为了方便可视化，我们将会使用TSNE降维算法，将其降维到2维空间中，然后在进行可视化，首先获取测试集经过全联接层特征的程序如下所示：

```
In[23]:## 获取模型中全联接层的输出
    activation_model = tf.keras.models.Model(
      inputs=model.input,
      outputs=model.layers[6].output)
    # 将模型操作用于预测测试集
    activations = activation_model.predict(test_x)
    # 每个样本会有 512 维的特征
    activations.shape
Out[23]: (810, 512)
```

从输出结果汇总，可以知道有810个样本，每个样本的特征维512维。下面我们可以使用sklearn.manifold模块中的TSNE()将高维数据进行降维，然后将降维后的点可视化在2维空间中，程序如下所示：

```
In[24]:## 对特征降维并可视化
```

```
from sklearn.manifold import TSNE
tsnefc = TSNE(n_components = 2).fit_transform(activations)
## 定义点使用的形状
shape = ["s","p","*","h","+","x","D","o","v",">"]
## 定义变量
X = tsnefc[:,0]
Y = tsnefc[:,1]
lab = test_y[:,0]
plt.figure(figsize=(10,7))
for ii in range(len(np.unique(lab))):
    x = X[lab==ii]
    y = Y[lab==ii]
    plt.scatter(x,y,color=plt.cm.Set1(ii / 10.),
                marker = shape[ii],label = str(ii))
    plt.legend()
plt.show()
```

经过上面的程序，我们可获得如图12-17所示的二维散点图，从每类数据在空间中的分布可以发现：经过卷积层和全联接层的特征提取和变换，我们的数据集已经转化为非常容易分类的空间分布，这样100%的分类精度也不足为奇。

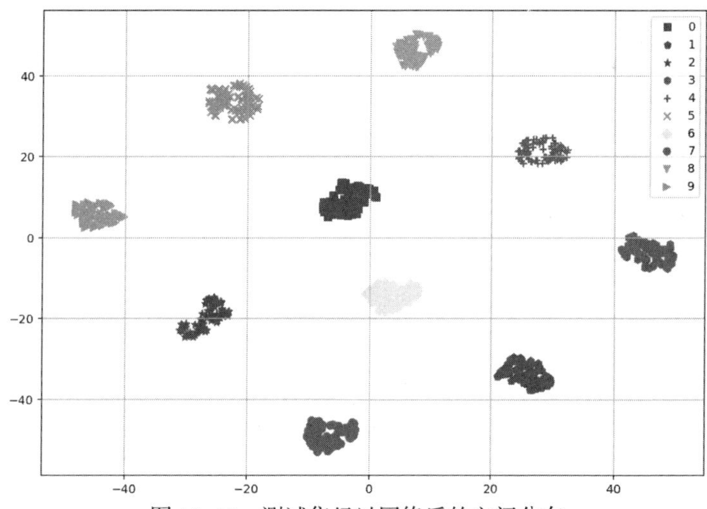

图 12-17　测试集经过网络后的空间分布

12.4 CNN人脸检测

本章前面几节介绍的对人脸图像数据集进行识别是一个多分类任务，但对于一张图片，如何检测图片上的人脸呢？本节将会介绍两种方式：一种是普通的人脸检测方式，另一种是使用卷积神经网络进行人脸检测。

以下的程序中会用到 4 个库，其中 dlib 库主要进行人脸检测和人脸特征点的检测，Matplotlib 和 cv2 用于图像的可视化等，skimage 库用来读取图像数据。

首先导入库和相应的函数：

```
In[37]:import dlib
       import matplotlib.patches as mpatches
       import cv2
       from skimage import io,draw
```

1. 人脸检测和特征点描述

针对一张图片，检测其中是否有人脸。如果有，那就继续找出人脸上的特征点。下面分两个步骤介绍：人脸检测和人脸特征点检测。

（1）人脸检测。

在检测人脸时，可以使用 dlib.get_frontal_face_detector() 函数检测人脸，具体方法如下。

```
In[38]:detector = dlib.get_frontal_face_detector()
       image = io.imread("data/chap12/ 人脸识别 1 副本 .jpg")
       dets = detector(image, 2) # 使用 detector 进行人脸检测 dets 为返回的结果
       print("Number of faces detected: {}".format(len(dets)))
       for i, face in enumerate(dets):
           ## 输出检测结果
           print("Detection {}: Left: {} Top: {} Right: {} Bottom: {}".format(
                 i, face.left(), face.top(), face.right(), face.bottom()))
Out[38]:
```

```
Number of faces detected: 4
Detection 0: Left: 355 Top: 90 Right: 419 Bottom: 155
Detection 1: Left: 243 Top: 265 Right: 336 Bottom: 358
Detection 2: Left: 392 Top: 255 Right: 469 Bottom: 332
Detection 3: Left: 119 Top: 120 Right: 231 Bottom: 231
```

上面的程序首先使用 detector = dlib.get_frontal_face_detector() 定义了一个人脸检测器 detector，接着使用 io.imread() 读取图片，最后使用 detector(image, 2) 对图片进行检测。其中参数 2 表示对图像 image 在检测前进行两次采样放大原始图像，使检测器更容易找到人脸。从输出的检测结果中可以发现，共从图片中检测到了 4 张人脸。接下来对识别出的人脸进行可视化。

```
In[39]:## 将识别的图像可视化
       plt.figure()
       ax = plt.subplot(111)
       ax.imshow(image)
       plt.axis("off")
       for i, face in enumerate(dets):
           # 在图片中标注人脸，并显示
           left = face.left()
           top = face.top()
           right = face.right()
           bottom = face.bottom()
           rect = mpatches.Rectangle((left,bottom), right - left, top - bottom,
                                     fill=False, edgecolor='red', linewidth=1)
           ax.add_patch(rect)
       plt.show()
```

上面的程序将检测到的人脸绘制了出来，其中使用 dets 中的 left、top、right、bottom 等方法提取每个检测到的人脸的 4 个边界，并且使用 mpatches.Rectangle() 函数生成人脸图像框 rect，然后使用 ax.add_patch(rect) 方式添加红色人脸框，最终得到人脸检测结果如图 12-18 所示。

图 12-18　人脸检测

（2）人脸特征点检测。

针对检测到的人脸，如何找到人脸的特征描述点呢？可以使用 dlib 库中的 shape_predictor() 方法，该方法可以在人脸上找到 68 个特征点。使用 dlib.shape_predictor("shape_predictor_68_face_landmarks.dat") 定义一个人脸特征点的预测类 predictor，对人脸的特征点进行检测并可视化。

```
In[40]:## 检测到人脸后，对人脸的特征点进行显示
       predictor = dlib.shape_predictor("shape_predictor_68_face_landmarks.dat")
       image_copy = image.copy()
       for k, d in enumerate(dets):
           # 从识别的人脸中获得人脸特征点
           detected_landmarks = predictor(image, d).parts()
           landmarks = np.matrix([[p.x, p.y] for p in detected_landmarks])
           for idx, point in enumerate(landmarks):
               pos = (point[0, 0], point[0, 1])
               # 注释点的位置
               cv2.putText(image_copy, str(idx), pos,
```

```
                fontFace=cv2.FONT_HERSHEY_SIMPLEX,
                fontScale=0.3,
                color=(255, 255, 0))
## 显示找到特征点后的图像
plt.figure(figsize=(10,8))
ax = plt.subplot(111)
ax.imshow(image_copy)
plt.axis("off")
plt.show()
```

上面的程序针对每个检测到的人脸进行 for 循环。针对检测到的第 i 个人脸 d，首先使用 predictor(image, d) 找到特征点，然后通过 parts() 方法提取所有的特征点，得到 detected_landmarks。为了得到所有特征点的坐标，针对得到的特征点的集合，使用列表表达式通过 [p.x, p.y] 方法得到坐标 landmarks。然后对每个坐标点，使用 cv2.putText() 函数来添加文本注释。最后使用 ax.imshow() 函数显示图像，结果如图 12-19 所示。

图 12-19　人脸特征点检测

2. CNN 人脸检测

在 dlib 库中有一个通过卷积神经网络 CNN 来检测人脸的方法，即 cnn_face_detector_model_v1。下面针对照片使用 cnn_face_detector_model_v1 方法进行人脸检测。

```
In[41]:cnn_face_detector=dlib.cnn_face_detection_model_v1("mmod_human_face_detector.dat")
       image1 = io.imread("data/chap12/ 人脸识别 1.jpg")
       cnn_dets = cnn_face_detector(image1, 1)
       print("Number of faces detected: {}".format(len(dets)))
       ## 输出所识别的每个人脸的 4 个边界位置
       for i, d in enumerate(cnn_dets):
           print("Detection {}: Left: {} Top: {} Right: {} Bottom: {} ".format(
                 i, d.rect.left(), d.rect.top(), d.rect.right(), d.rect.bottom()))
Out[41]:
Number of faces detected: 4
Detection 0: Left: 134 Top: 236 Right: 232 Bottom: 334
Detection 1: Left: 231 Top: 360 Right: 349 Bottom: 478
Detection 2: Left: 362 Top: 211 Right: 430 Bottom: 279
Detection 3: Left: 401 Top: 367 Right: 483 Bottom: 448
```

在使用 cnn_face_detection_model_v1() 进行人脸检测时，需要提前读取一个数据集 "mmod_human_face_detector.dat" 作为参数。使用 cnn_face_detector(image1, 1) 得到所有的检测结果集合，第二个参数 1 表示对图像 image1 进行一次上采样，这样会使图像变得更大，能够发现尽可能多的面孔。从输出结果中可以知道，image1 检测出了 4 个人脸。对检测的结果进行可视化，结果如图 12-20 所示。

```
In[42]:## 将识别的图像可视化
       plt.figure()
       ax = plt.subplot(111)
       ax.imshow(image1)
       plt.axis("off")
       for i, face in enumerate(cnn_dets):
           # 在图片中标注人脸，并显示
```

```
        left = face.rect.left()
        top = face.rect.top()
        right = face.rect.right()
        bottom = face.rect.bottom()
        rect = mpatches.Rectangle((left,bottom), right - left, top - bottom,
                                  fill=False, edgecolor='red', linewidth=1)
        ax.add_patch(rect)
    plt.show()
```

图 12-20 CNN 人脸检测

可以发现使用的两种人脸检测方式，均正确地检测到了人脸，得到的检测效果均让人满意。

12.5 深度卷积图像去噪

使用深度学习预先训练一个图像去噪器，对新的带噪声图像去噪，是近年来用于图像去噪的一种新的思路。本节将使用 keras 库和 400 幅图像，训练一个去噪的深度学习模型，用于对新的带噪声图像去噪。

首先进行相关准备工作，并且导入所需要的一些库和模块。用到的库有 Keras、Skimage。其中 Keras 是一个简单易用的深度学习库，基于 TensorFlow、Theano，由纯 Python 编写而成。

```
In[43]:%config InlineBackend.figure_format = 'retina'
       %matplotlib inline
       import tensorflow as tf
       from keras.layers import Conv2D
       from keras.layers.normalization import BatchNormalization
       from keras.optimizers import SGD
       from keras import Sequential
       from keras.models import load_model
       import matplotlib.pyplot as plt
       import numpy as np
       import pandas as pd
       from skimage.io import imread
       from skimage.color import rgb2gray
       from skimage.util import random_noise
       from skimage.metrics import peak_signal_noise_ratio
       import glob
       from time import time
```

12.5.1 空洞卷积

感受野（Receptive Field）是 CNN 中最重要的概念之一。感受野的定义为：在卷积神经网络 CNN 中，决定某一层输出结果中一个元素所对应的输入层的区域大小。用数学语言解释：感受野是 CNN 中的某一层输出结果的一个元素对应输入层的一个映射。再通俗点的解释：feature map 上的一个点对应输入图上的区域。注意这里是输入图，不是原始图。

空洞卷积可以认为是基于普通卷积的一种变形，在《Multi-scale context aggregation by dilated convolutions》一文中提出用于图像分割后，才开始受到众多学者的重视并得到广泛的应用。空洞卷积的一个显著的作用是增大感受野，获取更多的信息。空洞卷积的示意图如图 12-21 所示。

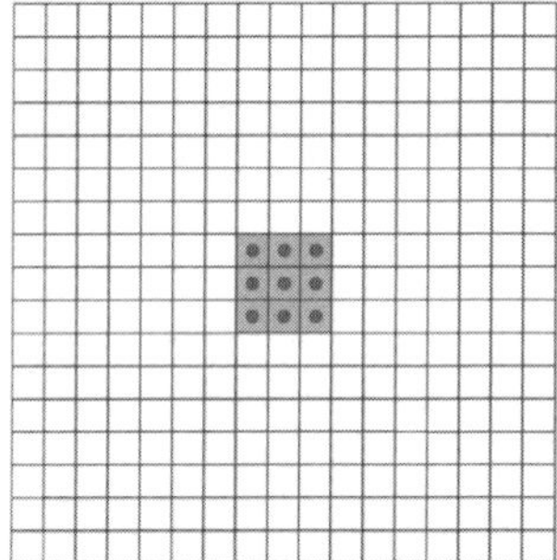

（a）3×3 的 1- 空洞卷积

（b）3×3 的 2- 空洞卷积

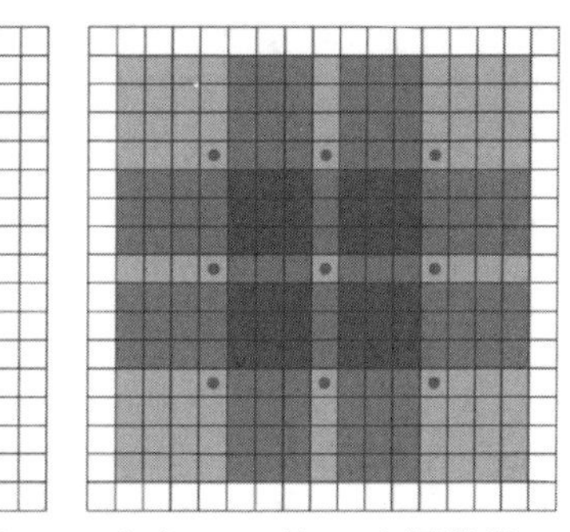

（c）3×3 的 3- 空洞卷积

图 12-21　空洞卷积示意图

图 12-21（a）对应 3×3 的 1- 空洞卷积，和普通的卷积操作一样。图 12-21（b）对应 3×3 的 2- 空洞卷积，实际的卷积核大小还是 3×3，但是空洞为 1，这样就会对应一个 7×7 的图像块，只有 9 个红色的点会有权重取值，进行卷积操作，其余的点不进行操作。也可以理解为卷积核的大小为 7×7，但图中只有 9 个点的权重不为 0，其余均为 0。实际进行卷积操作的权重只有 3×3 = 9 个，但这个卷积的感受野已经增大到了 7×7。图 12-21（c）对应 4- 空洞卷积，能够作用于 15×15 的感受野区域，即卷积核的大小为 15×15，但图中只有 9 个点的权重不为 0，其余都为 0（图 12-21 来自 Multi-scale context aggregation by dilated convolutions）。在 Keras 库中，可以使用 Conv2D（）通过设置参数 dilation_rate 的取值进行空洞卷积，在后面的内容中将会详细介绍具体用法。

12.5.2 图像与图像块的相互转换

研究表明，在训练去噪器时，使用较小的图像块比使用尺寸大的原始图像效果更好。因此，在数据准备阶段，需要从大尺寸的图像中获取较小的图像块，然后训练降噪器；当针对测试图像的小图像块去噪结束后，需要从图像块重构出原始尺寸的测试图像。

定义 image2cols 和 col2image 两个函数，分别用于从图像中获取图像块数据和从图像块中重构原始图像。

1. image2cols 函数

image2cols(image,patch_size,stride) 函数用于从图像中获取图像块数据。该函数需要 3 个参数：image 为需要转化为图像块的原始图像；patch_size 为图像块的尺寸；stride 为获取图像块时滑动的步长。

```
In[44]:## 定义辅助函数，将图像转化为图像块
       def image2cols(image,patch_size,stride):
           import numpy as np
           imhigh,imwidth = image.shape
           range_y = np.arange(0,imhigh - patch_size,stride)
           range_x = np.arange(0,imwidth - patch_size,stride)
           if range_y[-1] != imhigh - patch_size:
               range_y = np.append(range_y,imhigh - patch_size)
           if range_x[-1] != imwidth - patch_size:
               range_x = np.append(range_x,imwidth - patch_size)
           sz = len(range_y) * len(range_x)
           res = np.zeros((sz,patch_size,patch_size))
           index = 0
           for y in range_y:
               for x in range_x:
                   patch = image[y:y+patch_size,x:x+patch_size]
                   res[index,:,:] = patch
                   index = index + 1
           return res
```

2. col2image 函数

col2image(coldata,imsize,stride) 函数用于将图像块数据转化为原始尺寸大小的图像数据，即 image2cols() 函数的逆变换。该函数也需要 3 个参数：coldata 为 image2cols() 函数的输出，即图像块数据；imsize 为原始图像的尺寸；stride 为获取图像块时滑动的步长。

```
In[45]:## 定义函数 图像转化为图像块的逆变换
       def col2image(coldata,imsize,stride):
           patch_size = coldata.shape[1]
           res = np.zeros((imsize[0],imsize[1]))
           w = np.zeros(((imsize[0],imsize[1])))
           range_y = np.arange(0,imsize[0] - patch_size,stride)
           range_x = np.arange(0,imsize[1] - patch_size,stride)
           if range_y[-1] != imsize[0] - patch_size:
             range_y = np.append(range_y,imsize[0] - patch_size)
           if range_x[-1] != imsize[1] - patch_size:
             range_x = np.append(range_x,imsize[1] - patch_size)
           index = 0
           for y in range_y:
               for x in range_x:
                   res[y:y+patch_size,x:x+patch_size] = res[y:y+patch_size, x:x+ patch_
                   size] + coldata[index]
                   w[y:y+patch_size,x:x+patch_size] = w[y:y + patch_size, x:x + patch_size] + 1
                   index = index + 1
           return res / w
```

上面定义的两个函数将在下面的小节中得到应用。

12.5.3 一种深度学习去噪方法

一种有监督的可用的深度学习图像去噪框架，需预先训练一个图像去噪器。训练的模型框架如图 12-22 所示。

图中输入的图像数据集为带噪声的数据，经过多层空洞卷积操作、Relu 激活函数操作和块归一化操作处理后，输出“干净”的图像。值得注意的是该方法需通过大量的数据集训练模型，模型训练结束后，可以用来对新的图像数据进行去噪。下面使用 keras 库来搭建如图 12-22 所示的深度学习框架和训练模型，对新的图像进行去噪操作，并且检验图像去噪效果。

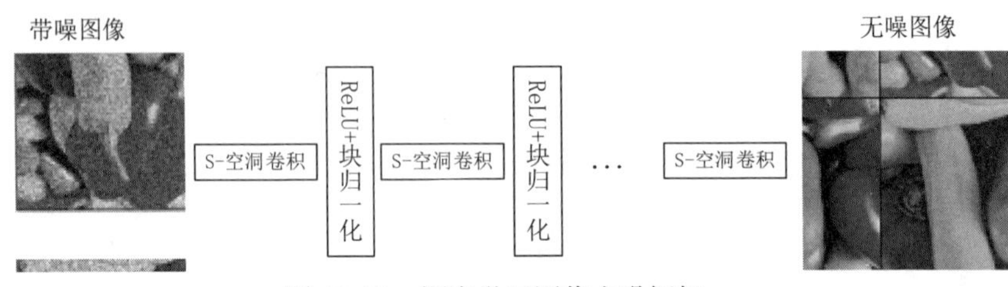

图 12-22　深度学习图像去噪框架

1. 数据准备

该模型使用 BSD400 数据集进行模型的训练，该数据集有 400 张尺寸大小为 180 × 180 的清晰数据，首先从相应的文件夹中读取数据。

```
In[46]:## 图像数据准备，读取训练图像图像
       filelist = glob.glob("data/Train400/*.png")
       traindata = np.array([imread(fname) for fname in filelist])
       traindata = traindata / 255.0
       print(" 图像数据集 :",traindata.shape)
Out[46]:
图像数据集 : (400, 180, 180)
```

使用 glob.glob() 函数，获取指定文件夹下所有后缀为 png 的 400 张图像，得到的结果 filelist 中包含所有的图像文件名，然后使用 imread() 函数结合列表表达式技巧，将所有图像数据读取后保存到数组 traindata 中。从输出的结果中可以看到 400 张 180 × 180 的图像数据全部读取成功。

读取图像后需要对图像添加噪声。定义一个包含多张图像数据集添加高斯噪声的函数 gaussian_noise()。该函数在内部使用 for 循环逐步对每张图像添加噪声。

```
In[47]:## 数据集添加高斯噪声
       def gaussian_noise(x_train,sigma,seed=1243):
           """sigma: 噪声标准差 """
           sigma2 = sigma**2 / (255**2)  ## 噪声方差
```

```
        x_train_noisy = np.zeros_like(x_train)
        for ii in range(x_train.shape[0]):
            image = x_train[ii]
            noise_im = random_noise(image, mode="gaussian", var=sigma2, seed=seed,
            clip=True)
            x_train_noisy[ii] = noise_im
        return x_train_noisy
    x_train_noisy = gaussian_noise(traindata,30,seed=1243)
    print("x_train_noisy",x_train_noisy.min(),"~",x_train_noisy.max())
Out[47]:
x_train_noisy 0.0 ~ 1.0
```

程序使用 gaussian_noise(traindata,30,seed=1243) 对读取的 400 张图像数据集 traindata 添加噪声，得到新的数据集 x_train_noisy。接下来使用可视化的方式，查看数据集中的图像在添加噪声前后的对比。

```
In[48]:## 查看其中的几幅图像
    index = np.arange(5,400,20)
    plt.figure(figsize=(8,4))
    for i in range(0,8):
        plt.subplot(2,4, i+1)
        plt.imshow(traindata[index[i],:,:])
        plt.gray()
        plt.axis("off")
    plt.show()
    ## 查看添加噪声后其中的几幅图像
    plt.figure(figsize=(8,4))
    for i in range(0,8):
        plt.subplot(2,4, i+1)
        plt.imshow(x_train_noisy[index[i],:,:])
        plt.gray()
        plt.axis("off")
    plt.show()
```

程序首先从 400 张原始图像中挑出 8 张，使用 plt.imshow() 方法绘制，然后在添加噪声后的图像中挑出对应的 8 张并绘制，得到的图像如图 12–23 所示。

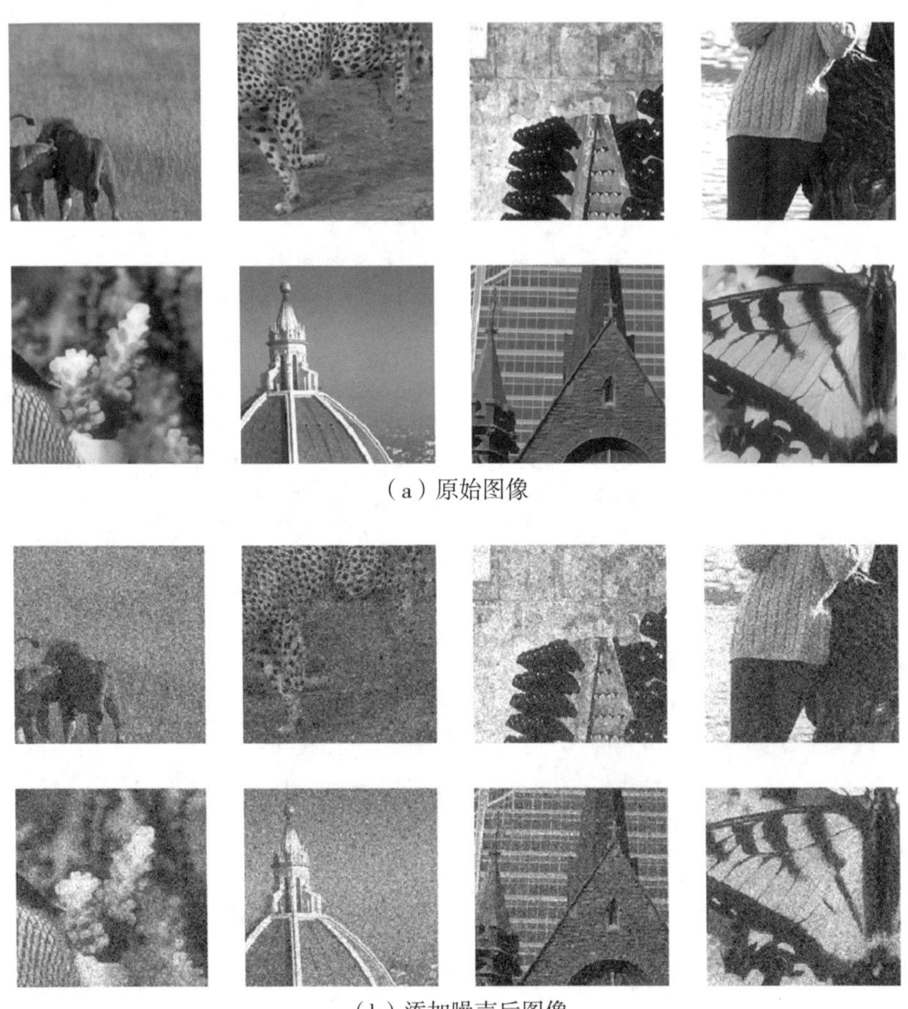

（a）原始图像

（b）添加噪声后图像

图 12–23

在得到带噪声的数据集后，为了提高模型的去噪效果，需要将大小为 180 × 180 的图像块进一步缩小尺寸，将每一张 180*180 的图像切分为多张 50 × 50 的图像块。这样做有两个好处，一方面可以增加训练数据集的数据量，另一方面也可改善去噪效果。为了方便对数据集进行图像块获取操作，定义函数 trainim2col()。

```
In[49]:## 图像数据集切分图像块函数
    def trainim2col(traindata,patch_size = 50,stride = 10):
        imnum = traindata.shape[0]
        resdata  = image2cols(traindata[0],patch_size = patch_size,stride = stride)
        for ii in np.arange(1,imnum):
            resdataii = image2cols(traindata[ii],patch_size = patch_size,stride = stride)
            resdata = np.concatenate((resdata,resdataii),axis = 0)
        return resdata
```

函数 trainim2col(traindata,patch_size = 50,stride = 10) 需要 3 个参数，其中 traindata：表示需要处理的图像数据集，包括多张图像数据；patch_size：表示图像块的尺寸；stride：表示获取图像块时滑动的步长。在函数中多次调用了单张图像切分为图像块函数 image2cols()。

下面对干净的 400 张图像数据集和带噪的 400 张图像数据集，分别做相同的图像块切分操作。

```
In[50]:t0 = time()
    print(" 图像数据转化为图像块 ...")
    traindata_patch = trainim2col(traindata,patch_size = 50,stride = 40)
    print(traindata_patch.shape)
    train_noisy_patch = trainim2col(x_train_noisy,patch_size = 50,stride = 40)
    print(train_noisy_patch.shape)
    print("use %.2fs" %(time()-t0))
Out[50]:
图像数据转化为图像块 ...
(10000, 50, 50)
(10000, 50, 50)
use 28.72s
```

从输出结果中发现，在耗时 28 秒后得到了 10000 个 50×50 的干净图像块数据集 traindata_patch 和带噪图像块数据集 train_noisy_patch。下面挑选出 32 个干净图像块和对应的带噪图像块进行可视化，作为对比和检查。

```
In[51]:## 查看其中的几幅图像
    index = np.arange(5,4000,100)
    plt.figure(figsize=(8,4))
```

```
for i in range(0,32):
    plt.subplot(4,8, i+1)
    plt.imshow(traindata_patch[index[i],:,:])
    plt.gray()
    plt.axis("off")
plt.show()
plt.figure(figsize=(8,4))
for i in range(0,32):
    plt.subplot(4,8, i+1)
    plt.imshow(train_noisy_patch[index[i],:,:])
    plt.gray()
    plt.axis("off")
plt.show()
```

上面程序得到的图像如图 12-24 所示，可以发现带噪图像和干净的图像是一一对应的关系。

（a）原始图像块数据

图 12-24　干净图像块与带噪图像块的对比

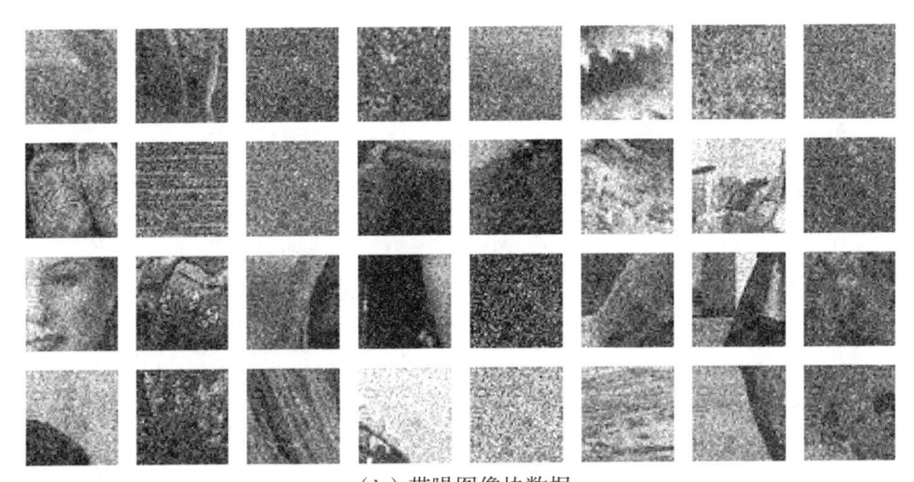

（b）带噪图像块数据

图 12-24 干净图像块与带噪图像块的对比（续）

为了方便数据集在 keras 模型中的使用，以及转换数据的维度，将 3 维数据转化为 4 维数据，分别代表数据集数量、图像宽、图像高、图像通道数四个分量。

```
In[52]:## 3 为数据转化为 4 维数据
       imnum,imwidth,imhigh = traindata_patch.shape
       traindata_patch = np.reshape(traindata_patch,(imnum,imwidth,imhigh,1))
       train_noisy_patch = np.reshape(train_noisy_patch,(imnum,imwidth,imhigh,1))
       print(train_noisy_patch.shape)
Out[52]:
(10000, 50, 50, 1)
```

2. 模型建立与训练

将 10000 张图像块数据切分为训练数据集和验证数据集，其中前 80% 图像块作为训练集，后 20% 图像块作为验证数据集。

```
In[53]:# 将数据集切分为训练集和验证集
       train_size = int(traindata_patch.shape[0]*0.8)
       train_clean = traindata_patch[0:train_size]
       train_noisy = train_noisy_patch[0:train_size]
       test_clean = traindata_patch[train_size:]
       test_noisy = train_noisy_patch[train_size:]
```

```
        print(train_clean.shape)
        print(test_clean.shape)
Out[53]:
(8000, 50, 50, 1)
(2000, 50, 50, 1)
```

使用 Keras 库建立深度模型。在 Keras 中可以使用 model = Sequential() 初始化一个序贯模型，该模式是多个网络层的线性堆叠，通过 .add() 方法将相应 layer 一步步加入模型。在下面的代码中通过 .add(Conv2D()) 添加一个空洞卷积层，.add(BatchNormalization()) 添加一个块标准化层。在模型的框架搭建好后，需要通过 model.compile() 对模型进行编译，以便模型能进行训练。

```
In[54]:## 建立模型
        model = Sequential()  ## 初始化模型
        ## 因为每张图像识 180*180 的，所以 inputs=(180,180)，卷积核大小为
        3*3，需要输出 64 个 feature map
        model.add(Conv2D(64,(3,3),activation="relu",
                  padding="same",dilation_rate=(1, 1),
                  input_shape=(50,50,1)))
        model.add(BatchNormalization(name="BN_1"))
        ## 第二层卷积操作后输出 64 个 feature map，卷积核大小 3*3
        model.add(Conv2D(64,(3,3),activation="relu",
                  padding="same",dilation_rate=(2, 2)))
        model.add(BatchNormalization(name="BN_2"))
        ## 第 3 层卷积操作后输出 64 个 feature map，卷积核大小 3*3
        model.add(Conv2D(64,(3,3),activation="relu",
                  padding="same",dilation_rate=(3, 3)))
        model.add(BatchNormalization(name="BN_3"))
        ## 第 4 层卷积操作后输出 64 个 feature map，卷积核大小 3*3
        model.add(Conv2D(64,(3,3),activation="relu",
                  padding="same",dilation_rate=(4, 4)))
        model.add(BatchNormalization(name="BN_4"))
        ## 第 5 层卷积操作后输出 64 个 feature map，卷积核大小 3*3
        model.add(Conv2D(64,(3,3),activation="relu",
```

```
                padding="same",dilation_rate=(3, 3)))
model.add(BatchNormalization(name="BN_5"))
## 第 6 层卷积操作后输出 64 个 feature map，卷积核大小 3*3
model.add(Conv2D(64,(3,3),activation="relu",
                padding="same",dilation_rate=(2, 2)))
model.add(BatchNormalization(name="BN_6"))
## 第 7 层卷积操作后输出 1 个 feature map，卷积核大小 3*3
model.add(Conv2D(1,(3,3),activation="relu",
                padding="same",dilation_rate=(1, 1)))
## 定义优化算法
sgd = SGD(lr=0.01, decay=1e-6, momentum=0.9, nesterov=True)
model.compile(optimizer=sgd, loss = 'mean_squared_error')
model.summary()
```

以上代码搭建了一个去噪深度学习框架并且进行模型编译的过程。其中在模型的第一层，必须指定模型输入数据的尺寸。该模型第一层为 1- 空洞卷积层，使用如下方式进行定义：

Conv2D(64,(3,3),activation="relu",padding="same",dilation_rate=(1, 1),input_shape=(50,50,1))

其中第一个参数为 64，说明在卷积后会输出 64 个特征映射；第二个参数为 (3, 3)，表示卷积核的大小；activation="relu" 表示使用线性修正单元函数作为空洞卷积后的激活函数；padding="same" 表示输出的每个特征映射的大小和输入的尺寸大小一样；dilation_rate=(1, 1) 表示空洞卷积的空洞数 (1, 1) 是指 1- 空洞卷积，后面的 (2, 2) 是指 2- 空洞卷积，以此类推；input_shape=(50,50,1) 指定输入图像的尺寸，在此为 50×50 的灰度图像，即通道数为 1，该参数只需要在第一层指定，后面的层均不需要。

BatchNormalization(name="BN_1") 定义为块归一化层，参数 name="BN_1" 表示该层的名称，使用默认设置进行归一化。其中该框架的最后一次的空洞卷积的输出只用 1 个特征映射，目的是对应干净的数据集，其他空洞卷积操作均输出 64 个特征映射。在模型求解时使用 SGD 优化算法，最后使用 model.compile() 对模型进行编译，指定优化算法和损失函数为 mean_squared_error，即均方误差。在模型编译后，可以使用 model.summary() 来查看模型的情况，结果如下。

```
In[55]:model.summary()
Out[55]:
```

```
Layer (type)              Output Shape          Param #
=================================================================
conv2d_1 (Conv2D)         (None, 50, 50, 64)    640
BN_1 (BatchNormalization)    (None, 50, 50, 64)    256
conv2d_2 (Conv2D)         (None, 50, 50, 64)    36928
BN_2 (BatchNormalization)    (None, 50, 50, 64)    256
conv2d_3 (Conv2D)         (None, 50, 50, 64)    36928
BN_3 (BatchNormalization)    (None, 50, 50, 64)    256
conv2d_4 (Conv2D)         (None, 50, 50, 64)    36928
BN_4 (BatchNormalization)    (None, 50, 50, 64)    256
conv2d_5 (Conv2D)         (None, 50, 50, 64)    36928
BN_5 (BatchNormalization)    (None, 50, 50, 64)    256
conv2d_6 (Conv2D)         (None, 50, 50, 64)    36928
BN_6 (BatchNormalization)    (None, 50, 50, 64)    256
conv2d_7 (Conv2D)         (None, 50, 50, 1)    577
=================================================================
Total params: 187,393
Trainable params: 186,625
Non-trainable params: 768
```

从输出结果中可以发现，该模型共有 13 层，需要训练的参数有 186625 个。在 Keras 中模型的训练，可以使用 model.fit() 方法。

```
In[56]:t0 = time()
       print(" 模型正在训练 ...")
       model_fit = model.fit(train_noisy, train_clean,
                             epochs=20,batch_size=64,
                             validation_data=(test_noisy, test_clean),verbose=1)
       print(" 模型训练结束 ,use %.2fs" %(time()-t0))
Out[56]:
模型正在训练 ...
Train on 8000 samples, validate on 2000 samples
Epoch 1/20
8000/8000 [============] - 959s 120ms/step - loss: 0.1003 - val_loss: 0.0265
```

```
Epoch 2/20
8000/8000 [============] – 974s 122ms/step – loss: 0.0193 – val_loss: 0.0232
…
Epoch 20/20
8000/8000 [============] – 835s 104ms/step – loss: 0.0054 – val_loss: 0.0053
模型训练结束 ,use 21342.61s
```

上面模型的训练中，训练集的输入为带噪图像块数据集 train_noisy，输出为干净的图像块数据集 train_clean，模型训练迭代 20 次 epochs，批处理图像数量为 64 个图像块，验证数据集分别为 test_noisy 和 test_clean，verbose=1 参数表示输出模型的训练过程。

从模型的输出结果中，可见该模型的训练非常耗时，消耗时间约 6 个小时。但该模型并不是去噪效果最好的模型，因为训练数据并不是很大，而且模型只做了空洞卷积核块归一化等简单的操作，如果想要训练适用范围更广的模型，需要使用更大量的训练数据和更多精细的操作，花费更多的时间来训练。虽然这种方式在训练阶段耗时很多，但是去噪模型一旦训练好后，在进行图像去噪测试时会非常快。在模型训练得到的 model_fit 中包含一个 history 属性，它保存了训练过程中的损失函数的变化情况。接下来查看模型在训练过程中损失函数的收敛情况，得到的图像如图 12–25 所示。

```
In[57]:plt.figure(figsize=(8,5))
       plt.plot(model_fit.epoch,model_fit.history["loss"],"rs–",labels ="Train")
       plt.plot(model_fit.epoch,model_fit.history["val_loss"],"b*–",labels="val")
       plt.xticks(model_fit.epoch,model_fit.epoch)
       plt.grid("on")
       plt.legend()
       plt.xlabel("Epoch")
       plt.ylabel("mean squared error")
       plt.show()
```

从图 12–25 中可以看出，最后在训练集和验证集上，模型的损失函数均得到了收敛。在模型训练好后，为了方便使用模型，在去噪前不需要再重新训练，可以使用 model.save() 方法将模型保存为 .h5 文件。文件中将会包括：模型的结构，以便重构该模型；模型的权重；训练配置（损失函数，优化器等）；优化器的状态，以便于从上次训练中断的地方开始。另外，保存的模型可以使用 load_model() 函数重新

载入。

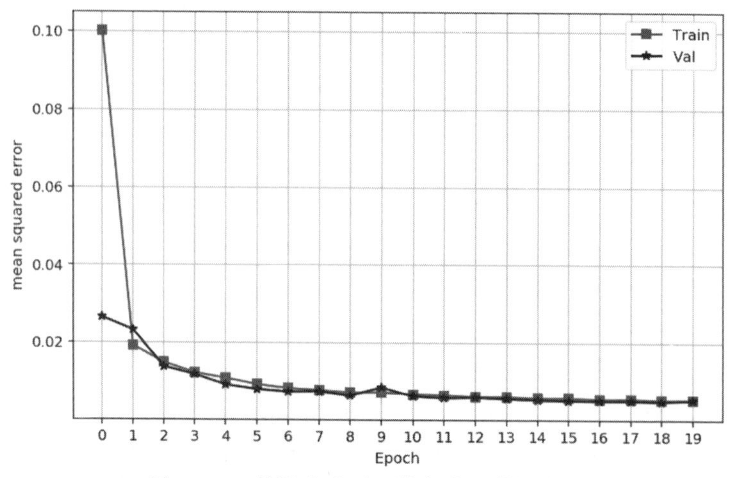

图 12-25　训练集和验证集损失函数的变化

```
In[58]:## 模型的保存和重新载入
        model.save("data/chap12/convdenoise.h5") # 将模型保存为 HDF5 文件 'convdenoise.h5'
        del model  # 删除现有的模型
        # 重新载入模型
        model = load_model("data/chap12/convdenoise.h5")
```

3. 使用模型对新的数据进行去噪处理

把模型加载后，可以使用新的图像数据，对模型的去噪能力进行测试。首先使用 imread() 函数读取图像，并使用 random_noise() 函数对图像添加高斯噪声，然后使用 image2cols() 函数将图像切分为图像块。转化为四维数据后，使用深度学习去噪器进行图像去噪，即使用 model.predict() 方法得到去噪后的图像块数据集，接着使用 col2image() 获取去噪后的图像，最后使用 compare_psnr() 函数计算图像之间的 PSNR（该指标度量两图像之间的一致程度，取值越大，说明图像越接近）。从输出结果可以发现，添加噪声后的图像和原始图像的 PSNR = 18.69，而去噪后的图像和原始图像的 PSNR = 26.61，说明该模型的去噪效果很明显。

```
In[59]:## 使用新的图像对去噪效果进行测试
        testim = imread("data/test/Set12/08.png")
        ## 图像添加噪声
```

```
    sigma2 = 30**2 / (255**2)
    noiseim = random_noise(testim,mode="gaussian", var=sigma2, seed=1234,
    clip=True)
    ## 对图像块进行去噪处理；转化为图像块
    noiseimdata = image2cols(noiseim,50,40)
    impatchnum,impatchwidth,impatchhigh = noiseimdata.shape
    noiseimdata = np.reshape(noiseimdata, (impatchnum, impatchwidth,
    impatchhigh, 1))
    ## 对图像块去噪
    denoiseimdata = model.predict(noiseimdata)
    denoiseimdata = np.reshape(denoiseimdata, (impatchnum, impatchwidth,
    impatchhigh))
    ## 图像块转化为去噪后图像
    denoiseim = col2image(denoiseimdata,noiseim.shape,40)
    ## 计算去噪后的 PSNR
    print(" 加噪后的 PSNR:",peak_signal_noise_ratio(testim / 255.0,noiseim),"dB")
    print(" 去噪后的 PSNR:",peak_signal_noise_ratio(testim / 255.0,denoiseim),"dB")
Out[59]:
加噪后的 PSNR: 18.687684552 dB
去噪后的 PSNR: 26.613191125 dB
```

下面将对原始图像、带噪图像和去噪图像进行绘制并进行对比，如图 12-26 所示。

```
In[60]:## 将图像可视化
    plt.figure(figsize=(12,4))
    plt.subplot(1,3,1)
    plt.imshow(testim,cmap=plt.cm.gray)
    plt.axis("off")
    plt.title("Origin image")
    plt.subplot(1,3,2)
    plt.imshow(noiseim,cmap=plt.cm.gray)
    plt.axis("off")
    plt.title("Noise image $\sigma$=30")
```

```
plt.subplot(1,3,3)
plt.imshow(denoiseim,cmap=plt.cm.gray)
plt.axis("off")
plt.title("Deoise image")
plt.show()
```

（a）原始图像

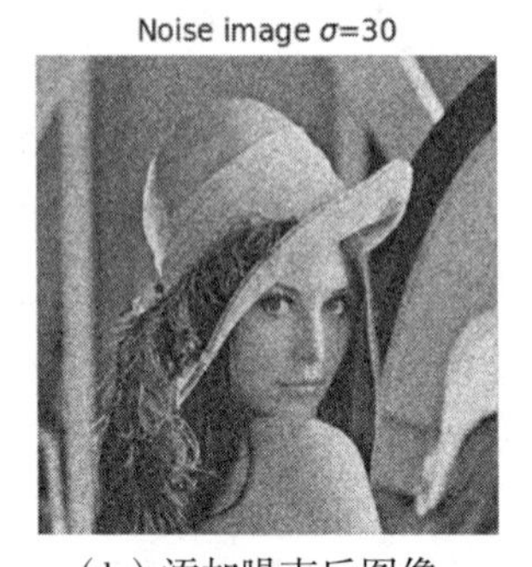

（b）添加噪声后图像

（c）去噪图像

图 12-26　图像去噪效果

从图 12-26 中可以发现，该模型是有一定的图像去噪能力的。

本章小结

本章主要讲解了深度学习中的人工神经网络建模、预测、结果可视化等过程。首先介绍了常用的卷积神经网络框架，使用 TensorFlow 库详细介绍了图像的卷积和池化操作。并且使用 TensorFlow 搭建了一个简单的卷积神经网络模型，用于人脸图像的识别和分类。接着利用 dlib 库进行了人脸检测和人脸特征点检测的实验，其中包括使用卷积神经网络进行人脸检测并可视化的例子。最后利用 keras 库实现了一个使用深度学习进行图像去噪的例子，介绍了一种使用深度学习进行图像去噪的模型框架，利用空洞卷积来提高框架去噪能力，并且给出了模型的准备、训练和测试等步骤。表 12-1 列出了常用的重要的库函数。

表 12-1　重要的库函数

库	库　函　数	说　　明
TensorFlow 库的一些重要操作	tf.nn.conv2d()	二维卷积操作
	tf.nn.max_pool()	最大值池化
	tf.nn.avg_pool()	平均值池化
Dlib 库的一些重要操作	dlib.get_frontal_face_detector()	人脸检测方法
	dlib.shape_predictor()	人脸特征点检测方法
Keras 库的一些重要操作	Conv2D	2D 卷积方法
	Sequential	序列建模方法
	BatchNormalization	块归一化方法

参考文献

[1] Magnus Lie Hetland. Python 基础教程 [M]. 3 版 . 北京：人民邮电出版社，2018.

[2] Zhang K，Zuo W，Gu S，et al. Learning deep CNN denoiser prior for image restoration, Proceedings of the IEEE Conference on Computer Vision and Pattern Recognition. 2017. 3929–3938.

[3] 伊恩 · 古德费洛，约书亚 · 本吉奥，亚伦 · 库维尔 [M]. 深度学习 . 北京：人民邮电出版社，2017.

[4] Sebastian Raschka. Python 机器学习 [M]. 北京：机械工业出版社，2017.

[5] 王燕 . 应用时间序列分析 [M].4 版 . 北京：中国人民大学出版社，2016.

[6] 周志华，机器学习 . 北京：清华大学出版社，2016.

[7] Lantz, B. 机器学习与 R 语言 [M]. 北京：机械工业出版社，2015.

[8] Yu F，Koltun V. Multi–scale context aggregation by dilated convolutions，arXiv preprint，2015，arXiv:1511.07122.

[9] K. Simonyan，A. Zisserman. Very Deep Convolutional Networks for Large–Scale Image Recognition. Computer Vision and Pattern Recognition，2015.

[10] 何晓群，刘文卿 . 应用回归分析 [M]. 北京：中国人民大学出版社，2015.

[11] 贾俊平 . 统计学 [M]. 6 版 . 北京：中国人民大学出版社，2014.

[12] Trevor Hastie，Robert Tibshirani，Jerome Friedman. The Elements of Statistical Learning: Data Mining, Inference, and Prediction.2nd ed. Springer Science+Business Media，2009.

[13] 李航 . 学习方法 [M]. 北京：清华大学出版社，2012.

[14] https://www.e–learn.cn/content/qita/1950020